高职高专"十二五"规划教材

工厂电气控制技术

肖洪流　主编
汤光华　主审

·北京·

本书从培养高技能应用型人才目标出发,将电气控制技术领域的相关知识和技能分解到各个具体项目之中,并巧妙地融入了电气自动化技术专业省级技能抽查训练题库。全书包括三相异步电动机的直接启动控制、三相异步电动机的正反转控制、三相异步电动机的限位控制、三相异步电动机的顺序控制、三相异步电动机的 Y-△启动控制、双速异步电动机的启动控制、三相异步电动机的能耗制动控制等 15 个项目。

本书可作为高职高专院校电气自动化技术、机电一体化技术、机电设备维修与管理、生产过程自动化技术等专业的教学用书,也可供从事电气安装、调试、运行、维护和电器制造的广大工人和工程技术人员参考。

图书在版编目(CIP)数据

工厂电气控制技术/肖洪流主编. —北京:化学
工业出版社,2013.2(2023.2重印)
高职高专"十二五"规划教材
ISBN 978-7-122-16078-2

Ⅰ. ①工… Ⅱ. ①肖… Ⅲ. ①工厂-电气控制-高等
职业教育-教材 Ⅳ. ①TM571.2

中国版本图书馆 CIP 数据核字(2012)第 304332 号

责任编辑:张建茹 文字编辑:吴开亮
责任校对:边 涛 装帧设计:关 飞

出版发行:化学工业出版社(北京市东城区青年湖南街 13 号 邮政编码 100011)
印 装:北京七彩京通数码快印有限公司
787mm×1092mm 1/16 印张 14 字数 336 千字 2023 年 2 月北京第 1 版第 5 次印刷

购书咨询:010-64518888 售后服务:010-64518899
网 址:http://www.cip.com.cn
凡购买本书,如有缺损质量问题,本社销售中心负责调换。

定 价:39.50 元

前　言

　　《工厂电气控制技术》是电气自动化技术、机电一体化技术等专业的一门实用性很强的专业核心课程，它对实现人才培养目标具有非常重要的作用。为了满足高职教育教学改革和高技能人才培养的需要，编者根据职业教育的特点，编写了这本《工厂电气控制技术》项目化教材。在教材的编写过程中，既注重培养对象对职业岗位（群）的适应程度，又注重知识结构和能力结构的有机结合，以先进的科学发展观来调整和组织教学内容。全书采用项目化框架结构，将知识与技能训练融为一体，是一本讲练结合、实用性强的教材。本书可作为电气自动化技术、机电一体化技术、机电设备维修与管理、生产过程自动化技术等专业的教学用书。

　　本书采用项目化结构，将理论与实践融为一体，比较适合于理实一体化教学。在教学内容的处理和编排上，既反映了工厂电气控制技术领域的最新技术，又充分考虑了高职学生的特点以及对知识、技能的要求，内容安排由易到难，循序渐进，便于教师教学和学生学习。同时，为了满足各高职学院接受省技能抽查和进行有针对性的训练，本书将电气自动化技术专业省级技能抽查试题库融入教材之中，教师可根据教学进度适时安排相关内容进行训练。

　　课程的基本任务如下。

　　① 熟悉常用控制电器的结构、原理、用途、型号及检测，能正确使用和选用。

　　② 熟练掌握继电控制系统的基本环节，具备阅读和分析电气原理图的能力。

　　③ 熟练掌握基本的电工操作技术、常用电工仪器仪表的使用。

　　④ 熟练掌握继电控制系统的安装与调试，学会复杂机床电路的安装、调试与维修。

　　⑤ 熟练掌握继电控制系统的设计方法，能设计简单的继电控制系统。

　　本书由肖洪流担任主编，并编写项目 1～项目 14；参加教材编写的还有徐伟杰，并编写项目 14、项目 15、附录 1～附录 3，汤光华教授主审。在教材的编写过程中，得到了张朝霞、罗智勇等老师的大力支持，在此表示衷心感谢。

　　由于编者水平有限，书中疏漏在所难免，恳请广大读者及同行批评指正。

编　者

2012 年 10 月

目　　录

项目 1

三相异步电动机的直接启动控制

1.1 教学目标

① 熟悉几种常用低压电器的结构、工作原理、用途及型号意义。

② 熟悉几种常用低压电器元件在电气原理图上的图形和文字符号。

③ 掌握电气测量仪表，判断几种常用低压电器元件好坏的方法。

④ 熟悉继电-接触器控制系统的自锁、点动、连续基本控制环节。

⑤ 掌握三相异步电动机的直接启动控制电气原理图的识图。

⑥ 掌握三相异步电动机的直接启动控制系统的安装调试。

⑦ 掌握三相异步电动机的直接启动控制系统的设计与制作。

1.2 相关知识

1.2.1 低压电器元件的认识

低压电器是指工作在交流 1000V、直流 1200V 及以下的电路中，以实现对电路中电源的通断、信号的检测、执行部件的控制、电路的保护、信号的变换等作用的电器。

低压电器种类繁多，按动作原理分：

① 手动电器，如刀开关、断路器、控制按钮、行程开关等；

② 自动电器，如接触器、继电器、电磁阀等。

按工作原理分：

① 电磁式电器，如接触器、各种类型的电磁继电器；

② 非电量控制电器，如刀开关、控制按钮、行程开关、速度继电器、温度继电器等。

本项目重点介绍的是按用途分为以下五种类型：

① 低压配电电器，如刀开关、低压断路器、熔断器等；

② 低压控制电器，如控制按钮、万能转换开关、组合开关、接触器、电磁继电器、时间继电器、热继电器、速度继电器、熔断器、电磁阀、电磁离合器及其他控制器等；

③ 低压主令电器，如按钮、主令开关、行程开关、主令控制器、转换开关等；

④ 低压保护电器，如低压断路器、熔断器、热继电器、电流继电器、电压继电器等；

⑤ 低压执行电器，如电磁阀、电磁离合器等。

其中，有些元件既是低压控制电器又是低压主令电器，如按钮；既是低压控制电器又是低压保护电器，如热继电器；既是低压配电电器又是低压保护电器，如熔断器、低压断路器。所以，此种分类并没有十分明显的界线。

1

1.2.2 低压配电电器

低压配电电器是用于供配电系统中的低压电器，完成电能的输送及分配。

(1) 刀开关

① 刀开关的图形及文字符号 如图1-1所示。

② 作用 广泛应用于配电设备作隔离电源用，有时也用于小容量不频繁启动停止的电动机直接启动控制用。

③ 结构 HH系列负荷开关主要由钢板外壳、触刀开关、操作机构、熔断器等组成。负荷开关带有简单灭弧装置，能够通断小负荷电流，图1-2和图1-3分别为HH封闭式系列负荷开关的结构和外型图。它的结构简单，操作方便。熔断器（熔体）熔断后，加以更换就可以再使用了。

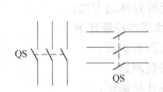

图1-1 刀开关的图形及文字符号

图1-2 HH封闭式系列负荷开关

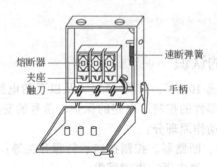

图1-3 HH系列负荷开关的结构和外型

④ 工作过程 刀开关是一种手动电器，合刀开关时，用手握住其手柄往上推合到位后，就能使其静触头和动触头正常闭合；断刀开关时，用手握住其手柄往下拉开到位，就能使其静触头和动触头正常断开。

⑤ 选用 刀开关根据其安装回路的电源种类、电压等级和电动机（或负载）的额定电流（或额定功率）进行型号选择。

⑥ 性能检测 用万用表欧姆挡R×100或R×1k挡测量刀开关的通断电阻，刀开关合上时，每相的静触头和动触头之间电阻为零；断开时，电阻为无穷大。否则，其性能就不佳。

⑦ 注意事项

• 刀开关由于灭弧功能弱或无，故一般不能带负载停送电；

• 刀开关必须垂直安装，并且合上时其手柄朝上、断开时其手柄朝下。否则容易发生人员触电事故；

• 合上时，静触头和动触头结合紧固并接合处完全到位；断开时，静触头和动触头有明显的断点并有一定的间距。

（2）断路器

① 断路器的图形及文字符号　如图 1-4 所示。

② 作用　可实现短路、过载、失压保护，一般作为电气控制柜的电源总开关。

③ 结构　断路器主要由触点系统、灭弧装置、操作机构、热脱扣器、电磁脱扣器及外壳等部分组成。如图 1-5 所示。

图 1-4　断路器的图形及文字符号

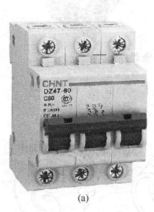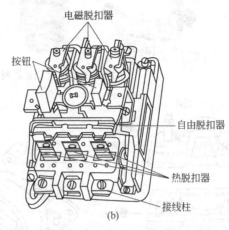

图 1-5　DZ47-60 型低压断路器
(a) 外形；(b) 结构

④ 工作过程　断路器是一种手动电器，当电路正常工作，合断路器时，用手握住其塑料绝缘手柄往上推合到位后，就能使其静触点和动触点正常闭合；断断路器时，用手握住其塑料绝缘手柄往下推开到位，就能使其静触点和动触点正常断开。当电路工作异常时，断路器会自动跳闸切断电源实现保护作用。图 1-6 所示为低压断路器工作原理图。

⑤ 选用　断路器根据其安装回路的电源种类、电压等级和电动机（或负载）的额定电流（或额定功率）进行型号选择。

⑥ 性能检测　一般用万用表欧姆挡 $R \times 100$ 或 $R \times 1k$ 测量断路器的通断电阻。断路器合上时，每相的静触点和动触点之间电阻为零；断开时，电阻为无穷大。否则，其性能就不佳。

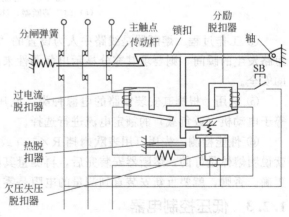

图 1-6　低压断路器工作原理图

⑦ 注意事项　断路器由于其灭弧功能强故一般能带负载停送电，特别是在发现电路异常或线路上有人触电时，可直接拉开断路器断开电源。

（3）熔断器

① 熔断器的图形及文字符号　如图 1-7 所示。

② 作用　用于电路中的短路保护。

图 1-7　熔断器的图形及文字符号

③ 结构 熔断器主要由熔体、触点及绝缘底板（底座）等部分组成。RL1、RT18 系列熔断器外形如图 1-8 所示，RC1 系列半封闭插入式熔断器和 RL1 系列螺旋式熔断器结构如图 1-9 所示。

图 1-8 RL1、RT18 系列熔断器外形

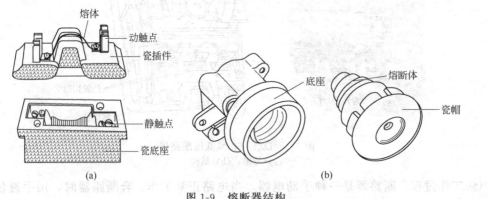

图 1-9 熔断器结构
(a) RC1 熔断器；(b) RL1 熔断器

④ 工作过程 熔断器是线路中人为设置的"薄弱环节"，要求它能承受额定电流，而当短路发生的瞬间，则要求其充分显示出薄弱性来，其熔体熔断断开电源，从而保护电器设备的安全。

⑤ 选用 根据其安装回路的电源种类、电压等级选择熔断器型号，熔体则根据大于或等于电动机（或负载）的额定电流进行选择。

⑥ 性能检测 先用万用表欧姆挡 R×100 或 R×1k 测量其熔体两端的电阻。电阻为零就说明熔体是好的；熔断器安装完后，再测量其两外接触点的电阻，电阻仍为零才说明安装正确。否则，就要重新安装直到测量的电阻是零为止。

1.2.3 低压控制电器

低压控制电器是用于控制电路和控制系统的电器。此类电器要求有较强的通断能力，由于此类电器的操作频率较高，所以要求具有较长的电气和机械寿命。

(1) 接触器

① 交流接触器图形及文字符号 如图 1-10 所示。

② 作用 接触器是低压控制电器中的主要品种之一，广泛应用于电力传动系统中，用来频繁地接通和分断带有负载的主电路或大容量的控制电路，并可实现远距离的自动控制。接触器主要应用于电动机的自动控制、电热设备的控制以及电容器组等设备的控制等。

③ 结构

• 分类：按工作原理的不同可分为电磁式、气动式和液压式，绝大多数的接触器为电磁式接触器；按触点控制负载的不同可分为直流接触器和交流接触器两种；此外接触器还可按它的冷却情况分为自然空气冷却、油冷和水冷三种，绝大多数的接触器是空气冷却式。在此主要介绍最常用的空气冷却电磁式交流接触器。

图 1-11 所示为新式交流接触器图片，图 1-12 所示为老式交流接触器外形图，图 1-13 所示为交流接触器的结构和触点系统示意图。

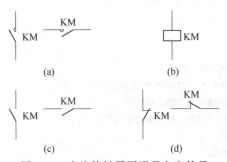
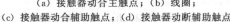

图 1-10　交流接触器图形及文字符号

(a) 接触器动合主触点；(b) 线圈；
(c) 接触器动合辅助触点；(d) 接触器动断辅助触点

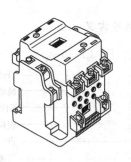
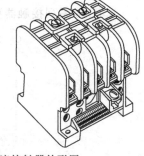

图 1-11　交流接触器外形图

图 1-12　交流接触器

(a) CJ20 系列交流接触器；(b) CJX1 系列交流接触器；(c) NC1 系列交流接触器

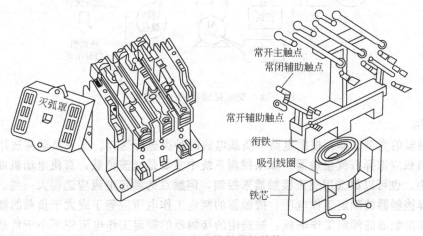

图 1-13　交流接触器的结构

- 构造：交流接触器主要由以下四部分组成。

电磁系统：包括线圈、上铁芯（又叫衔铁、动铁芯）和下铁芯（又叫静铁芯）。

触点系统：包括主触点、辅助触点。常开和常闭辅助触点是联动的，即常闭触点打开时常开触头闭合。

灭弧室：触点开关时产生很大电弧会烧坏主触点，为了迅速切断触点开关时的电弧，一般容量稍大些的交流接触器都有灭弧室。

其他部分：包括反作用弹簧、缓冲弹簧、触点压力弹簧片、传动机构、短路环、接线柱等。

- CJ20系列接触器型号含义：

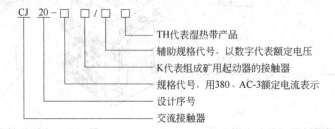

CJ 20 - □ □ / □ □

- TH代表湿热带产品
- 辅助规格代号，以数字代表额定电压
- K代表组成矿用起动器的接触器
- 规格代号，用380、AC-3额定电流表示
- 设计序号
- 交流接触器

- CJ20系列交流接触器主要技术数据见表1-1。

④ 工作过程　如图1-14所示，接触器的线圈和静铁芯固定不动。当线圈得电时，铁芯线圈产生电磁吸力，将动铁芯吸合，由于动触点与铁芯都是固定在同一根机械轴上的，因此动铁芯就带动动触点向下运动，与静触点接触，使电路接通。当线圈断电时，吸力消失，动铁芯依靠反作用弹簧的作用而分离，动触点就断开，电路被切断。

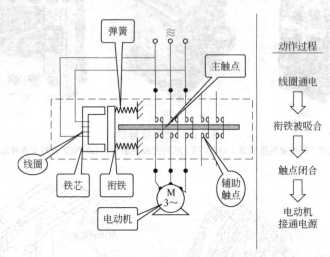

图1-14　交流接触器的工作过程

⑤ 选用

- 接触器的类型选择：根据电路中负载电流的种类进行选择。交流负载应选用交流接触器，直流负载应选择直流接触器。如果控制系统中主要是交流负载，直流电动机或直流负载的容量较小，也可以都选用交流接触器来控制，但触点的额定电流应选得大一些。
- 选择接触器的额定工作电压：接触器的额定工作电压应等于或大于负载的额定电压。
- 选择接触器的额定工作电流：被选用的接触器的额定工作电流应不小于负载电路的额定电流。也可根据所控制的电动机最大功率进行选择。如果接触器是用来控制电动机的频繁启动、正反或反接制动等场合，应将接触器的主触点额定电流降低使用，一般可降低一个等级。

● 根据控制电路要求确定线圈工作电压和辅助触点数量：如果控制线路比较简单，所用接触器的数量较少，则交流接触器的线圈电压一般直接选用 380V 或 220V。如果控制线路比较复杂，如机床类电气控制系统，使用的电器又比较多，为了安全起见，线圈额定电压可选低一些，这时需要增加一台控制变压器。直流接触器线圈的额定电压应视控制电路的情况而定。而同一系列、同一容量等级的直流接触器，其线圈的额定电压有好几种，可以选线圈的额定电压和直流控制电路的电压一致。一般直流接触器的线圈是加直流电压，交流接触器的线圈一般加交流电压。有时为了提高接触器的最大操作频率或者降低交流电磁噪声节能，交流接触器也有采用直流线圈的。辅助触点数量如表 1-1 所示。

表 1-1　辅助触点约定发热电流及触点组合表

型号	CJ20-16/25/40	CJ20-63/100/160	CJ20-250/400/630
约定发热电流/A		10	16
触点组合	2 常开，2 常闭	2 常开，2 常闭； 4 常开，2 常闭	4 常开，2 常闭； 3 常开，3 常闭； 2 常开，4 常闭

⑥ 性能检测　先用万用表欧姆挡 R×100 或 R×1k 测量其线圈电阻，一般为 1.5kΩ左右；再测其触点是否正常，没动作时，常开触点应是断开的，常闭触点是闭合的。模拟动作时，所有常开触点应是闭合的，所有常闭触点是断开的。否则，其性能就不佳。

（2）热继电器

① 热继电器图形及文字符号　如图 1-15 所示。

② 作用　常采用热继电器作电动机的过载保护。

③ 结构　热继电器主要由感温元件（或称热元件）、触点系统、动作机构、复位按钮、电流调节装置、温度补偿元件等组成。图 1-16 所示为热继电器图，图 1-17 所示为热继电器结构原理图。

④ 工作过程　热继电器是负荷的过载电流通过发热元件短时间产生大量热量使检测元件受热弯曲，推动执行机构动作的一种保护电器。主要用来保护电动机或其他负载免于过载以及作为三相电动机的断相保护等。

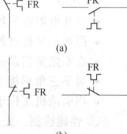

图 1-15　热继电器图形
及文字符号

（a）热继电器动合触点；
（b）热继电器动断触点

图 1-16　热继电器
（a）JR36 系列热继电器；（b）NRE8 电子式热继电器

感温元件由双金属片及绕在双金属片外面的电阻丝组成。双金属片是由两种膨胀系数不同的金属以机械碾压的方式而成为一体的。使用时将电阻丝串联在主电路中,触点串联在控制电路中。

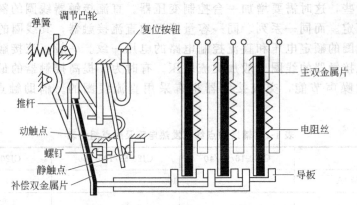

图 1-17 双金属片式热继电器结构原理图

当过载电流流过电阻丝时,双金属片受热膨胀,因为两片金属的膨胀系数不同,所以就弯向膨胀系数较小的一面,利用这种弯曲的位移动作,切断热继电器的常闭触点,从而断开控制电路,使接触器线圈失电,接触器主触点断开,电动机便停止工作,起到了过载保护的作用。

⑤ 选用
- 热继电器有三种安装方式,应按实际安装情况选择其安装形式。
- 原则上热继电器的额定电流应按大于或等于电动机的额定电流来选择。
- 在不频繁启动的场合,要保证热继电器在电动机启动过程中不产生误动作。
- 对于三角形接法电动机,应选用带断相保护装置的热继电器。
- 当电动机工作于重复短时工作制时,要注意确定热继电器的允许操作频率。

⑥ 性能检测 先用万用表欧姆挡 R×100 或 R×1k 测量其 3 个热元件是否导通,导通则是好的;再测其常开触点是否断开、常闭触点是否闭合。否则,要用手动复位恢复其原状态才能正常使用。

⑦ 注意事项 一般的热继电器在过载故障动作后,不能自动复位,需手动复位。在电动机发生过载故障排除后,若要使电动机再次启动,一般需 2min 以后,待双金属片冷却,恢复原状后再按复位按钮,使热继电器的常闭触点复位。

1.2.4 低压主令电器

低压主令电器是用于发送控制指令的电器。对这类电器要求操作频率高,电器的机械和电气寿命长,抗冲击性能强等。本节将介绍控制按钮、万能转换开关。常用的控制按钮其额定电压一般为交流 380V,额定工作电流为 5A。常用的控制按钮有 LA10、LA18、LA19、LA20、LA25 及进口和合资生产的产品。

(1) 控制按钮
① 控制按钮图形及文字符号 如图 1-18 所示。
② 作用 下启动或停止操作命令。
③ 结构 控制按钮一般由按钮、复位弹簧、触点和外壳等部分组成。图 1-19 所示为控制按钮图片,图 1-20 所示为控制按钮的原理和外形图。

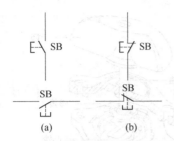

图 1-18　控制按钮图形及文字符号
(a) 动合触点；(b) 动断触点

图 1-19　控制按钮

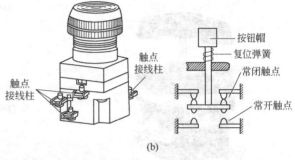

图 1-20　控制按钮的原理和外形图
(a) LA10 系列按钮；(b) LA19 系列按钮

控制按钮可以做成很多形式以满足不同的控制或操作的需要。结构形式有钥匙式，按钮上带有钥匙以防止误操作；旋转式（又叫钮子开关），以手柄旋转操作；紧急式，带蘑菇钮头，突出于外，常作为急停用，一般采用红色；掀钮式，用手掀钮操作；保护式，能防止偶然触及带电部分。控制按钮的颜色可分为：红、黄、蓝、白、绿、黑等，一般绿色按钮作为启动按钮，红色按钮作为停止按钮。

④ 工作过程　按下按钮时，它的常闭触点先断开，经过很短时间后，它的常开触点再闭合；松开按钮时，它的常开触点先断开，经过很短时间后，它的常闭触点再闭合。

⑤ 选用　主要根据控制回路所需要的常开、常闭触点个数来选。

⑥ 性能检测　用万用表欧姆挡 R×100 或 R×1k 测量其未动作时，常开触点是否断开、常闭触点是否闭合，动作时，常开触点是否闭合、常闭触点是否断开。

(2) 组合开关

① 组合开关的图形及文字符号　与刀开关一样。

② 作用　HZ10 系列组合开关适用于交流 50Hz、电压 380V 以下，直流电压 220V 以下的电气设备中作接通或分断电路、换接电源或控制小型异步电动机正反转之用。

③ 结构　HZ10 系列组合开关有若干动触点及静触点，它们分别装于数层绝缘体内，动触点装在附有手柄的转轴上，随转轴旋转而变更其通断位置。本系列开关为不频繁操作的手控开关。图 1-21 所示为 HZ10 系列组合开关图片。图 1-22 所示为 HZ10 系列组合开关的结构和外形图。

④ 工作过程　把操作手柄打在与安装孔平行的位置时，组合开关处于断开；把操作手柄打在与安装孔垂直的位置时，组合开关处于闭合。

⑤ 选用　根据其安装回路的电源种类、电压等级和电动机（或负载）的额定电流（或额定功率）进行型号选择。

⑥ 性能检测　用万用表欧姆挡 R×100 或 R×1k 测量其处于断开位置时，触点是否断开；处于闭合位置时，触点是否闭合。

图 1-21　HZ10 系列组合开关

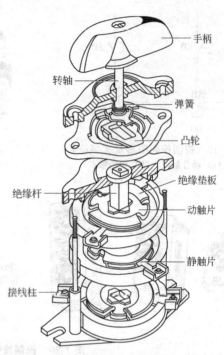

手柄

转轴

弹簧

凸轮

绝缘垫板

绝缘杆

动触片

静触片

接线柱

图 1-22　HZ10 系列组合开关结构和外形图

⑦ 注意事项　HZ10 系列组合开关上处于对角线位置的触点才是一对触点。当黄、绿、红三色电源线（对应电源为 L1、L2、L3 相）对组合开关进线时，必须从左至右接线，才能保证组合开关的出线电源也为 L1、L2、L3，三相电源的相序才不会出错。

1.3　继电-接触器控制系统的基本控制环节

电气控制设备种类繁多，功能各异，但其控制原理、基本线路、设计基础是类似的。尤其是继电-接触器控制系统，它是由许多具有不同控制功能的经典电路构成，或者称之为基本控制环节。主要有自锁与互锁的控制、点动与连续运转的控制、多地联锁控制、顺序控制与自动循环的控制等。

1.3.1　自锁控制

由启动按钮 SB、接触器 KM 的常开辅助触点并联构成自锁控制。当合上电源刀开关 QS，按下启动按钮 SB，KM 线圈通电吸合，与启动按钮并联的 KM 常开触点也闭合。当松开 SB 时，KM 线圈通过其自身常开辅助触点继续保持通电状态，这种依靠接触器自身辅助触点保持线圈通电的电路称为自锁电路，常开辅助触点称为自锁触点。

1.3.2　点动与连续运转的控制

在实际生产过程中，某些电气设备常会要求既能正常启动连续工作，又能实现位置调整的点动工作。所谓点动，即按按钮时电动机转动工作，松开按钮后，电动机即停止工作。点动控制主要用于机床刀架、横梁、立柱等的快速移动、对刀调整等。

图 1-23 所示为电动机点动与连续运转控制的几种典型电路。其具体电路工作分析如下。

① 图 1-23（a）所示为最基本的点动控制电路。按下 SB，接触器 KM 线圈通电，常开主触点闭合，电动机启动运转；松开 SB，接触器 KM 线圈断电，其常开主触点断开，电动

机停止运转。

② 图 1-23（b）所示为采用开关 SA 选择运行状态的点动控制电路。当需要点动控制时，只要把开关 SA 断开，即断开接触器 KM 的自锁触点 KM，由按钮 SB2 来进行点动控制；当需要电动机正常运行时，只要把开关 SA 合上，将 KM 的自锁触点接入控制电路，即可实现连续控制。

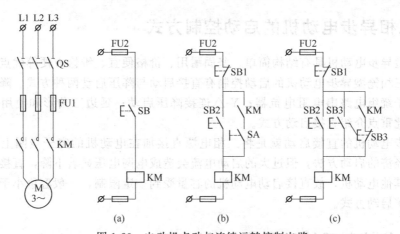

图 1-23　电动机点动与连续运转控制电路
（a）基本的点动控制电路；（b）开关选择运行状态的电路；（c）两个按扭控制的电路

③ 图 1-23（c）所示为用点动控制按钮常闭触点断开自锁回路的点动控制电路，控制电路中增加了一个复合按钮 SB3 来实现点动控制。SB1 为停止按钮、SB2 为连续运转启动按钮、SB3 为点动控制按钮。当需要点动控制，按下 SB3 时，其常闭触点先将自锁回路切断，然后常开触点才接通接触器 KM 线圈使其通电，KM 常开主触点闭合，电动机启动运转；当松开 SB3 时，其常开触点先断开，接触器 KM 线圈断电，KM 常开主触点断开，电动机停转，然后 SB3 常闭触点才闭合，但此时 KM 常开辅助触点已断开，KM 线圈无法保持通电，即可实现点动控制。

1.4　电气控制系统图

电气控制系统由电气设备和各种电气元件按照一定的控制要求连接而成。为了表达设备电气控制系统的组成结构、设计意图，方便分析系统工作原理及安装、调试和检修控制系统等技术要求，需要采用统一的工程语言（图形符号和文字符号）即工程图的形式来表达，这种工程图是一种电气图，叫做电气控制系统图。

电气控制系统图一般有以下有三种：电气原理图、电器元件布置图与电气安装接线图等。电气控制系统图是根据国家电气制图标准，用规定的图形符号（GB 4728）、文字符号（GB 7159）以及规定的画法绘制的。

(1) 电气原理图

根据电气控制系统的工作原理，采用电器元件展开的形式，利用图形符号和项目代号来表示电路各电气元件中导电部件和接线端子的连接关系及工作原理。电气原理图并不按电器元件实际布置来绘制，而是根据它在电路中所起的作用画在不同的部位上。电气原理图的绘制规则由国家标准 GB 6988—86《电气制图》给出。适于研究和分析电路工作原理，在设计研发和生产现场等各方面得到广泛的应用。

(2) 电器元件布置图

指示电气控制系统中各电器元件的实际安装位置情况。

(3) 安装接线图

表明电气设备或装置之间的接线关系，清楚地表明电气设备外部元件的相对位置及它们之间的电气连接，是实际安装布线的依据。安装接线图主要用于电器的安装接线、线路检查、线路维修和故障处理，通常接线图与电气原理图和元件布置图一起使用。

1.5 三相异步电动机的启动控制方式

三相笼型异步电动机具有结构简单、坚固耐用、价格便宜、维修方便等优点，获得了广泛的应用。三相笼型异步电动机的启动控制有直接启动与降压启动两种方式。降压启动方式主要有：定子绕组电路串电阻电抗；Y-△连接降压启动；延边三角形和使用自耦变压器启动等。在此重点介绍直接启动方式。

笼型异步电动机的直接启动就是将三相电源直接加在电动机的定子线圈上，是一种简单、可靠、经济的启动方法，但过大的启动电流会造成电网电压显著下降，直接影响在同一电网工作的其他电动机，故直接启动电动机的容量受到一定限制，一般容量小于 10kW 的电动机常用直接启动方式。

1.6 电气控制系统常用的保护环节

电气控制系统除了要能满足生产机械的加工工艺要求外，还应保证设备长期安全、可靠、无故障地运行，因此保护环节是所有电气控制系统不可缺少的组成部分，用来保护电动机、电网、电气控制设备以及人身安全等。

电气控制系统中常用的保护环节有短路保护、过电流保护、过载保护、零压保护、欠压保护及弱磁保护。一般的电气控制系统至少应具有短路保护、过载保护这两种或者以上的保护环节，否则，就不能称之为一种完整的电气控制系统。

1.6.1 短路保护

(1) 短路保护原因

电动机、电器元件以及导线的绝缘损坏或线路发生故障时，都可能造成短路事故。很大的短路电流和电动力可能使电器设备损坏。因此要求一旦发生短路故障时，控制电路应能迅速、可靠地切断电路进行保护，并且保护装置不应受启动电流的影响而误动作。

(2) 常用的短路保护元件

常用的短路保护元件主要有熔断器、自动开关等。

① 熔断器。熔断器价格便宜，断弧能力强，所以过去一般电路几乎无例外地使用它作短路保护。但是熔体的品质、老化及环境温度等因素对其动作值影响较大，用其保护电动机时，可能会因一相熔体熔断而造成电动机单相运行。因此，熔断器适用于动作准确度和自动化程度较差的系统中，如小容量的笼型电动机、普通交流电源等。

② 自动开关。自动开关又称自动空气断路器，它有短路、过载和欠压保护。这种开关在线路发生短路故障时，其电流线圈动作，就会自动跳闸，将三相电源同时切断。自动开关结构复杂，价格较贵，不宜频繁操作，现在广泛应用于工厂供配电系统和电气设备控制系统中。

(3) 短路保护的动作过程

短路保护是一种瞬时动作过程，当发生短路故障时，若短路保护元件为熔断器时，则熔体立即熔断；若短路保护元件为自动开关时，则自动开关立即跳闸。因为发生短路故障时产生的短路电流至少是负载额定电流的 7 倍以上，由此产生热效应和动效应对电器设备损坏严重，所以，短路保护元件应快速动作切断电源，才能起到保护作用。

1.6.2 过电流保护

(1) 过电流保护原因

电动机不正确地启动或负载转矩剧烈增加会引起电动机过电流运行。一般情况下这种过电流比短路电流小，但比电动机额定电流却大得多，过电流的危害虽没有短路那么严重，但同样会造成电动机的损坏。

(2) 常用的过电流保护元件

常用的过电流保护元件是过电流继电器。

根据线圈中电流的大小而动作的继电器称为电流继电器。这种继电器线圈的导线较粗，匝数较少，串联在电路中。触点的动作与否与线圈电流的大小直接有关，当线圈流过的电流超过某一整定值时，衔铁吸合，触点动作。起到过电流保护作用的电流继电器称之为过电流继电器。

由于笼型电动机启动电流很大，如果要使启动时过电流保护元件不动作，其整定值就要大于其启动电流，那么一般的过电流就无法使之动作，所以过电流保护一般不用于笼型电动机而只用在直流电动机和绕线式异步电动机上。整定过电流动作值一般为启动电流的 1.2 倍。

(3) 过电流保护的动作过程

过电流保护是利用瞬时动作的过电流继电器与交流接触器配合，其中过电流继电器作为测量元件，交流接触器作为执行元件，过电流继电器常闭触点串接在交流接触器线圈的控制电路中，当发生过电流故障时，电流继电器的触点立即动作，其常闭触点断开，交流接触器线圈失电，其主触点断开，从而切断了三相交流电源达到过电流保护作用。

1.6.3 过载保护

(1) 过载保护原因

电动机长期超载运行，电动机绕组温升将超过其允许值，造成绝缘材料变脆，寿命减少，严重时会使电动机损坏。过载电流越大，达到允许温升的时间就越短。

(2) 常用的过载保护元件

常用的过载保护元件是热继电器。

热继电器可以满足如下要求：当电动机为额定电流时，电动机为额定温升，热继电器不动作；在过载电流较小时，热继电器要经过较长时间才动作；过载电流较大时，热继电器则经过较短时间就会动作。

(3) 过载保护的动作过程

过载保护是一种延时的间接保护，当过载电流流过电阻丝时，双金属片受热膨胀，因为两片金属的膨胀系数不同，所以就弯向膨胀系数较小的一面，利用这种弯曲的位移动作，切断热继电器的常闭触点，从而断开控制电路，使接触器线圈失电，接触器主触点断开，电动机便停止工作，起到了过载保护的作用。

由于热惯性的原因，热继电器不会受电动机短时过载冲击电流或短路电流的影响而瞬时动作，所以在使用热继电器作过载保护的同时，还必须设有短路保护，选作短路保护的熔断器熔体的额定电流不应超过 4 倍热继电器发热元件的额定电流。

必须强调指出，短路、过电流、过载保护虽然都是电流保护，但由于故障电流的动作值、保护特性和保护要求以及使用元件的不同，它们之间是不能相互取代的。

1.6.4 零电压和欠电压保护

(1) 零电压和欠电压保护原因

在电动机运行中，如果电源电压因某种原因消失，那么在电源电压恢复时，如果电动自行启动，将可能使生产设备损坏，也可能造成人身事故。对供电系统的电网来说，同时有许多电动机及其他用电设备自行启动，也会引起不允许的过电流及瞬间网络电压下降。为防止电网失电后恢复供电时电动机自行启动的保护叫做零电压保护。

电动机正常运行时，电源电压过分地降低将引起一些电器释放，造成控制电路工作不正常，甚至产生事故。电网电压过低，如果电动机负载不变，由于三相异步电动机的电磁转矩与电压的二次方成正比，则会因电磁转矩的降低而带不动负载，造成电动机堵转停车，电动机电流增大使电动机发热，严重时烧坏电动机。因此，在电源电压降到允许值以下时，需要采用保护措施，及时切断电源，这就是欠电压保护。

（2）常用的零电压和欠电压保护元件

通常是采用欠电压继电器，或设置专门的零电压继电器来实现。

欠电压继电器是当继电器线圈电压不足于所规定的电压下限时，衔铁吸合，而当线圈电压很低时衔铁才释放，在电路中用于欠电压保护。

（3）零电压和欠电压保护的动作过程

在主电路和控制电路由同一个电源供电时，具有电气自锁的接触器兼有欠电压和零电压保护作用。若因故障电网电压下降到允许值以下时，接触器线圈也释放，从而切断电动机电源；当电网电压恢复时，由于自锁已解除，电动机也个会再自行启动。

欠电压继电器的线圈直接跨接在定子的两相电源线上，其常开触点串接在控制电动机的接触器线圈控制电路中。自动开关的欠压脱扣也可作为欠压保护。主令控制器的零位操作是零电压保护的典型环节。

1.6.5 弱磁保护

（1）弱磁保护原因

直流电动机在磁场有一定强度情况下才能启动。如果磁场太弱，电动机的启动电流就会很大；直流电动机正在运行时磁场突然减弱或消失，电动机转速就会迅速升高，甚至发生"飞车"，因此需要采取弱磁保护。

（2）常用的弱磁保护元件

常用的弱磁保护是通过在电动机励磁回路串入欠电流继电器来实现的。欠电流继电器是当线圈电流降低到某一整定值时释放的继电器。

（3）弱磁保护的动作过程

在电动机运行中，如果励磁电流消失或降低太多，欠电流继电器就会释放，其触点切断主回路接触器线圈控制电路，使电动机断电停车。

除了上述几种保护措施外，控制系统中还可能有其他各种保护，如联锁保护、行程保护、油压保护、温度保护等。只要在控制电路中串接上能反映这些参数的控制电器的常开触点或常闭触点，就可实现有关保护。

1.7 电气原理图的识图

三相异步电动机的直接启动控制电气原理图如图 1-24 所示。

（1）简单电路原理图的分析方法

① 主电路与控制电路分开分析。分析主电路就是找出主接触器和负载的动作规律。

② 控制电路是为主电路服务的，具体分析遵循以下几个步骤：

将电源合上→下操作命令→元件线圈的得电或失电→元件的主触点或辅助触点的动作过程→负载或电动机的动作过程。

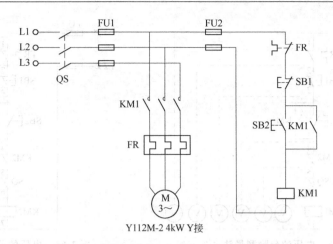

图 1-24　三相异步电动机的直接启动控制电气原理图

（2）三相异步电动机的直接启动控制分析

① 主电路的分析

动作 1：KM1 闭合，电动机 M 启动运行。

动作 2：KM1 断开，电动机 M 自由停车。

② 控制电路分析

启动：合上电源开关 QS→按下启动按钮 SB2→KM1 线圈通电→KM1 主触点闭合、辅助常开触点闭合形成自锁→电动机 M 接通电源直接启动后进入运行。

停车：按下停止按钮 SB1→KM1 线圈失电→KM1 主触点与辅助常开触点均断开→电动机 M 断开电源惯性停车。

（3）三相异步电动机的直接启动控制系统的正确操作过程

① 空载操作

启动：合上电源开关 QS，此时用试电笔测量 5 个熔断器 FU1、FU2 的出线端应有电源指示→按下启动按钮 SB2，此时应看到交流接触器 KM1 动作，用试电笔测量交流接触器 KM1 主触点出线在端子排上的连接点应有电源指示。

停车：按下停止按钮 SB1，此时应看到交流接触器 KM1 复位。

② 负载操作

启动：合上电源开关 QS→按下启动按钮 SB2，此时应看到交流接触器 KM1 动作，电动机 M 启动运行。

停车：按下停止按钮 SB1，此时应看到交流接触器 KM1 复位，电动机 M 自由停车。

1.8　继电控制系统线路的检查

（1）电压测量法

① 分阶测量法（图 1-25）。

② 分段测量法（图 1-26）。

③ 对地测量法（图 1-27）。

（2）电阻测量法

① 分阶电阻测量法（图 1-28）。

② 分段电阻测量法（图 1-29）。

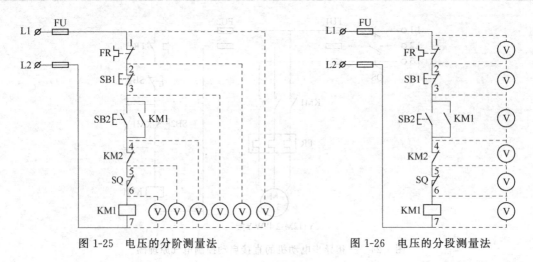

图 1-25　电压的分阶测量法　　　　　　　　　图 1-26　电压的分段测量法

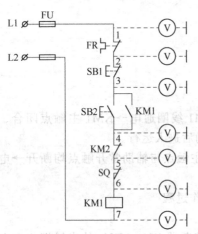

图 1-27　电压的对地测量法

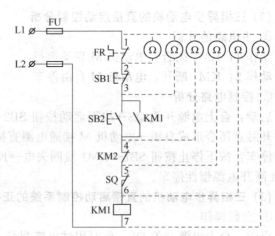

图 1-28　分阶电阻测量法

(3) 短接法

① 局部短接法（图 1-30）。

② 长短接法（图 1-31）。

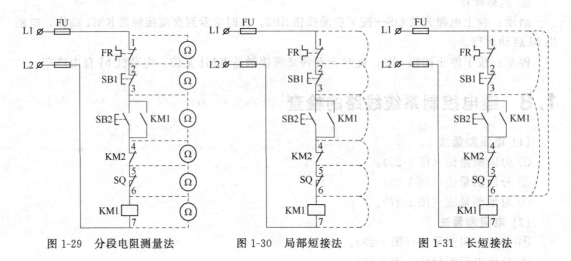

图 1-29　分段电阻测量法　　　　图 1-30　局部短接法　　　　图 1-31　长短接法

1.9　电动机的接线

（1）电动机定子绕组的星形接法（Y 形）
如图 1-32 所示。
（2）电动机定子绕组的三角形接法（△形）
如图 1-33 所示。

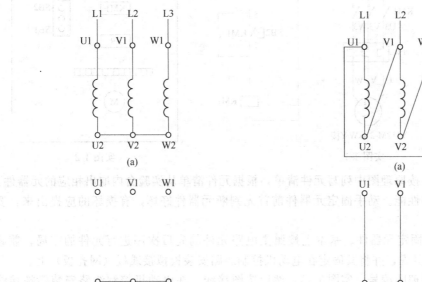

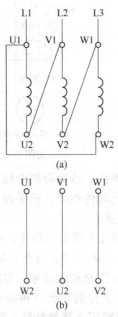

图 1-32　电动机定子绕组星形接法　　　　　　　图 1-33　电动机定子绕组三角形接法
（a）定子绕组接成星形；　　　　　　　　　　　　（a）定子绕组接成三角形；
（b）电动机定子绕组端子实际排列位置接成星形　　（b）电动机定子绕组端子实际排列位置接成三角形

1.10　实训环节

实训一　三相异步电动机的直接启动控制系统的安装调试

（1）根据已提供的电气原理图手工绘制元件布置图
① 手工绘制元件布置图的方法　以电气原理图中主电路的元器件排列次序为主进行手工绘制元件布置图，所画元器注意横平、竖直、对称，兼顾美观，电动机必须通过端子排与线路连接。
② 电气原理图　如实图 1-1 所示。
③ 元件布置图　如实图 1-2 所示。
（2）进行系统的安装接线
要求完成主电路、控制电路的安装布线，按要求进行线槽布线，导线必须沿线槽内布线，接线端加编码套管，线槽出线应整齐美观，线路连接应符合工艺要求，不损坏电器元件，安装前应对元器件检查。安装工艺符合相关行业标准。

① 看图。认真阅读本实训要做的控制电路原理图，在明确实训要达到的技能目标，充分地搞清了控制线路的工作原理后，方可开始进行下一步实训。

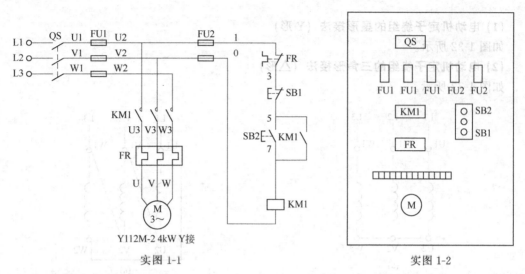

实图 1-1   实图 1-2

② 选元器件。按原理图中列写元件清单，根据元件清单从实验台内取出相应的元器件。

③ 判断元器件性能。动手固定元器件前首先判断元器件好坏，有损坏的应提出来，要求老师给予更换。

④ 按实图 1-2 固定元器件。基本上按照主电路元件的先后次序进行元件的布局，兼顾横平、竖直、排列美观，并将其固定在电动机控制线路安装模拟接线板（网孔板）上。

⑤ 先给电气原理图编号（实图 1-1），然后按图接线。在电动机控制线路安装模拟接线板（网孔板）上分别安装三相异步电动机的直接启动控制线路。接线时注意接线方法及工艺，各接点要牢固、接触良好，同时，要注意安全文明操作，保护好各电器元件。

(3) 进行系统的调试

① 进行器件整定 本项目中热继电器 FR 需整定，按照电动机 M 的额定电流的 0.95～1.05 倍整定，用十字起子旋转热继电器 FR 的电流调整盘，使调整盘上 8.8A 的数字对准▽的尖端。

② 简述系统调试步骤

● **不通电调试**

自检：安装完整个电路后，首先要自检安装接线是否正确。主电路主要用眼睛看，也可用万用表测量，即用万用表的欧姆挡 R×100 或 R×1k 测量 L1-U、L2-V、L3-W 在交流接触器 KM1 模拟动作时的电阻，电阻为 0 就正确，否则错误。

控制电路则用万用表的欧姆挡 R×100 或 R×1k 测量两个控制保险的出线端子电阻。

第一步，当按下启动按钮时，所测电阻为接触器的线圈电阻就正确，否则错误；再按下停止按钮 SB1 时，所测电阻为无穷大就正确，否则错误。

第二步，当进行接触器模拟动作时，所测电阻为接触器的线圈电阻就正确，否则错误。

● **通电调试**

空载试车：线路经自检无误后，安装好熔断器，注意主电路熔断器装 10A 的熔体，控制电路熔断器装 2A 的熔体，并经万用表检测安装到位无误，接好电源线，才可请老师过来检查，经老师下令后，才允许不带负载通电试车。具体操作如下。

第一步，将实训台上的三相电源送上，即合上三相低压断路器。

第二步，合上刀开关。

第三步，用试电笔检验 5 个熔断器出线端是否有电，有电往下继续操作，无电则断开三相电源检查熔断器。

第四步，按下启动按钮，观察接触器是否动作，是则用试电笔检验出线端子排是否有三相电源，否则断开三相电源重新检查线路。

负载试车：空载试车成功后，断开三相电源，按照 Y 接法接好电动机线，才可请老师过来检查，经老师下令后，才允许带负载通电试车。具体操作如下。

第一步，将实训台上的三相电源送上，即合上三相低压断路器。

第二步，合上刀开关。

第三步，按下启动按钮，观察接触器的动作，看电动机是否旋转。

第四步，按下停止按钮，观察电动机的旋转方向是否正确，从电动机轴的位置看应是顺时针方向（正转）。

注意事项：通电调试过程中，如果发现故障，应立即断电并进行检查，检查应先从电气原理图入手，根据故障现象，分析故障原因，缩小故障点，再进行排查。检查完后要再次请老师复检后方可通电。

（4）通电试车完成系统功能演示

启动：合上实训台电源断路器 QF→合上电源开关 QS→按下启动按钮 SB2，此时应看到交流接触器 KM1 动作，电动机 M 启动运行。

停车：按下停止按钮 SB1，此时应看到交流接触器 KM1 复位，电动机 M 自由停车，从电动机轴的位置看应是顺时针方向（正转）。

（5）实训提供的材料清单

如实表 1-1 所示。

实表 1-1　实训提供的材料清单记录表格

序号	实训元件名称	电气符号	型号与规格	单位	数量
1	刀开关	QS	HZ10-25/3	只	1
2	熔断器	FU1、FU2	RL1-15（10A×3，2A×2）	套	5
3	交流接触器	KM1	CJ20-16，线圈电压 380V	只	1
4	热继电器	FR	JR36-20，整定电流范围 6.8~11A	只	1
5	启动按钮	SB2	LA118J-3H，绿色	只	1
6	停止按钮	SB1	LA118J-3H，红色	只	1
7	三相异步电动机	M	Y112M-2，4kW，380V，Y 接法	台	1

实训二　三相异步电动机的直接启动控制系统的设计与制作

（1）画出系统电气原理图（手工绘制，标出端子号）

电气原理图如实图 2-1 所示。

（2）手工绘制元件布置图

如实图 2-2 所示。

（3）根据电动机参数和原理图列出元器件清单（实表 2-1）

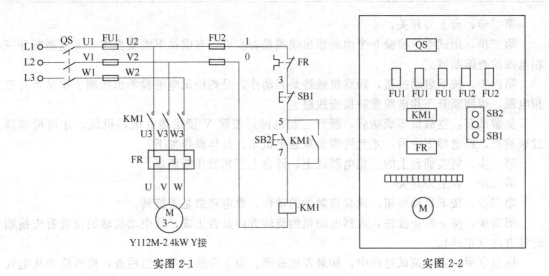

实图 2-1　　　　　　　　　　　　　实图 2-2

实表 2-1　元器件清单

序号	名称	型号	规格与主要参数	数量	备注
1	刀开关	HZ10-25/3	380V，25A	1	
2	熔断器	RL1-15	10A×3，2A×2	5	
3	交流接触器	CJ20-16	线圈电压380V	1	
4	热继电器	JR36-20	整定电流范围6.8～11A	1	
5	启动按钮	LA118J-3H	绿色（组合三联按钮）	1	
6	停止按钮	LA118J-3H	红色（组合三联按钮）	1	
7	三相异步电动机	Y112M-2	4kW，380V，Y 接法	1	

（4）简述系统调试步骤

① 进行器件整定　本项目中热继电器 FR 需整定，按照电动机 M 的额定电流的 0.95～1.05 倍整定，用十字起子旋转热继电器 FR 的电流调整盘，使调整盘上 8.8A 的数字对准▽的尖端。

② 简述系统调试步骤

● 不通电调试

自检：安装完整个电路后，首先要自检安装接线是否正确。主电路主要用眼睛看，也可用万用表测量，即用万用表的欧姆挡 R×100 或 R×1k 测量 L1-U、L2-V、L3-W 在交流接触器 KM1 模拟动作时的电阻，电阻为 0 就正确，否则错误。

控制电路则用万用表的欧姆挡 R×100 或 R×1k 测量两个控制保险的出线端子电阻。

第一步，当按下启动按钮时，所测电阻为接触器的线圈电阻就正确，否则错误；再按下停止按钮 SB1 时，所测电阻为无穷大就正确，否则错误。

第二步，当进行接触器模拟动作时，所测电阻也为接触器的线圈电阻就正确，否则错误。

● 通电调试

空载试车：线路经自检无误后，安装好熔断器，注意主电路熔断器装 10A 的熔体，控制电路熔断器装 2A 的熔体，并经万用表检测安装到位无误，接好电源线，才可请老师过来检查，经老师下令后，才允许不带负载通电试车。具体操作如下。

第一步，将实训台上的三相电源送上，即合上三相低压断路器。

第二步，合上刀开关。

第三步，用试电笔检验 5 个熔断器出线端是否有电，有电往下继续操作，无电则断开三相电源检查熔断器。

第四步，按下启动按钮，观察接触器是否动作，是则用试电笔检验出线端子排是否有三相电源，否则断开三相电源重新检查线路。

负载试车：空载试车成功后，断开三相电源，按照 Y 接法接好电动机线，才可请老师过来检查，经老师下令后，才允许带负载通电试车。具体操作如下。

第一步，将实训台上的三相电源送上，即合上三相低压断路器。

第二步，合上刀开关。

第三步，按下启动按钮，观察接触器的动作，看电动机是否旋转。

第四步，按下停止按钮，观察电动机的旋转方向是否正确，从电动机轴的位置看应是顺时针方向（正转）。

注意事项：通电调试过程中，如果发现故障，应立即断电并进行检查，检查应先从电气原理图入手，根据故障现象，分析故障原因，缩小故障点，再进行排查。检查完后要再次请老师复检后方可通电。

实训三　三相异步电动机的单向旋转与点动控制的安装调试

(1) 根据已提供的电气原理图手工绘制元件布置图：

① 手工绘制元件布置图的方法

以电气原理图中主电路的元器件排列次序为主进行手工绘制元件布置图，所画元器件注意横平、竖直、对称、兼顾美观，电动机必须通过端子排与线路连接。

② 电气原理图　如实图 3-1 所示。

③ 元件布置图　如实图 3-2 所示。

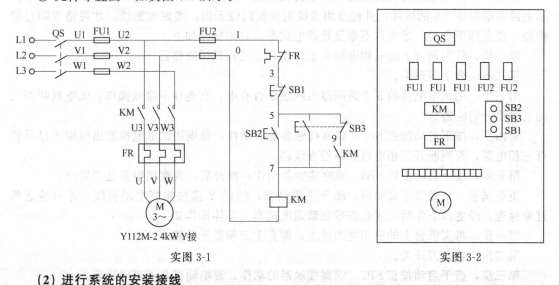

实图 3-1　　　　　　　　　　　　　　　　实图 3-2

(2) 进行系统的安装接线

要求完成主电路、控制电路的安装布线，按要求进行线槽布线，导线必须沿线槽内布线，接线端加编码套管，线槽出线应整齐美观，线路连接应符合工艺要求，不损坏电器元件，安装前应对元器件检查。安装工艺符合相关行业标准。

① 看图。认真阅读本实训要做的控制电路原理图，在明确实训要达到的技能目标，充分地搞清了控制线路的工作原理后，方可开始进行下一步实训。

② 选元器件。按原理图中列写元件清单，根据元件清单从实验台内取出相应的元器件。

③ 判断元器件性能。动手固定元器件前首先判断元器件好坏，有损坏的应提出来，要求老师给予更换。

④ 按实图 3-2 固定元器件。基本上按照主电路元件的先后次序进行元件的布局，兼顾横平、竖直、排列美观，并将其固定在电动机控制线路安装模拟接线板（网孔板）上。

⑤ 先给电气原理图编号（实图 3-1），然后按图接线。在电动机控制线路安装模拟接线板（网孔板）上分别安装三相异步电动机的单向旋转与点动控制线路。接线时注意接线方法及工艺，各接点要牢固、接触良好，同时，要注意安全文明操作，保护好各电器元件。

(3) 进行系统的调试

① 进行器件整定　本项目中热继电器 FR 需整定，按照电动机 M 的额定电流的 0.95～1.05 倍整定，用十字起子旋转热继电器 FR 的电流调整盘，使调整盘上 8.8A 的数字对准▽的尖端。

② 简述系统调试步骤

● **不通电调试**

自检：安装完整个电路后，首先要自检安装接线是否正确。主电路主要用眼睛看，也可用万用表测量，即用万用表的欧姆挡 R×100 或 R×1k 测量 L1-U、L2-V、L3-W 在交流接触器 KM 模拟动作时的电阻，电阻为 0 就正确，否则错误。

控制电路则用万用表的欧姆挡 R×100 或 R×1k 测量两个控制保险的出线端子电阻。

第一步，当按下启动按钮 SB2 或 SB3 时，所测电阻为接触器线圈电阻就正确，否则错误；再按下停止按钮 SB1 时，所测电阻为无穷大就正确，否则错误。

第二步，当进行接触器模拟动作时，所测电阻也为接触器的线圈电阻就正确，否则错误。

● **通电调试**

空载试车：线路经自检无误后，安装好熔断器，注意主电路熔断器装 10A 的熔体，控制电路熔断器装 2A 的熔体，并经万用表检测安装到位无误，接好电源线，才可请老师过来检查，经老师下令后，才允许不带负载通电试车。具体操作如下。

第一步，将实训台上的三相电源送上，即合上三相低压断路器。

第二步，合上刀开关。

第三步，用试电笔检验 5 个熔断器出线端是否有电，有电往下继续操作，无电则断开三相电源检查熔断器。

第四步，按下启动按钮 SB2，观察接触器是否动作，是则用试电笔检验出线端子排是否有三相电源，否则断开三相电源重新检查线路。

第五步，按下启动按钮 SB3，观察接触器动作，松开后，观察接触器是否复位。

负载试车：空载试车成功后，断开三相电源，按照 Y 接法接好电动机线，才可请老师过来检查，经老师下令后，才允许带负载通电试车。具体操作如下。

第一步，将实训台上的三相电源送上，即合上三相低压断路器。

第二步，合上刀开关。

第三步，按下启动按钮 SB2，观察接触器的动作，看电动机是否正向旋转。

第四步，按下停止按钮 SB1，观察电动机的旋转方向是否正确，从电动机轴的位置看应是顺时针方向（正转）。

第五步，按下启动按钮 SB3，观察电动机是否启动一下，松开后，观察电动机是否惯性停车，旋转方向是否正确。

注意事项：通电调试过程中，如果发现故障，应立即断电并进行检查，检查应先从电气原理图入手，根据故障现象，分析故障原因，缩小故障点，再进行排查。检查完后要再次请老师检查后方可通电。

（4）通电试车完成系统功能演示

启动：合上实训台电源断路器 QF → 合上电源开关 QS → 按下启动按钮 SB2，此时应看到交流接触器 KM 动作，电动机 M 启动运行。

停车：按下停止按钮 SB1，此时应看到交流接触器 KM 复位，电动机 M 自由停车，从电动机轴的位置看应是顺时针方向（正转）。

点动：合上实训台电源断路器 QF → 合上电源开关 QS → 按下启动按钮 SB3，此时应看到交流接触器 KM 动作，电动机 M 启动运行 → 松开启动按钮 SB3，此时应看到交流接触器 KM 复位，电动机 M 自由停车。

（5）实训提供的材料清单（实表 3-1）

实表 3-1 实训提供的材料清单记录表格

序号	实训元件名称	电气符号	型号与规格	单位	数量
1	刀开关	QS	HZ10-25/3	只	1
2	熔断器	FU1、FU2	RL1-15（10A×3，2A×2）	套	5
3	交流接触器	KM	CJ20-16，线圈电压380V	只	1
4	热继电器	FR	JR36-20，整定电流范围 6.8～11A	只	1
5	启动按钮	SB2	LA118J-3H，绿色	只	1
6	停止按钮	SB1	LA118J-3H，红色	只	1
7	点动按钮	SB3	LA118J-3H，黑色	只	1
8	三相异步电动机	M	Y112M-2，4kW，380V，Y 接法	台	1

实训四 三相异步电动机单向旋转与点动控制的设计与制作

（1）画出系统电气原理图（手工绘制，标出端子号）

电气原理图如实图 4-1 所示。

（2）手工绘制元件布置图

如实图 4-2 所示。

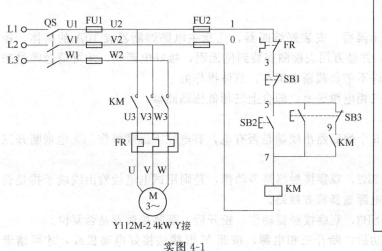

实图 4-1　　　　　　　　　　　　　　　　　实图 4-2

（3）根据电机参数和原理图列出元器件清单（实表 4-1）

实表 4-1　元器件清单

序号	名称	型号	规格与主要参数	数量	备注
1	刀开关	HZ10-25/3	380V，25A	1	
2	熔断器	RL1-15	10A×3，2A×2	5	
3	交流接触器	CJ20-16	线圈电压 380V	1	
4	热继电器	JR36-20	整定电流范围 6.8～11A	1	
5	启动按钮	LA118J-3H	绿色（组合三联按钮中）	1	
6	停止按钮	LA118J-3H	红色（组合三联按钮中）	1	
7	点动按钮	LA118J-3H	黑色	1	
8	三相异步电动机 SB3	Y112M-2	4kW，380V，Y 接法	1	

（4）简述系统调试步骤

① 进行器件整定　本项目中热继电器 FR 需整定，按照电动机 M 的额定电流的 0.95～1.05 倍整定，用十字起子旋转热继电器 FR 的电流调整盘，使调整盘上 8.8A 的数字对准 ▽ 的尖端。

② 简述系统调试步骤

● **不通电调试**

自检：安装完整个电路后，首先要自检安装接线是否正确。主电路主要用眼睛看，也可用万用表测量即用万用表的欧姆挡 R×100 或 R×1k 测量 L1-U、L2-V、L3-W 在交流接触器 KM 模拟动作时的电阻，电阻为 0 就正确，否则错误。

控制电路则用万用表的欧姆挡 R×100 或 R×1k 测量两个控制保险的出线端子电阻。

第一步，当按下启动按钮 SB2 或 SB3 时，所测电阻为接触器线圈电阻就正确，否则错误。

再按下停止按钮 SB1 时，所测电阻为无穷大就正确，否则错误。

第二步，当进行接触器 KM 模拟动作时，所测电阻为接触器的线圈电阻就正确，否则错误。

● **通电调试**

空载试车：线路经自检无误后，安装好熔断器，注意主电路熔断器装 10A 的熔体，控制电路熔断器装 2A 的熔体，并经万用表检测安装到位无误，接好电源线，才可请老师过来检查，经老师下令后，才允许不带负载通电试车。具体操作如下。

第一步，将实训台上的三相电源送上，即合上三相低压断路器。

第二步，合上刀开关。

第三步，用试电笔检验 5 个熔断器出线端是否有电，有电往下继续操作，无电则断开三相电源检查熔断器。

第四步，按下启动按钮 SB2，观察接触器是否动作，是则用试电笔检验出线端子排是否有三相电源，否则断开三相电源重新检查线路。

第五步，按下启动按钮 SB3，观察接触器动作，松开后，观察接触器是否复位。

负载试车：空载试车成功后，断开三相电源，按照 Y 形接法接好电动机线，才可请老师过来检查，经老师下令后，才允许带负载通电试车。具体操作如下。

第一步，将实训台上的三相电源送上，即合上三相低压断路器。

第二步，合上刀开关。

第三步，按下启动按钮SB2，观察接触器的动作，看电动机是否正向旋转。

第四步，按下停止按钮SB1，观察电动机的旋转方向是否正确，从电动机轴的位置看应是顺时针方向（正转）。

第五步，按下启动按钮SB3，观察电动机是否启动一下，松开后，观察电动机是否惯性停车，旋转方向是否正确。

注意事项：通电调试过程中，如果发现故障，应立即断电并进行检查，检查应先从电气原理图入手，根据故障现象，分析故障原因，缩小故障点，再进行排查。检查完后要再次请老师检查后方可通电。

思考题与习题

1-1 何为低压电器？

1-2 低压电器按用途可以分为哪几类？

1-3 简述刀开关的作用及其主要组成部分。

1-4 简述低压断路器的结构及各组成部分的作用。

1-5 熔断器在电路中起什么作用？

1-6 简述交流接触器的工作原理。

1-7 接触器的主要技术参数有哪些？其含义是什么？

1-8 热继电器的作用是什么？其保护功能与熔断器有何不同？

1-9 用作急停的按钮一般采用什么形式？什么颜色？

1-10 继电-接触器控制系统的基本控制环节有哪些？

1-11 三相笼型异步电动机的启动控制有哪些？

1-12 电气控制系统中常用的保护环节有哪些？

1-13 电动机的过载保护与过流保护有什么不同？为什么不能替代？

1-14 电动机主电路中如果接有低压断路器，是否可以不接熔断器？

1-15 分析三相异步电动机的单向旋转与点动控制的工作过程？

项目 2

三相异步电动机的正、 反转控制

 ## 2.1　教学目标

① 熟悉继电-接触器控制系统的互锁控制环节。
② 掌握三相异步电动机的正、反转运行的工作原理。
③ 掌握三相异步电动机的正、反转控制电气原理图的识图。

 ## 2.2　相关知识

2.2.1　三相异步电动机的正、 反转运行的工作原理

在实际工作中，生产机械常常需要运动部件可以向反方向运动，这就要求电动机能够实现正、反转（或可逆）运行。由电动机原理可知，三相交流电动机可改变定子绕组相序（任意两相相序）来改变电动机的旋转方向。因此，借助于接触器来实现三相电源相序的改变，即可实现电动机的正、反转（或可逆）运行。

2.2.2　继电-接触器控制系统的基本控制环节

无互锁正、反转控制电路如图 2-1 （a）所示。按下 SB2，正转接触器 KM1 线圈通电并自锁，主触点闭合，接通正序电源，电动机正转。按下停止按钮 SB1，KM1 线圈断电，电动机停止。再按下 SB3，反转接触器 KM2 线圈通电并自锁，主触点闭合，使电动机定子绕组电源相序与正转时相序相反，电动机反转运行。

此电路最大的缺陷在于：从主电路分析可以看出，若 KM1、KM2 同时通电动作，将造成电源两相短路，即在工作中如果按下了 SB1，再按下 SB2 就会出现这一事故现象，因此这种电路不能采用。

具有电气互锁的正、反转控制电路如图 2-1 （b）所示。利用两个接触器（或继电器）的常闭辅助触点即将 KM1、KM2 常闭辅助触点分别串接在对方线圈电路中，形成相互制约的控制，称为电气互锁。当按下 SB2 的常开触点使 KM1 的线圈瞬时通电，其串接在 KM2 线圈电路中的 KM1 的常闭辅助触点断开，锁住 KM2 的线圈不能通电，反之亦然。该电路欲使电动机由正向到反向或由反向到正向必须先按下停止按钮，而后再反向启动。

对于要求频繁实现可逆运行的情况，可采用图 2-1 （c）所示的控制电路。它是在图 2-1 （b）电路基础上，将正向启动按钮 SB2 和反向启动按钮 SB3 的常闭触点串接在对方常开触点电路中，利用按钮的常开、常闭触点的机械连接，在电路中形成相互制约的控制。这种接法称为机械互锁。

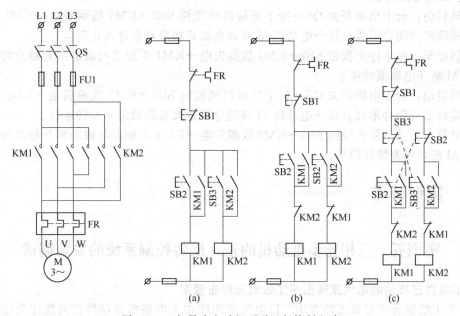

图 2-1 三相异步电动机可逆运行控制电路

(a) 无互锁正、反转控制电路；(b) 具有电气互锁正、反转控制电路；(c) 具有双重互锁电路

2.3 电气原理图的识图

三相异步电动机的正、反转控制电气原理图如图 2-2 所示。

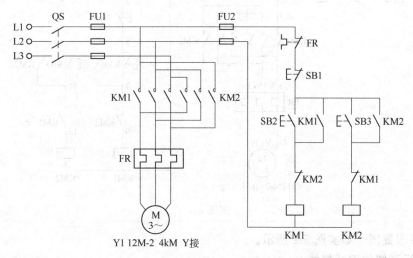

Y1 12M-2 4kM Y接

图 2-2 三相异步电动机的正、反转控制电气原理图

(1) 主电路的分析

动作 1：KM1 闭合，电动机 M 正转启动运行。

动作 2：KM1 断开，电动机 M 自由停车。

动作 3：KM2 闭合，电动机 M 反转启动运行。

动作 4：KM2 断开，电动机 M 自由停车。

（2）控制电路分析

正转启动：合上电源开关 QS→按下正转启动按钮 SB2→KM1 线圈通电→KM1 主触点闭合、辅助常开闭合形成自锁→电动机 M 接通电源直接启动后进入正转运行。

正转停车：按下停止按钮 SB1→KM1 线圈失电→KM1 主触点与辅助常开触点均断开→电动机 M 断开电源惯性停车。

反转启动：合上电源开关 QS→按下反转启动按钮 SB3→KM2 线圈通电→KM2 主触点闭合、辅助常开闭合形成自锁→电动机 M 接通电源直接启动后进入反转运行。

正转停车：按下停止按钮 SB1→KM2 线圈失电→KM2 主触点与辅助常开触点均断开→电动机 M 断开电源惯性停车。

2.4 实训环节

实训五　三相异步电动机的正、反转控制系统的安装调试

（1）根据已提供的电气原理图手工绘制元件布置图

① 手工绘制元件布置图的方法　以电气原理图中主电路的元器件排列次序为主进行手工绘制元件布置图，所画元器件注意横平、竖直、对称、兼顾美观，电动机必须通过端子排与线路连接。

② 电气原理图　如实图 5-1 所示。

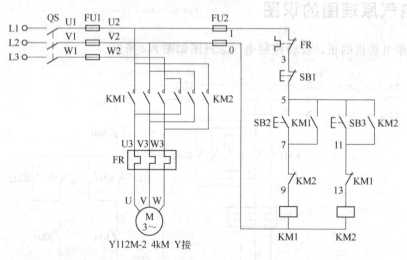

实图 5-1

③ 元件布置图　如实图 5-2 所示。

（2）进行系统的安装接线

要求完成主电路、控制电路的安装布线，按要求进行线槽布线，导线必须沿线槽内布线，接线端加编码套管，线槽出线应整齐美观，线路连接应符合工艺要求，不损坏电器元件，安装前应对元器件检查。安装工艺符合相关行业标准。

① 看图。认真阅读本实训要做的控制电路原理图，在明确实训要达到的技能目标，充分地搞清了控制线路的工作原理后，方可开始进行下一步实训。

② 选元器件。按原理图中列写元件清单，根据元件清单从实验台内取出相应的元器件。

③ 判断元器件性能。动手固定元器件前首先判断元器件好坏，有损坏的应提出来，要求老师给予更换。

④ 按实图 5-2 固定元器件。基本上按照主电路元件的先后次序进行元件的布局，兼顾横平、竖直、排列美观，并将其固定在电动机控制线路安装模拟接线板（网孔板）上。

⑤ 先给电气原理图编号（实图 5-1），然后按图接线。在电动机控制线路安装模拟接线板（网孔板）上分别安装三相异步电动机的正、反转控制线路。接线时注意接线方法及工艺，各接点要牢固、接触良好，同时，要注意安全文明操作，保护好各电器元件。

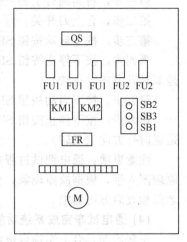

实图 5-2

(3) 进行系统的调试

① 进行器件整定 本项目中热继电器 FR 需整定，按照电动机 M 的额定电流的 0.95～1.05 倍整定，用十字起子旋转热继电器 FR 的电流调整盘，使调整盘上 8.8A 的数字对准 ▽ 的尖端。

② 简述系统调试步骤

● **不通电调试**

自检：安装完整个电路后，首先要自检安装接线是否正确。主电路主要用眼睛看，也可用万用表测量即用万用表的欧姆挡 R×100 或 R×1k 测量 L1-U、L2-V、L3-W 在交流接触器 KM1 或 KM2 模拟动作时的电阻，电阻为 0 就正确，否则错误。

控制电路则用万用表的欧姆挡 R×100 或 R×1k 测量两个控制保险的出线端子电阻。

第一步，当按下启动按钮 SB2 或 SB3 时，所测电阻为接触器 KM1 或 KM2 线圈电阻就正确，否则错误；再按下停止按钮 SB1 时，所测电阻为无穷大就正确，否则错误。

第二步，当进行接触器 KM1 或 KM2 模拟动作时，所测电阻也为对应接触器的线圈电阻就正确，否则错误。

第三步，当进行接触器 KM1 或 KM2 模拟动作时，所测电阻也为对应接触器的线圈电阻，再进行接触器 KM2 或 KM1 模拟动作时，所测电阻为无穷大就正确，否则错误。

● **通电调试**

空载试车：线路经自检无误后，安装好熔断器，注意主电路熔断器装 10A 的熔体，控制电路熔断器装 2A 的熔体，并经万用表检测安装到位无误，接好电源线，才可请老师过来检查，经老师下令后，才允许不带负载通电试车。具体操作如下。

第一步，将实训台上的三相电源送上，即合上三相低压断路器。

第二步，合上刀开关。

第三步，用试电笔检验 5 个熔断器出线端是否有电，有电往下继续操作，无电则断开三相电源检查熔断器。

第四步，按下启动按钮 SB2，观察接触器 KM1 是否动作，是则用试电笔检验出线端子排是否有三相电源，否则断开三相电源重新检查线路；试互锁，按下启动按钮 SB3，接触器 KM2 应无动作则正确。

第五步，按下停止按钮 SB1，接触器 KM1 应复位，再按启动按钮 SB3，观察接触器 KM2 是否动作，是则用试电笔检验出线端子排是否有三相电源，否则断开三相电源重新检查线路；试互锁，按下启动按钮 SB2，接触器 KM1 应无动作则正确。

负载试车：空载试车成功后，断开三相电源，按照 Y 形接法接好电动机线，才可请老师过来检查，经老师下令后，才允许带负载通电试车。具体操作如下。

第一步，将实训台上的三相电源送上，即合上三相低压断路器。

第二步，合上刀开关。

第三步，按下启动按钮 SB2，观察接触器 KM1 的动作，看电动机是否正向旋转。

第四步，按下停止按钮 SB1，观察电动机的旋转方向是否正确，从电动机轴的位置看应是顺时针方向（正转）。

第五步，按下启动按钮 SB3，观察接触器 KM2 的动作，看电动机是否反向旋转。

第六步，按下停止按钮 SB1，观察电动机的旋转方向是否正确，从电动机轴的位置看应是逆时针方向（反转）。

注意事项：通电调试过程中，如果发现故障，应立即断电并进行检查，检查应先从电气原理图入手，根据故障现象，分析故障原因，缩小故障点，再进行排查。检查完后要再次请老师检查后方可通电。

（4）通电试车完成系统功能演示

正转启动：合上实训台电源断路器 QF→合上电源开关 QS→按下正转启动按钮 SB2，此时应看到交流接触器 KM1 动作→电动机 M 接通电源直接启动后进入正转运行。

停车：按下停止按钮 SB1，此时应看到交流接触器 KM1 复位→电动机 M 断开电源惯性停车，从电动机轴的位置看应是顺时针方向（正转）。

反转启动：合上实训台电源断路器 QF→合上电源开关 QS→按下反转启动按钮 SB3，此时应看到交流接触器 KM2 动作→电动机 M 接通电源直接启动后进入反转运行。

停车：按下停止按钮 SB1，此时应看到交流接触器 KM2 复位→电动机 M 断开电源惯性停车，从电动机轴的位置看应是逆时针方向（反转）。

（5）实训提供的材料清单（实表 5-1）

实表 5-1 实训提供的材料清单记录表格

序 号	实训元件名称	电气符号	型号与规格	单 位	数 量
1	刀开关	QS	HZ10-25/3	只	1
2	熔断器	FU1、FU2	RL1-15（10A×3，2A×2）	套	5
3	交流接触器	KM1、KM2	CJ20-16，线圈电压 380V	只	2
4	热继电器	FR	JR36-20，整定电流范围 6.8～11A	只	1
5	正转启动按钮	SB2	LA118J-3H，绿色	只	1
6	停止按钮	SB1	LA118J-3H，红色	只	1
7	反转启动按钮	SB3	LA118J-3H，黑色	只	1
8	三相异步电动机	M	Y112M-2，4kW，380V，Y 接法	台	1

实训六 三相异步电动机的正、反转控制系统的设计与制作

（1）画出系统电气原理图（手工绘制，标出端子号）：
电气原理图如实图 6-1 所示。

（2）手工绘制元件布置图
如实图 6-2 所示。

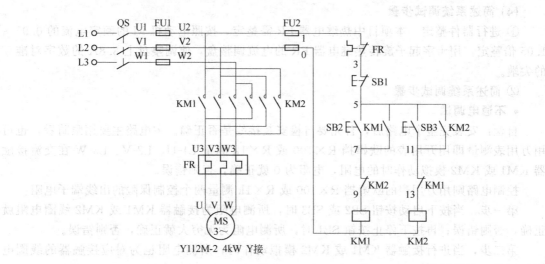

实图 6-1

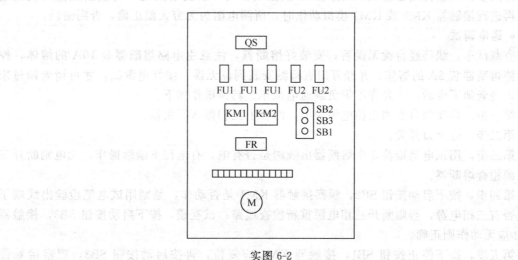

实图 6-2

（3）根据电机参数和原理图列出元器件清单（实表 6-1）

实表 6-1　元器件清单

序　号	名　　称	型　号	规格与主要参数	数　量	备　注
1	刀开关	HZ10-25/3	380V，25A	1	
2	熔断器	RL1-15	10A×3，2A×2	5	
3	交流接触器	CJ20-16	线圈电压 380V	2	
4	热继电器	JR36-20	整定电流范围 6.8～11A	1	
5	正转启动按钮	LA118J-3H	绿色（组合三联按钮中）		
6	停止按钮	LA118J-3H	红色（组合三联按钮中）		
7	反转启动按钮	LA118J-3H	黑色（组合三联按钮中）		
8	三相异步电动机	Y112M-2	4kW，380V，Y 接法	1	

（4）简述系统调试步骤

① 进行器件整定　本项目中热继电器 FR 需整定，按照电动机 M 的额定电流的 0.95～1.05 倍整定，用十字起子旋转热继电器 FR 的电流调整盘，使调整盘上 8.8A 的数字对准▽的尖端。

② 简述系统调试步骤

● **不通电调试**

自检：安装完整个电路后，首先要自检安装接线是否正确。主电路主要用眼睛看，也可用万用表测量即用万用表的欧姆挡 R×100 或 R×1k 测量 L1-U、L2-V、L3-W 在交流接触器 KM1 或 KM2 模拟动作时的电阻，电阻为 0 就正确，否则错误。

控制电路则用万用表的欧姆挡 R×100 或 R×1k 测量两个控制保险的出线端子电阻。

第一步，当按下启动按钮 SB2 或 SB3 时，所测电阻为接触器 KM1 或 KM2 线圈电阻就正确，否则错误；再按下停止按钮 SB1 时，所测电阻为无穷大就正确，否则错误。

第二步，当进行接触器 KM1 或 KM2 模拟动作时，所测电阻也为对应接触器的线圈电阻就正确，否则错误。

第三步，当进行接触器 KM1 或 KM2 模拟动作时，所测电阻也为对应接触器的线圈电阻，再进行接触器 KM2 或 KM1 模拟动作时，所测电阻为无穷大就正确，否则错误。

● **通电调试**

空载试车：线路经自检无误后，安装好熔断器，注意主电路熔断器装 10A 的熔体，控制电路熔断器装 2A 的熔体，并经万用表检测安装到位无误，接好电源线，才可请老师过来检查，经老师下令后，才允许不带负载通电试车。具体操作如下。

第一步，将实训台上的三相电源送上，即合上三相低压断路器。

第二步，合上刀开关。

第三步，用试电笔检验 5 个熔断器出线端是否有电，有电往下继续操作，无电则断开三相电源检查熔断器。

第四步，按下启动按钮 SB2，观察接触器 KM1 是否动作，是则用试电笔检验出线端子排是否有三相电源，否则断开三相电源重新检查线路；试互锁，按下启动按钮 SB3，接触器 KM2 应无动作则正确。

第五步，按下停止按钮 SB1，接触器 KM1 应复位，再按启动按钮 SB3，观察接触器 KM2 是否动作，是则用试电笔检验出线端子排是否有三相电源，否则断开三相电源重新检查线路；试互锁，按下启动按钮 SB2，接触器 KM1 应无动作则正确。

负载试车：空载试车成功后，断开三相电源，按照 Y 形接法接好电动机线，才可请老师过来检查，经老师下令后，才允许带负载通电试车。具体操作如下。

第一步，将实训台上的三相电源送上，即合上三相低压断路器。

第二步，合上刀开关。

第三步，按下启动按钮 SB2，观察接触器 KM1 的动作，看电动机是否正向旋转。

第四步，按下停止按钮 SB1，观察电动机的旋转方向是否正确，从电动机轴的位置看应是顺时针方向（正转）。

第五步，按下启动按钮 SB3，观察接触器 KM2 的动作，看电动机是否反向旋转。

第六步，按下停止按钮 SB1，观察电动机的旋转方向是否正确，从电动机轴的位置看应是逆时针方向（反转）。

注意事项：通电调试过程中，如果发现故障，应立即断电，并进行检查，检查应先从电气原理图入手，根据故障现象，分析故障原因，缩小故障点，再进行排查。检查完后要再次请老师检查后方可通电。

思考题与习题

2-1 何为机械互锁？何为电气互锁？

2-2 何为互锁控制？实现电动机正、反转互锁控制的方法有哪些？它们有何不同？

2-3 交流接触器的主触点与辅助触点有何不同，为什么？

2-4 怎样检测交流接触器？

2-5 三相异步电动机的正、反转控制空载试车时，怎样判断有电气互锁？

2-6 三相异步电动机的正、反转控制若无互锁控制会出现什么现象？

2-7 三相异步电动机的正、反转控制中有几种保护措施？

2-8 三相异步电动机的正、反转控制线路安装调试中，为什么要先试空车，而不能直接带负载试车？

2-9 为何说热继电器的过载保护是间接保护而不是直接保护？

2-10 试分析三相异步电动机的正、反转控制的工作过程？

项目 3

三相异步电动机的限位控制

3.1 教学目标

① 熟悉低压主令电器行程开关的结构、工作原理、用途及型号意义。

② 熟悉低压主令电器行程开关在电气原理图上图形和文字符号。

③ 掌握电气测量仪表判断行程开关好坏的方法。

④ 熟悉继电-接触器控制系统的自动往复循环控制环节。

⑤ 掌握三相异步电动机的限位控制电气原理图的识图。

⑥ 熟练掌握该电气控制线路的安装与调试、设计与制作。

3.2 相关知识

3.2.1 低压主令电器行程开关的认识

(1) 行程开关和接近开关的图形及文字符号

如图 3-1 所示。

(2) 作用

控制生产机械的运动方向和行程长短。

(3) 结构

行程开关按其结构分为机械结构的接触式有触点行程开关和电气结构的非接触式接近开关。机械接触式行程开关分为直动式、滚轮式和微动式三种。接近开关分为高频振荡型、感应型、电容型、光电型、永磁及磁敏元件型、超声波型等。这类开关不是靠挡块碰压开关发信号，而是在移动部件上装一金属片，在移动部件需要改变工作情况的地方装接近开关的感应头，其感应面正

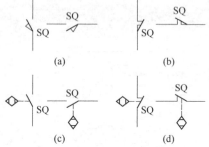

图 3-1　行程开关和接近开关
图形及文字符号

（a）行程开关动合触点；（b）行程开关动断触点；（c）接近开关动合触点；（d）接近开关动断触点

对金属片。当移动部件的金属片移动到感应头上面（不需接触）时，接近开关就输出一个信号，使控制电路改变工作情况。

图 3-2 所示为接近开关图片，图 3-3 所示为机械接触式行程开关图片。

① 直动式行程开关　直动式行程开关动作原理与控制按钮相同，其触点的分合速度取决于生产机械的移动速度，当移动速度低于 0.4m/min 时，触点分断太慢易产生电弧。图 3-4 所示为直动式行程开关结构原理图。

② 滚轮式行程开关　图 3-5 所示为滚轮式行程开关结构示意图。当滚轮 1 受向左外力作用后，推杆 4 向右移动，并压缩右边弹簧 10，同时下面的滚轮 5 也很快沿着擒纵件 6 向右滚

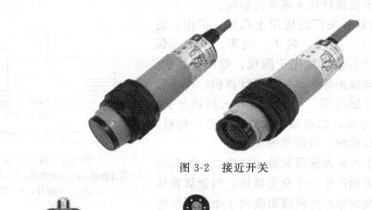

图 3-2　接近开关

图 3-3　机械接触式行程开关

(a) 直动式行程开关；(b) 滚轮式行程开关；(c) 微动开关

动，小滚轮滚动又压缩弹簧 9，当滚轮 5 滚过擒纵件 6 的中点时，盘形弹簧 3 和弹簧 9 都被擒纵件 6 迅速转动，从而使动触点迅速地与右边静触点分开，并与左边静触点闭合。滚轮式行程开关适用于低速运行的机械。

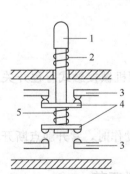

图 3-4　直动式行程开关

1—顶杆；2—复位弹簧；3—静触点；
4—动触点；5—触点弹簧

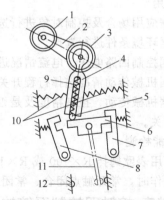

图 3-5　滚轮式行程开关

1—滚轮；2—上转臂；3—盘形弹簧；4—推杆；
5—滚轮；6—擒纵件；7，8—压板；9，10—弹簧；
11—动触点；12—静触点

③ 微动开关　图 3-6 所示为微动开关结构示意图。当推杆 5 在机械作用力压下时，弓簧片 6 产生机械变形，储存能量并产生位移，当达到临界点时，弹簧片连同桥式动触点瞬时动作。当外力失去后，推杆在弓簧片作用下迅速复位，触点恢复原来状态。微动开关采用瞬动

结构，触点换接速度不受推杆压下速度的影响。

④ 接近开关 接近开关广泛应用于机械、矿山、造纸、烟草、塑料、化工、冶金、轻工、汽车、电力、保安、铁路、航天等各个行业，运用于限位、检测、计数、测速、液面控制、自动保护等，也可连接计算机、可编程控制器（PLC）等作传感头用。特别是电容式接近开关，还可适用于对多种非金属，如纸张、橡胶、烟草、塑料、液体、木材及人体进行检测，应用范围极广。

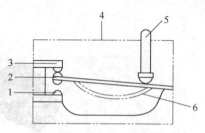

图 3-6　微动开关
1—常开静触点；2—动触点；3—常闭静触点；
4—壳体；5—推杆；6—弓簧片

电感式接近开关由高频振荡器和放大器组成。振荡器的线圈在开关的作用表面产生一个交变磁场，当金属物体接近此作用表面时，金属中产生涡流而吸收了振荡器的能量，使振荡器减弱以至停振。振荡器的振荡及停振这两个信号由整形放大器转换成二进制的开关信号，从而起到"开"、"关"的控制作用。

电容式接近开关由高频振荡器和放大器组成，包括一个传感器电极和一个屏蔽电极两个有效部分。这两部分组成了一个电容器。当被检测物体（金属或非金属物体）接近感应面时，电容器的电容值发生变化。如 RC 振荡电路的电容值随着被检测物体的接近而增大，此振荡电路被设置成当电容值增加时才开始振荡，当被检测物体接近时，RC 振荡器开始振荡，并将此信号送到信号触发器并由开关放大器输出开关信号。

(4) 工作原理

① 机械接触式行程开关是利用生产设备某些运动部件的机械位移而碰撞行程开关，使其触头动作。

② 接近开关这类开关不是靠挡块碰压开关发信号，而是在移动部件上装一金属片，在移动部件需要改变工作情况的地方装接近开关的感应头，其感应面正对金属片。当移动部件的金属片移动到感应头上面（不需接触）时，接近开关就输出一个信号，使控制电路改变工作情况。

(5) 选用

① 根据应用场合及控制对象进行选择。

② 根据环境条件进行选择。

③ 根据控制回路电压、电流情况进行选择。

④ 根据机械传动情况选择行程开关的头部形式。

⑤ 根据机械传动、控制精度及是否允许接触等选择采用机械接触式行程开关还是非接触式接近开关。

(6) 性能检测

先用万用表欧姆挡 R×100 或 R×1k 测量其通断，其未动作时，常开触点断开、常闭触点闭合；动作时，常开触点闭合、常闭触点断开。

3.2.2　继电-接触器控制系统的自动往复循环控制环节

机械设备中如机床的工作台、高炉加料设备等均需要自动往复运行，而自动往复的可逆运行通常是利用行程开关来检测往复运动的相对位置，进而控制电动机的正、反转来实现生产机械的往复运动。

图 3-7 所示为自动往复循环运动示意图及控制电路。

在图 3-7（a）中，行程开关 SQ1、SQ2 分别固定安装在机床床身上，定义加工原点与终点；撞块 A、B 固定在工作台上，随着运动部件的移动分别压下行程开关 SQ1、SQ2，使其触点动作，

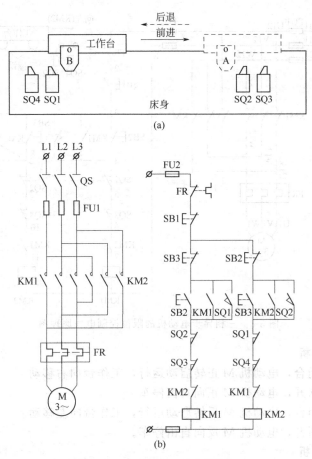

图 3-7 自动往复循环运动控制
(a) 机床工作台自动往复运动示意图; (b) 自动往复循环控制电路

改变控制电路的通断状态, 使电动机实现可逆运行, 完成运动部件的自动往复运动。

图 3-7 (b) 所示为自动往复循环的控制电路, SQ1 为反向转正向行程开关, SQ2 为正向转反向行程开关, SQ3、SQ4 为正反向极限保护用行程开关。合上电源开关 QS, 按下正向启动按钮 SB2, 接触器 KM1 通电并自锁, 电动机正向启动运转并拖动运动部件前进; 当运动部件前进到位, 撞块 A 压下 SQ2, 其常闭触点断开, KM1 线圈断电, 电动机停转; 同时, SQ2 常开触点闭合, 使 KM2 线圈通电并自锁, 电动机反向启动运转并拖动运动部件后退; 当后退到位时, 撞块 B 压下 SQ1, 使 KM2 线圈断电, 同时使 KM1 线圈通电, 电动机由反转变正转, 拖动运动部件由后退变前进, 如此周而复始地自动往复循环。当按下 SB1 时, KM1、KM2 线圈都断电, 电动机停止运转, 运动部件停止。

当行程开关 SQ1、SQ2 失灵, 则由极限保护行程开关 SQ3、SQ4 实现保护, 切断接触器线圈控制电路, 避免运动部件因超出极限位置而发生事故。

利用行程开关按照机械设备的运动部件的行程位置进行的控制, 称为行程控制原则, 是机械设备自动化和生产过程自动化中应用最广泛的控制方法之一。

3.3 三相异步电动机的限位控制电气原理图的识图

三相异步电动机的限位控制电气原理图如图 3-8 所示。

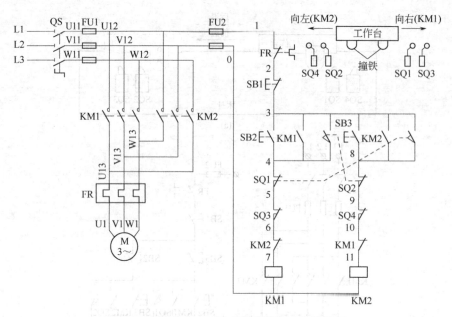

图 3-8 三相异步电动机的限位控制电气原理图

(1) 主电路的分析

动作 1：KM1 闭合，电动机 M 正转启动运行，工作台向右移动。

动作 2：KM1 断开，电动机 M 正向自由停车。

动作 3：KM2 闭合，电动机 M 反转启动运行，工作台向左移动。

动作 4：KM2 断开，电动机 M 反向自由停车。

(2) 控制电路分析

从正转启动自动往复循环运动：合上电源开关 QS→按下正转启动按钮 SB2→KM1 线圈通电→KM1 主触点闭合、辅助常开触点闭合形成自锁→电动机 M 接通电源直接启动后进入正转运行→工作台向右移动→当工作台移动到右端其撞铁压住限位开关 SQ1→SQ1 动作→SQ1 的常开触点闭合、常闭触点断开→KM1 线圈失电→KM1 主触点与辅助常开触点均断开、辅助常闭触点闭合→电动机 M 断开电源正向惯性停车，工作台暂时停止运动→KM2 线圈通电→KM2 主触点闭合、辅助常开触点闭合形成自锁→电动机 M 接通电源直接启动后进入反转运行→工作台向左移动→当工作台移动到左端其撞铁压住限位开关 SQ2→SQ2 动作→SQ2 的常开触点闭合、常闭触点断开→KM2 线圈失电→KM2 主触点与辅助常开触点均断开、辅助常闭触点闭合→电动机 M 断开电源反向惯性停车，工作台暂时停止运动→KM1 线圈通电→工作台不断进行着右移、左移、右移、左移自动往复循环运动，直至按下停止按钮 SB1，电动机 M 停止运转，工作台停止运动。

从反转启动自动往复循环运动：合上电源开关 QS→按下反转启动按钮 SB3→KM2 线圈通电→KM2 主触点闭合、辅助常开触点闭合形成自锁→电动机 M 接通电源直接启动后进入反转运行→工作台向左移动→当工作台移动到左端其撞铁压住限位开关 SQ2→SQ2 动作→SQ2 的常开触点闭合、常闭触点断开→KM2 线圈失电→KM2 主触点与辅助常开触点均断开、辅助常闭触点闭合→电动机 M 断开电源反向惯性停车，工作台暂时停止运动→KM1 线圈通电→KM1 主触点闭合、辅助常开触点闭合形成自锁→电动机 M 接通电源直接启动后进入正转运行→工作台向右移动→当工作台移动到右端其撞铁压住限位开关 SQ1→SQ1 动作→SQ1 的常开触点闭合、常闭触点断开→KM1 线圈失电→KM1 主触点与辅助常开触点均断开、辅助常闭触点闭合→电动机 M 断开电源正向惯性停车，工作台暂时停止运动→KM2 线圈通电→工作台不断进着左移、右移、左移、右移自动往复循环运动，直至按下停止按钮 SB1，电动机 M 停止运转，工作台停止运动。

3.4 实训环节 ....

实训七 三相异步电动机的限位控制系统的安装调试

(1) 根据已提供的电气原理图手工绘制元件布置图

① 手工绘制元件布置图的方法 以电气原理图中主电路的元器件排列次序为主进行手工绘制元件布置图，所画元器件注意横平、竖直、对称，兼顾美观，电动机必须通过端子排与线路连接。

② 电气原理图 如实图 7-1 所示。

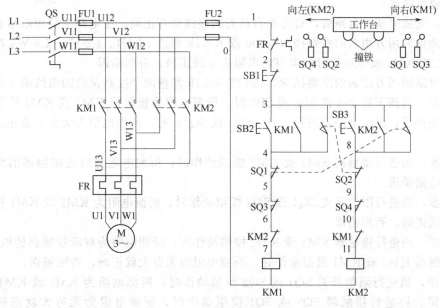

实图 7-1

③ 元件布置图 如实图 7-2 所示。

(2) 进行系统的安装接线

要求完成主电路、控制电路的安装布线，按要求进行线槽布线，导线必须沿线槽内布线，接线端加编码套管，线槽出线应整齐美观，线路连接应符合工艺要求，不损坏电器元件，安装前应对元器件检查。安装工艺符合相关行业标准。

① 看图。认真阅读本实训要做的控制电路原理图，在明确实训要达到的技能目标，充分地搞清了控制线路的工作原理后，方可开始进行下一步实训。

② 选元器件。按原理图中列写元件清单，根据元件清单从实验台内取出相应的元器件。

③ 判断元器件性能。动手固定元器件前首先判断元器件好坏，有损坏的应提出来，要求老师给予更换。

④ 按实图 7-2 固定元器件。基本上按照主电路元件的先后次序进行元件的布局，兼顾横平、竖直、排列美观，并将其固定在电动机控制线路安装模拟接线板（网孔板）上。

⑤ 先给电气原理图编号（实图 7-1），然后按图接线。在电动机控制线路安装模拟接线板（网孔板）上分别安装三相异步电动机的限位控制线路。接线时注意接线方法及工艺，各接点要牢固、接触良好，同时，要注意安全文明操作，保护好各电器元件。

（3）进行系统的调试

① 进行器件整定　本项目中热继电器 FR 需整定，按照电动机 M 的额定电流的 0.95～1.05 倍整定，用十字起子旋转热继电器 FR 的电流调整盘，使调整盘上 8.8A 的数字对准 ▽ 的尖端。

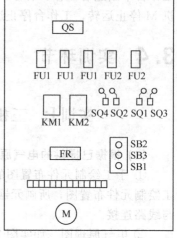

实图 7-2

② 简述系统调试步骤

● **不通电调试**

自检：安装完整个电路后，首先要自检安装接线是否正确。主电路主要用眼睛看，也可用万用表测量即用万用表的欧姆挡 R×100 或 R×1k 测量 L1-U1、L2-V1、L3-W1 在交流接触器 KM1 或 KM2 模拟动作时的电阻，电阻为 0 就正确，否则错误。

控制电路则用万用表的欧姆挡 R×100 或 R×1k 测量两个控制保险的出线端子电阻。

第一步，当按下启动按钮 SB2 或 SB3 时，所测电阻为接触器 KM1 或 KM2 线圈电阻就正确，否则错误；再按下停止按钮 SB1（SQ3 或 SQ4）时，所测电阻为无穷大就正确，否则错误。

第二步，当进行接触器 KM1 或 KM2 模拟动作时，所测电阻为对应接触器的线圈电阻就正确，否则错误。

第三步，当进行限位开关 SQ1 或 SQ2 模拟动作时，所测电阻为 KM2 或 KM1 接触器的线圈电阻就正确，否则错误。

第四步，当进行接触器 KM1 或 KM2 模拟动作时，所测电阻为对应接触器的线圈电阻，再进行接触器 KM2 或 KM1 模拟动作时，所测电阻为无穷大就正确，否则错误。

第五步，当进行限位开关 SQ1 或 SQ2 模拟动作时，所测电阻为 KM2 或 KM1 接触器的线圈电阻，再进行接触器 SQ2 或 SQ1 模拟动作时，所测电阻为无穷大就正确，否则错误。

● **通电调试**

空载试车：线路经自检无误后，安装好熔断器，注意主电路熔断器装 10A 的熔体，控制电路熔断器装 2A 的熔体，并经万用表检测安装到位无误，接好电源线，才可请老师过来检查，经老师下令后，才允许不带负载通电试车。具体操作如下。

第一步，将实训台上的三相电源送上，即合上三相低压断路器。

第二步，合上刀开关。

第三步，用试电笔检验 5 个熔断器出线端是否有电，有电往下继续操作，无电则断开三相电源检查熔断器。

第四步，按下启动按钮 SB2，观察接触器 KM1 是否动作，是则用试电笔检验出线端子排是否有三相电源，否则断开三相电源重新检查线路；再模拟动作 SQ1 时，接触器 KM1 复位，接触器 KM2 动作；用试电笔检验出线端子排是否有三相电源，否则断开三相电源重新检查线路；然后，模拟动作 SQ2 时，接触器 KM2 复位，接触器 KM1 动作。

第五步，按下启动按钮 SB3，观察接触器 KM2 是否动作，是则用试电笔检验出线端子排是否有三相电源，否则断开三相电源重新检查线路；再模拟动作 SQ2 时，接触器 KM2 复位，接触器 KM1 动作；用试电笔检验出线端子排是否有三相电源，否则断开三相电源重新检查线路；然后，模拟动作 SQ1 时，接触器 KM1 复位，接触器 KM2 动作。中途任意时间，按下停止按钮 SB1，接触器 KM1 或 KM2 都应复位。

负载试车：空载试车成功后，断开三相电源，按照 Y 形接法接好电动机线，才可请老师过来检查，经老师下令后，才允许带负载通电试车。具体操作如下。

第一步，将实训台上的三相电源送上，即合上三相低压断路器。

第二步，合上刀开关。

第三步，按下启动按钮 SB2，观察接触器 KM1 的动作，看电动机是否正向旋转。再模拟动作 SQ1 时，接触器 KM1 复位，接触器 KM2 动作，看电动机是否反向旋转；然后，模拟动作 SQ2 时，接触器 KM2 复位，接触器 KM1 动作，看电动机是否正向旋转。

第四步，按下启动按钮 SB3，观察接触器 KM2 的动作，看电动机是否反向旋转。再模拟动作 SQ2 时，接触器 KM2 复位，接触器 KM1 动作，看电动机是否正向旋转；然后，模拟动作 SQ1 时，接触器 KM1 复位，接触器 KM2 动作，看电动机是否反向旋转。中途任意时间，按下停止按钮 SB1，接触器 KM1 或 KM2 都应复位，电动机都应惯性停车，观察电动机的旋转方向是否正确。

注意事项：通电调试过程中，如果发现故障，应立即断电，并进行检查，检查应先从电气原理图入手，根据故障现象，分析故障原因，缩小故障点，再进行排查。检查完后要再次请老师检查后方可通电。

(4) 通电试车完成系统功能演示

从正转启动自动往复循环运动：合上实训台电源断路器 QF→合上电源开关 QS→按下正转启动按钮 SB2，此时应看到交流接触器 KM1 动作→电动机 M 接通电源直接启动后进入正转运行→工作台向右移动→当工作台移动到右端其撞铁压住限位开关 SQ1→SQ1 动作，此时应看到交流接触器 KM1 复位，电动机 M 断开电源正向惯性停车，工作台暂时停止运动；接着还应看到交流接触器 KM2 动作，电动机 M 接通电源直接启动后进入反转运行→工作台向左移动→当工作台移动到左端其撞铁压住限位开关 SQ2→SQ2 动作，此时应看到交流接触器 KM2 复位，电动机 M 断开电源反向惯性停车，工作台暂时停止运动，接着还应看到交流接触器 KM1 动作，电动机 M 接通电源直接启动后进入正转运行→工作台不断进行着右移、左移、右移、左移自动往复循环运动，直至按下停止按钮 SB1，电动机 M 停止运转，工作台停止运动。

从反转启动自动往复循环运动：合上实训台电源断路器 QF→合上电源开关 QS→按下反转启动按钮 SB3，此时应看到交流接触器 KM2 动作→电动机 M 接通电源直接启动后进入反转运行→工作台向左移动→当工作台移动到左端其撞铁压住限位开关 SQ2→SQ2 动作，此时应看到交流接触器 KM2 复位，电动机 M 断开电源反向惯性停车，工作台暂时停止运动；接着还应看到交流接触器 KM1 动作，电动机 M 接通电源直接启动后进入正转运行→工作台向右移动→当工作台移动到右端其撞铁压住限位开关 SQ1→SQ1 动作，此时应看到交流接触器 KM1 复位，电动机 M 断开电源正向惯性停车，工作台暂时停止运动，接着还应看到交流接触器 KM2 动作，电动机 M 接通电源直接启动后进入反转运行→工作台不断进行着左移、右移、左移、右移自动往复循环运动，直至按下停止按钮 SB1，电动机 M 停止运转，工作台停止运动。

（5）实训提供的材料清单（实表 7-1）

实表 7-1　实训提供的材料清单记录表格

序　号	实训元件名称	电 气 符 号	型 号 与 规 格	单　位	数　量
1	刀开关	QS	HZ10-25/3	只	1
2	熔断器	FU1、FU2	RL1-15（10A×3，2A×2）	套	5
3	交流接触器	KM1、KM2	CJ20-16，线圈电压 380V	只	2
4	热继电器	FR	JR36-20，整定电流范围 6.8～11A	只	1
5	正转启动按钮	SB2	LA118J-3H，绿色	只	1
6	停止按钮	SB1	LA118J-3H，红色	只	1
7	反转启动按钮	SB3	LA118J-3H，黑色	只	1
8	限位开关	SQ1～SQ4	JLXK1　AC380V，5A	只	4
9	三相异步电动机	M	Y112M-2，4kW，380V，Y 接法	台	1

实训八　三相异步电动机的限位控制系统的设计与制作

（1）画出系统电气原理图（手工绘制，标出端子号）
电气原理图如实图 8-1 所示。

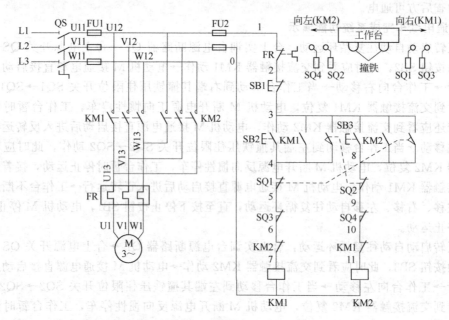

实图 8-1

（2）手工绘制元件布置图
如实图 8-2 所示。

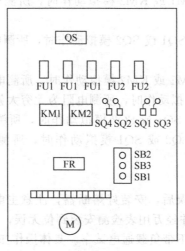

实图 8-2

(3) 根据电机参数和原理图列出元器件清单 (实表 8-1)

实表 8-1　元器件清单

序　号	名　称	型　号	规格与主要参数	数　量	备　注
1	刀开关	HZ10-25/3	380V，25A	1	
2	熔断器	RL1-15	10A×3，2A×2	5	
3	交流接触器	CJ20-16	线圈电压 380V	2	
4	热继电器	JR36-20	整定电流范围 6.8～11A	1	
5	正转启动按钮	LA118J-3H	绿色（组合三联按钮中）	1	
6	停止按钮	LA118J-3H	红色（组合三联按钮中）	1	
7	反转启动按钮	LA118J-3H	黑色（组合三联按钮中）	1	
8	限位开关	JLXK1	AC380V，5A	4	
9	三相异步电动机	Y112M-2	4kW，380V，Y 接法	1	

(4) 简述系统调试步骤

① 进行器件整定　本项目中热继电器 FR 需整定，按照电动机 M 的额定电流的 0.95～1.05 倍整定，用十字起子旋转热继电器 FR 的电流调整盘，使调整盘上 8.8A 的数字对准▽的尖端。

② 简述系统调试步骤

● **不通电调试**

自检：安装完整个电路后，首先要自检安装接线是否正确。主电路主要用眼睛看，也可用万用表测量即用万用表的欧姆挡 R×100 或 R×1k 测量 L1-U1、L2-V1、L3-W1 在交流接触器 KM1 或 KM2 模拟动作时的电阻，电阻为 0 就正确，否则错误。

控制电路则用万用表的欧姆挡 R×100 或 R×1k 挡测量两个控制保险的出线端子电阻。

第一步，当按下启动按钮 SB2 或 SB3 时，所测电阻为接触器 KM1 或 KM2 线圈电阻就正确，否则错误；再按下停止按钮 SB1（SQ3 或 SQ4）时，所测电阻为无穷大就正确，否则错误。

第二步，当进行接触器 KM1 或 KM2 模拟动作时，所测电阻为对应接触器的线圈电阻就正确，否则错误。

第三步，当进行限位开关 SQ1 或 SQ2 模拟动作时，所测电阻为 KM2 或 KM1 接触器的线圈电阻就正确，否则错误。

第四步，当进行接触器 KM1 或 KM2 模拟动作时，所测电阻为对应接触器的线圈电阻，再进行接触器 KM2 或 KM1 模拟动作时，所测电阻为无穷大就正确，否则错误。

第五步，当进行限位开关 SQ1 或 SQ2 模拟动作时，所测电阻为 KM2 或 KM1 接触器的线圈电阻，再进行接触器 SQ2 或 SQ1 模拟动作时，所测电阻为无穷大就正确，否则错误。

- **通电调试**

空载试车：线路经自检无误后，安装好熔断器，注意主电路熔断器装 10A 的熔体，控制电路熔断器装 2A 的熔体，并经万用表检测安装到位无误，接好电源线，才可请老师过来检查，经老师下令后，才允许不带负载通电试车。具体操作如下。

第一步，将实训台上的三相电源送上，即合上三相低压断路器。

第二步，合上刀开关。

第三步，用试电笔检验 5 个熔断器出线端是否有电，有电往下继续操作，无电则断开三相电源检查熔断器。

第四步，按下启动按钮 SB2，观察接触器 KM1 是否动作，是则用试电笔检验出线端子排是否有三相电源，否则断开三相电源重新检查线路；再模拟动作 SQ1 时，接触器 KM1 复位，接触器 KM2 动作；用试电笔检验出线端子排是否有三相电源，否则断开三相电源重新检查线路；然后，模拟动作 SQ2 时，接触器 KM2 复位，接触器 KM1 动作。

第五步，按下启动按钮 SB3，观察接触器 KM2 是否动作，是则用试电笔检验出线端子排是否有三相电源，否则断开三相电源重新检查线路；再模拟动作 SQ2 时，接触器 KM2 复位，接触器 KM1 动作；用试电笔检验出线端子排是否有三相电源，否则断开三相电源重新检查线路；然后，模拟动作 SQ1 时，接触器 KM1 复位，接触器 KM2 动作。中途任意时间，按下停止按钮 SB1，接触器 KM1 或 KM2 都应复位。

负载试车：空载试车成功后，断开三相电源，按照 Y 形接法接好电动机线，才可请老师过来检查，经老师下令后，才允许带负载通电试车。具体操作如下。

第一步，将实训台上的三相电源送上，即合上三相低压断路器。

第二步，合上刀开关。

第三步，按下启动按钮 SB2，观察接触器 KM1 的动作，看电动机是否正向旋转。再模拟动作 SQ1 时，接触器 KM1 复位，接触器 KM2 动作，看电动机是否反向旋转；然后，模拟动作 SQ2 时，接触器 KM2 复位，接触器 KM1 动作，看电动机是否正向旋转。

第四步，按下启动按钮 SB3，观察接触器 KM2 的动作，看电动机是否反向旋转。再模拟动作 SQ2 时，接触器 KM2 复位，接触器 KM1 动作，看电动机是否正向旋转；然后，模拟动作 SQ1 时，接触器 KM1 复位，接触器 KM2 动作，看电动机是否反向旋转。中途任意时间，按下停止按钮 SB1，接触器 KM1 或 KM2 都应复位，电动机都应惯性停车，观察电动机的旋转方向是否正确。

注意事项：通电调试过程中，如果发现故障，应立即断电，并进行检查，检查应先从电气原理图入手，根据故障现象，分析故障原因，缩小故障点，再进行排查。检查完后要再次请老师检查后方可通电。

========================== **思考题与习题** ==========================

3-1　何为限位开关？有什么作用？

3-2　限位开关的图形符号、文字符号是什么？

3-3　行程开关与接近开关的工作原理有何不同？

3-4　继电-接触器控制系统的自动往复循环控制环节是什么？

3-5　怎样检测限位开关？

3-6　三相异步电动机的限位控制线路的控制特点是什么？

3-7　三相异步电动机的限位控制中 SQ1～SQ4 的作用是什么？

3-8　试分析三相异步电动机的限位控制的工作过程？

项目 4
三相异步电动机的顺序控制

4.1 教学目标

① 熟悉低压控制电器时间继电器的结构、工作原理、用途及型号意义。
② 熟悉低压控制电器时间继电器在电气原理图上图形和文字符号。
③ 掌握电气测量仪表判断时间继电器好坏的方法。
④ 熟悉继电-接触器控制系统的顺序控制环节。
⑤ 掌握三相异步电动机的顺序控制电气原理图的识图。
⑥ 熟练掌握该电气控制线路的安装与调试、设计与制作。

4.2 相关知识

4.2.1 低压控制电器时间继电器的认识

感受部分在感受外界信号后，经过一段时间才能使执行部分动作的继电器，叫做时间继电器。对于电磁式时间继电器，当线圈在接收信号以后（通电或失电），其对应的触点使某一控制电路延时断开或闭合。时间继电器主要有空气阻尼式、电动式、晶体管式及直流电磁式等几大类。延时方式有通电延时和断电延时两种。

（1）时间继电器图形及文字符号
如图 4-1 所示。

（2）作用
延时。

（3）结构
由电磁系统、工作触点（微动开关）、延时机构等组成。图 4-2 所示为 JS7-A 系列空气

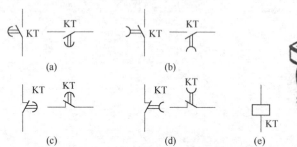

图 4-1 时间继电器图形及文字符号
(a) 延时闭合的动合触点；(b) 延时断开的动合触点；
(c) 延时闭合的动断触点；(d) 延时断开的动断触点；(e) 线圈

图 4-2 JS7-A 系列空气阻尼式时间继电器

阻尼式时间继电器图片。JS7-A 系列空气阻尼式时间继电器的触点系统共有六种：延时闭合常开、延时闭合常闭、延时断开常闭、延时断开常开、常开瞬动、常闭瞬动。

（4）工作原理

当线圈通电时，衔铁及固定在它上面的托板被铁芯吸引而下降，这时固定在活塞杆上的撞块因失去托板的支托也向下运动，但由于与活塞杆相连的橡皮膜向下运动时受到空气阻尼的作用，所以活塞杆下落缓慢，经过一定时间，才能触动微动开关的推杆使它的常闭触点断开、常开触点闭合。延时时间是：从线圈通电开始到触点完成动作为止这段时间。通过延时调节螺钉，即调节进气孔的大小以改变延时时间。

（5）选用

主要根据控制回路所需要的瞬动触点、延时触点数量，控制电路电压、延时精度和延时时间选择。

（6）性能检测

用万用表欧姆挡 R×100 或 R×1k 测量其线圈电阻，一般为 700～800 Ω；再测其触点是否正常，没动作时，常开触点应是断开的，常闭触点是闭合的。模拟动作时，对通电延时时间继电器来说，瞬动常开触点应是闭合的，瞬动常闭点是断开的；延时常开触点应是延时闭合的，延时常闭触点是延时断开的。对断电延时时间继电器来说，瞬动、延时常开触点应是闭合的，常闭触点是断开的；模拟恢复原状时，延时常开触点应是延时断开的，延时常闭触点是延时闭合的。

4.2.2　继电-接触器控制系统的顺序控制环节

在机床的控制电路中，常常要求电动机的启动和停止按照一定的顺序进行。如磨床要求先启动润滑油泵，然后再启动主轴电动机；铣床的主轴旋转后，工作台方可移动等。顺序工作控制电路有顺序启动、同时停止控制电路，有顺序启动、顺序停止控制电路，还有顺序启动、逆序停止控制电路。

图 4-3 为两台电动机顺序控制电路图，其电路工作分析如下。

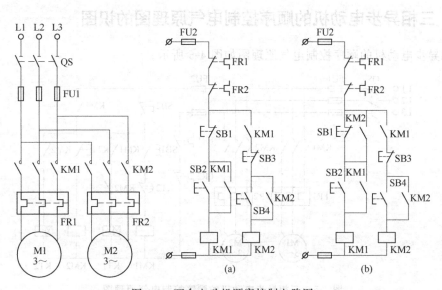

图 4-3　两台电动机顺序控制电路图
(a) 按顺序启动、同时停止电路；(b) 按顺序启动、逆序停止的控制电路

图 4-3（a）所示为两台电动机顺序启动、同时停止控制电路。在此电路的控制电路中，

只有 KM1 线圈通电后，其串入 KM2 线圈控制电路中的常开触点 KM1 闭合，才能使 KM2 线圈存在通电的可能，以此制约了 M2 电动机的启动顺序。当按下 SB1 按钮时，接触器 KM1 线圈断电，其串接在 KM2 线圈控制电路中的常开辅助触点断开，保证了 KM1 和 KM2 线圈同时断电，其常开主触点断开，两台电动机 M1、M2 同时停止。

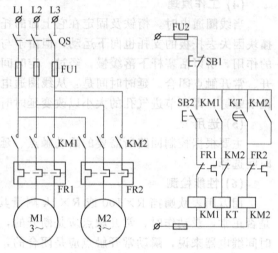

图 4-3（b）所示为两台电动机顺序启动、逆序停止控制电路。其顺序启动工作不再分析，由读者自行分析。此控制电路停车时，必须先按下 SB3 按钮，切断 KM2 线圈的供电，电动机 M2 停止运转，其并联在按钮 SB1 下的常开辅助触点 KM2 断开，此时再按下 SB1，才能使 KM1 线圈断电，电动机 M1 停止运转。

图 4-4 所示为利用时间继电器控制的顺序启动电路。其电路的关键在于利用时间继电器自动控制 KM2 线圈的通电。当按下 SB2 按

图 4-4 时间继电器控制的顺序启动电路

钮时，KM1 线圈通电，电动机 M1 启动，同时时间继电器线圈 KT 通电，延时开始。经过设定时间后，串接入接触器 KM2 控制电路中的时间继电器 KT 的动合触点闭合，KM2 线圈通电，电动机 M2 启动。

通过以上电路工作分析可知，要实现顺序控制，应将先通电的电器的常开触点串接在后通电的电器的线圈控制电路中，将先断电的电器的常开触点并联到后断电的电器的线圈控制电路中的停止按钮（或其他断电触点）上。其具体方法有接触器和继电器触点的电气联锁、复合按钮联锁、行程开关联锁等。

4.3　三相异步电动机的顺序控制电气原理图的识图

三相异步电动机的顺序控制电气原理图如图 4-5 所示。

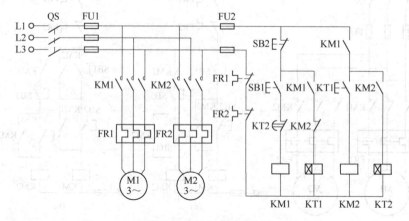

图 4-5 三相异步电动机的顺序控制电气原理图

(1) 主电路的分析

动作 1：KM1 闭合，电动机 M1 启动运行。

动作 2：KM2 闭合，电动机 M2 启动运行。

动作 3：KM1、KM2 先后断开，电动机 M1、M2 按顺序停车。

（2）控制电路分析

合上电源开关 QS→按下启动按钮 SB1→KM1、KT1 线圈通电→KM1 主触点闭合、一个辅助常开触点闭合形成自锁、另一个辅助常开触点闭合为 KM2 线圈得电作准备→电动机 M1 接通电源直接启动运行→当 KT1 延时时间到→KT1 的延时常开触点闭合→KM2、KT2 线圈通电→KM2 主触点闭合、辅助常开触点闭合形成自锁、辅助常闭触点断开使 KT1 线圈失电→电动机 M2 接通电源直接启动运行、KT1 的延时常开点断开为下次启动作准备→当 KT2 延时时间到→KT2 的延时常闭触点断开→KM1 线圈失电→KM1 主触点与辅助常开触点均断开→电动机 M1 断开电源自由停车→KM2、KT2 线圈失电→KM2 主触点与辅助常开触点均断开、辅助常闭触点闭合、KT2 的延时常闭触点闭合为下次启动作准备→电动机 M2 断开电源自由停车。

4.4　实训环节

实训九　三相异步电动机的顺序控制系统的安装调试

（1）根据已提供的电气原理图手工绘制元件布置图

① 手工绘制元件布置图的方法　以电气原理图中主电路的元器件排列次序为主进行手工绘制元件布置图，所画元器件注意横平、竖直、对称，兼顾美观，电动机必须通过端子排与线路连接。

② 电气原理图　如实图 9-1 所示。

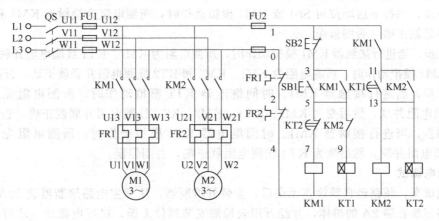

实图 9-1

③ 元件布置图　如实图 9-2 所示。

（2）进行系统的安装接线

要求完成主电路、控制电路的安装布线，按要求进行线槽布线，导线必须沿线槽内布线，接线端加编码套管，线槽出线应整齐美观，线路连接应符合工艺要求，不损坏电器元件，安装前应对元器件检查。安装工艺符合相关行业标准。

① 看图。认真阅读本实训要做的控制电路原理图，在明确实训要达到的技能目标，充分地搞清了控制线路的工作原理后，方可开始进行下一步实训。

② 选元器件。按原理图中列写元件清单，根据元件清单从实验台内取出相应的元器件。

③ 判断元器件性能。动手固定元器件前首先判断元器件好坏，有损坏的应提出来，要求老师给予更换。

④ 按实图 9-2 固定元器件。基本上按照主电路元件的先后次序进行元件的布局，兼顾横平、竖直、排列美观，并将其固定在电动机控制线路安装模拟接线板（网孔板）上。

⑤ 先给电气原理图编号（实图 9-1），然后按图接线。在电动机控制线路安装模拟接线板（网孔板）上分别安装三相异步电动机的顺序控制线路。接线时注意接线方法及工艺，各接点要牢固、接触良好，同时，要注意安全文明操作，保护好各电器元件。

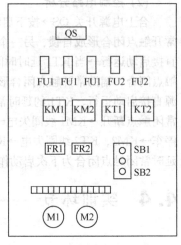

实图 9-2

(3) 进行系统的调试

① 进行器件整定　本项目中热继电器 FR 需整定，按照电动机 M1、M2 的额定电流的 0.95～1.05 倍整定，用十字起子旋转热继电器 FR1、FR2 电流调整盘，使调整盘上 8.8A 的数字对准▽的尖端。

② 简述系统调试步骤

● 不通电调试

自检：安装完整个电路后，首先要自检安装接线是否正确。主电路主要用眼睛看，也可用万用表测量即用万用表的欧姆挡 R×100 或 R×1k 测量 L1-U1（或 U2）、L2-V1（或 V2）、L3-W1（或 W2）在交流接触器 KM1 或 KM2 模拟动作时的电阻，电阻为 0 就正确，否则错误。

控制电路则用万用表的欧姆挡 R×100 或 R×1k 测量两个控制保险的出线端子电阻。

第一步，当按下启动按钮 SB1 或 KM1 模拟动作时，所测电阻为接触器 KM1 和 KT1 线圈电阻并联就正确，否则错误。

第二步，当进行接触器 KM1 模拟动作时，所测电阻为 KM1、KT1 线圈电阻并联，再进行接触器 KM2 模拟动作时，所测电阻为 KM1、KM2 和 KT2 线圈电阻并联就正确，否则错误。

第三步，当进行接触器 KM1、时间继电器 KT1 模拟动作时，所测电阻先为 KM1、KT1 线圈电阻并联，然后变为 KM1、KT1、KM2、KT2 线圈电阻并联就正确，否则错误。

第四步，当进行接触器 KM1、时间继电器 KT2 模拟动作时，所测电阻先为 KM1、KT1 线圈电阻并联，然后变为 KT1 线圈电阻就正确，否则错误。

● 通电调试

空载试车：线路经自我检查无误后，安装好熔断器，注意主电路熔断器装 10A 的熔体，控制电路熔断器装 2A 的熔体，并经万用表检测安装到位无误，接好电源线，才可请老师过来检查，经老师下令后，才允许不带负载通电试车。具体操作如下。

第一步，将实训台上的三相电源送上，即合上三相低压断路器。

第二步，合上刀开关。

第三步，用试电笔检验 5 个熔断器出线端是否有电，有电往下继续操作，无电则断开三相电源检查熔断器。

第四步，按下启动按钮 SB1，观察到接触器 KM1、时间继电器 KT1 动作，延时时间到后，观察到接触器 KM2、KT2 动作，时间继电器 KT1 断电复位；再等待延时时间到后，KM1 断电复位，接着 KM2、KT2 也断电复位。

负载试车：空载试车成功后，断开三相电源，按照 Y 形接法接好电动机线，才可请老师过来检查，经老师下令后，才允许带负载通电试车。具体操作如下。

第一步，将实训台上的三相电源送上，即合上三相低压断路器。

第二步，合上刀开关。

第三步，按下启动按钮 SB1，观察接触器 KM1、时间继电器 KT1 的动作，看电动机 M1 是否正向旋转；延时时间到后，观察到接触器 KM2、KT2 动作，时间继电器 KT1 断电复位，看电动机 M2 是否正向旋转；再等待延时时间到后，KM1 断电复位，看电动机 M1 是否惯性停车；接着 KM2、KT2 也断电复位，看电动机 M2 是否惯性停车。中途任意时间，按下停止按钮 SB2，接触器 KM1 或时间继电器 KT1 都应先复位，电动机 M1 都应惯性停车；然后，是接触器 KM2 或时间继电器 KT2 再复位，电动机 M2 应惯性停车，并观察电动机 M1、M2 的旋转方向是否正确。

注意事项：通电调试过程中，如果发现故障，应立即断电，并进行检查，检查应先从电气原理图入手，根据故障现象，分析故障原因，缩小故障点，再进行排查。检查完后要再次请老师检查后方可通电。

（4）通电试车完成系统功能演示

合上实训台电源断路器 QF→合上电源开关 QS→按下启动按钮 SB1，此时应看到 KM1、KT1 动作→电动机 M1 接通电源直接启动正向运行→当 KT1 延时时间到，此时应看到 KM2、KT2 动作，KT1 复位→电动机 M2 接通电源直接启动正向运行→当 KT2 延时时间到，此时应看到 KM1 复位，接着应看到 KM2、KT2 复位→电动机 M1 断开电源自由停车，接着电动机 M2 断开电源自由停车。

（5）实训提供的材料清单（实表 9-1）

实表 9-1　实训提供的材料清单记录表格

序　号	实训元件名称	电气符号	型号与规格	单　位	数　量
1	刀开关	QS	HZ10-25/3	只	1
2	熔断器	FU1、FU2	RL1-15（10A×3，2A×2）	套	5
3	交流接触器	KM1、KM2	CJ20-16，线圈电压 380V	只	2
4	热继电器	FR1、FR2	JR36-20，整定电流范围 6.8～11A	只	2
5	启动按钮	SB1	LA118J-3H，绿色	只	1
6	停止按钮	SB2	LA118J-3H，红色	只	1
7	时间继电器	KT1、KT2	JS7-2A　0.4～60s（通电延时）	只	2
8	三相异步电动机	M1、M2	Y112M-2，4kW，380V，Y 接法	台	2

实训十　三相异步电动机的顺序控制系统的设计与制作

（1）画出系统电气原理图（手工绘制，标出端子号）

电气原理图如实图 10-1 所示。

（2）手工绘制元件布置图

如实图 10-2 所示。

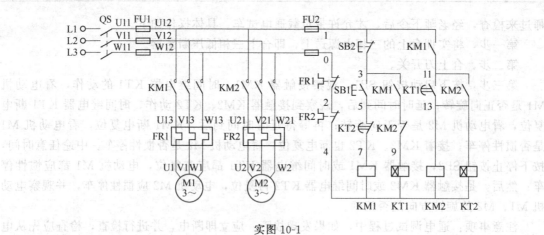

实图 10-1

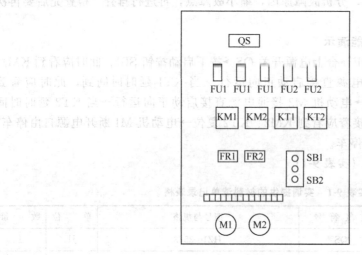

实图 10-2

(3) 根据电机参数和原理图列出元器件清单（实表 10-1）

实表 10-1 元器件清单

序　　号	名　　称	型　　号	规格与主要参数	数　量	备　注
1	刀开关	HZ10-25/3	380V，25A	1	
2	熔断器	RL1-15	10A×3，2A×2	5	
3	交流接触器	CJ20-16	线圈电压 380V	2	
4	热继电器	JR36-20	整定电流范围 6.8～11A	2	
5	启动按钮	LA118J-3H	绿色（组合三联按钮中）	1	
6	停止按钮	LA118J-3H	红色（组合三联按钮中）	1	
7	时间继电器	JS7-2A	0.4～60s（通电延时）	2	
8	三相异步电动机	Y112M-2	4kW，380V，Y 接法	2	

(4) 简述系统调试步骤

① 进行器件整定　本项目中热继电器 FR 需整定，按照电动机 M1、M2 的额定电流的 0.95～1.05 倍整定，用十字起子旋转热继电器 FR1、FR2 电流调整盘，使调整盘上 8.8A

的数字对准▽的尖端。

②简述系统调试步骤

● **不通电调试**

自检：安装完整个电路后，首先要自检安装接线是否正确。主电路主要用眼睛看，也可用万用表测量即用万用表的欧姆挡 R×100 或 R×1k 测量 L1-U1（或 U2）、L2-V1（或 V2）、L3-W1（或 W2）在交流接触器 KM1 或 KM2 模拟动作时的电阻，电阻为 0 就正确，否则错误。

控制电路则用万用表的欧姆挡 R×100 或 R×1k 测量两个控制保险的出线端子电阻。

第一步，当按下启动按钮 SB1 或 KM1 模拟动作时，所测电阻为接触器 KM1 和 KT1 线圈电阻并联就正确，否则错误。

第二步，当进行接触器 KM1 模拟动作时，所测电阻为 KM1、KT1 线圈电阻并联，再进行接触器 KM2 模拟动作时，所测电阻为 KM1、KM2 和 KT2 线圈电阻并联就正确，否则错误。

第三步，当进行接触器 KM1、时间继电器 KT1 模拟动作时，所测电阻先为 KM1、KT1 线圈电阻并联，然后变为 KM1、KT1、KM2、KT2 线圈电阻并联就正确，否则错误。

第四步，当进行接触器 KM1、时间继电器 KT2 模拟动作时，所测电阻先为 KM1、KT1 线圈电阻并联，然后变为 KT1 线圈电阻就正确，否则错误。

● **通电调试**

空载试车：线路经自我检查无误后，安装好熔断器，注意主电路熔断器装 10A 的熔体，控制电路熔断器装 2A 的熔体，并经万用表检测安装到位无误，接好电源线，才可请老师过来检查，经老师下令后，才允许不带负载通电试车。具体操作如下。

第一步，将实训台上的三相电源送上，即合上三相低压断路器。

第二步，合上刀开关。

第三步，用试电笔检验 5 个熔断器出线端是否有电，有电往下继续操作，无电则断开三相电源检查熔断器。

第四步，按下启动按钮 SB1，观察到接触器 KM1、时间继电器 KT1 动作，延时时间到后，观察到接触器 KM2、KT2 动作，时间继电器 KT1 断电复位；再等待延时时间到后，KM1 断电复位，接着 KM2、KT2 也断电复位。

负载试车：空载试车成功后，断开三相电源，按照 Y 形接法接好电动机线，才可请老师过来检查，经老师下令后，才允许带负载通电试车。具体操作如下。

第一步，将实训台上的三相电源送上，即合上三相低压断路器。

第二步，合上刀开关。

第三步，按下启动按钮 SB1，观察接触器 KM1、时间继电器 KT1 的动作，看电动机 M1 是否正向旋转。延时时间到后，观察到接触器 KM2、KT2 动作，时间继电器 KT1 断电复位，看电动机 M2 是否正向旋转；再等待延时时间到后，KM1 断电复位，看电动机 M1 是否惯性停车，接着 KM2、KT2 也断电复位，看电动机 M2 是否惯性停车。中途任意时间，按下停止按钮 SB2，接触器 KM1 或时间继电器 KT1 都应先复位，电动机 M1 都应惯性停车；然后，是接触器 KM2 或时间继电器 KT2 再复位，电动机 M2 应惯性停车，并观察电动机 M1、M2 的旋转方向是否正确。

注意事项：通电调试过程中，如果发现故障，应立即断电，并进行检查，检查应先从电气原理图入手，根据故障现象，分析故障原因，缩小故障点，再进行排查。检查完后要再次请老师检查后方可通电。

思考题与习题

4-1　何为通电延时时间继电器？何为断电延时时间继电器？

4-2　时间继电器的图形符号、文字符号是什么？

4-3　时间继电器的有多少种类？

4-4　继电-接触器控制系统的顺序控制环节是什么？

4-5　怎样检测时间继电器？

4-6　通电延时、断电延时时间继电器的工作原理是什么？

4-7　三相异步电动机的顺序控制中 KT1、KT2 的作用是什么？

4-8　三相异步电动机的顺序控制方法有几种？

4-9　试分析三相异步电动机的顺序控制的工作过程？

项目 5
三相异步电动机的 Y-△ 启动控制

5.1 教学目标

① 熟悉三相异步电动机最常用的降压启动控制方式。
② 掌握三相异步电动机的 Y-△ 启动控制电气原理图的识图。
③ 熟练掌握该电气控制线路的安装与调试、设计与制作。

5.2 相关知识

三相笼型异步电动机容量较大时（10kW 以上），一般应采用降压启动，有时为了减小和限制启动时对机械设备的冲击，即使允许直接启动的电动机，也往往采用降压启动。

三相笼型异步电动机降压启动的实质，就是在电源电压不变的情况下，启动时减小加在电动机定子绕组上的电压，以限制启动电流，而在启动后再将电压恢复至额定值，电动机进入正常运行。降压启动可以减小启动电流，减小线路电压降，也就减小了启动时对线路的影响，但电动机的电磁转矩与定子端电压平方成正比，所以降压启动使得电动机的启动转矩相应减小，故降压启动适用于空载或轻载下启动。

三相笼型异步电动机降压启动的方法有：定子绕组电路串电阻电抗器；Y-△连接降压启动；延边三角形和使用自耦变压器启动等。

（1）星形-三角形连接降压启动控制电路

正常运行时，定子绕组接成三角形的笼型三相异步电动机可采用星形-三角形降压启动的方法以达到限制启动电流的目的。

启动时，定子绕组接成星形，待转速上升到接近额定转速时，再将定子绕组的接线换接成三角形，电动机进入全电压正常运行状态。由电工基础知识可知 $I_{\triangle L}=3I_{YL}$，因此，Y 接时启动电流仅为△连接时的 $\frac{1}{3}$，相应的启动转矩也是△连接时的 $\frac{1}{3}$。

图 5-1 所示为 QX4 系列自动星形-三角形启动器电路，适用于 125kW 及以下的三相笼型异步电动机作星形－三角形降压启动和停止控制。该电路由接触器 KM1、KM2、KM3，热继电器 FR，时间继电器 KT，按钮 SB1、SB2 等元件组成，并具有短路保护、过载保护和失压保护等功能。

电路工作分析：合上电源开关 QS，按下启动按钮 SB2，KM1、KT、KM3 线圈同时通电并自锁，电动机三相定子绕组连接成星形接入三相交流电源进行降压启动；当电动机转速接近额定转速时，通电延时型时间继电器动作，KT 常闭触点断开，KM3 线圈断电释放，同时 KT 常开触点闭合，KM2 线圈通电吸合并自锁，电动机绕组连接成三角形全压运行。当 KM2 通电吸合后，KM2 常闭触点断开，使 KT 线圈断电，避免时间继电器长期工作。KM2、KM3 触点为互锁触点，以防止同时接成星形和三角形造成电源短路。

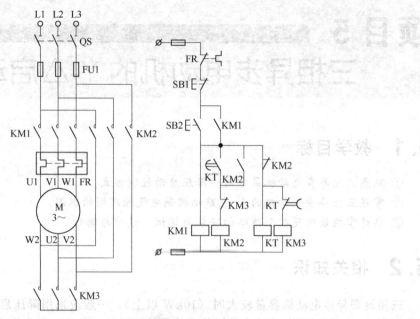

图 5-1　QX4 系列自动星形-三角形启动器电路

表 5-1 为 QX4 系列自动星形-三角形启动器技术数据。

表 5-1　QX4 系列自动星形-三角形启动器技术数据

型　　号	控制电动机功率/kW	额定电流/A	热继电器额定电流/A	时间继电器整定值/s
QX4-17	13 17	26 33	15 19	11 13
QX4-30	22 38	42.5 58	25 34	15 17
QX4-55	40 55	77 105	45 61	20 24
QX4-75	75	142	85	30
QX4-125	125	260	100～160	14～60

（2）自耦变压器降压启动控制

电动机自耦变压器降压启动是将自耦变压器一次侧接在电网上，启动时定子绕组接在自耦变压器二次侧上。启动时定子绕组得到的电压是自耦变压器的二次侧电压，待电动机转速接近额定转速时，切断自耦变压器电路，把额定电压直接加在电动机的定子绕组上，电动机进入全压正常运行。

图 5-2 所示为 XJ01 系列自耦降压启动电路图。图中 KM1 为降压启动接触器，KM2 为全压运行接触器，KA 为中间继电器，KT 为降压启动时间继电器，HL1 为电源指示灯，HL2 为降压启动指示灯，HL3 为正常运行指示灯。

表 5-2 列出了部分 XJ01 系列自耦变压器降压启动器技术参数。

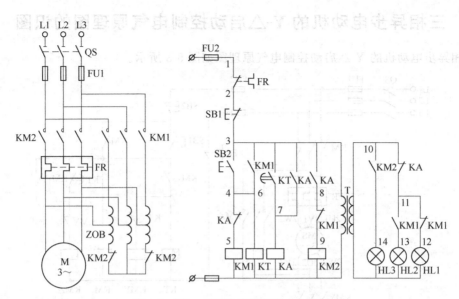

图 5-2　XJ01 系列自耦降压启动电路图

表 5-2　XJ01 系列自耦变压器降压启动器技术数据

型　　号	被控制电动机功率/kW	最大工作电流/A	自耦变压器功率/kW	电流互感器变比	热继电器整定电流/A
XJ01-14	14	28	14	—	32
XJ01-20	20	40	20	—	40
XJ01-28	28	58	28	—	63
XJ01-40	40	77	40	—	85
XJ01-55	55	110	55	—	120
XJ01-75	75	142	75	—	142
XJ01-80	80	152	115	300/5	2.8
XJ01-95	95	180	115	300/5	3.2
XJ01-100	100	190	115	300/5	3.5

　　电路工作分析：合上主电路与控制电路电源开关 QS，HL1 灯亮，表示电源电压正常。按下启动按钮 SB2，KM1、KT 线圈同时通电并自锁，将自耦变压器接入主电路，电动机由自耦变压器供电作降压启动，同时指示灯 HL1 灭，HL2 亮，显示电动机正进行降压启动，当电动机转速接近额定转速时，时间继电器 KT 通电延时闭合触点闭合，使 KA 线圈通电并自锁，其常闭触点断开 KM1 线圈供电控制电路，KM1 线圈断电释放，将自耦变压器从主电路切除；KA 的另一对常闭触点断开，HL2 指示灯灭；KA 的常开触点闭合，接触器 KM2 线圈通电吸合，电源电压全部加在电动机定子上，电动机在额定电压下正常运转，同时，KM2 常开触点闭合，HL3 指示灯亮，表示电动机降压启动结束。由于自耦变压器星形连接部分的电流为自耦变压器一、二次电流之差，所以用 KM2 辅助触点来连接。

　　自耦变压器绕组一般具有多个抽头以获得不同的变化，自耦变压器降压启动比 Y-△ 降压启动获得的启动转矩要大得多，所以自耦变压器又称为启动补偿器，是三相笼型异步电动机最常用的一种降压启动装置。

5.3 三相异步电动机的 Y-△ 启动控制电气原理图的识图

三相异步电动机的 Y-△ 启动控制电气原理图如图 5-3 所示。

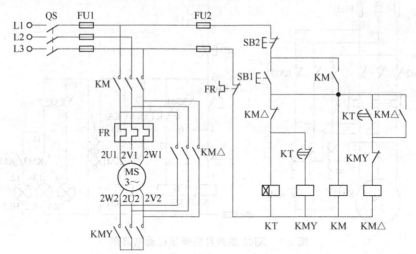

图 5-3 三相异步电动机的 Y-△ 启动控制电气原理图

(1) 主电路的分析

动作 1：KM、KMY 闭合，电动机 M 实现 Y 接降压启动。

动作 2：KMY 断开、KM△ 闭合，电动机 M 实现 △ 接运行。

动作 3：KM、KM△ 断开，电动机 M 自由停车。

(2) 控制电路分析

启动：合上电源开关 QS→按下启动按钮 SB1→KM、KMY、KT 线圈通电→KM 主触点闭合、辅助常开触点闭合形成自锁，KMY 主触点闭合、辅助常闭触点断开对 KM△ 形成互锁→电动机 M 定子绕组接成 Y 形实现降压启动→当 KT 延时时间到→KT 的延时常开触点闭合、延时常闭触点断开→KMY 线圈失电→KMY 主触点断开、辅助常闭触点闭合→电动机 M 惯性停车→KM△ 线圈得电→KM△ 主触点闭合、辅助常开触点闭合形成自锁、辅助常闭触点断开对 KMY 形成互锁→KT 线圈失电→KT 的延时常开触点断开、延时常闭触点闭合为下次启动作准备→电动机 M 定子绕组接成 △ 形运行。

停车：按下停止按钮 SB2→KM、KM△ 线圈失电→KM 主触点断开、辅助常开触点断开，KM△ 主触点断开、辅助常闭触点闭合→电动机 M 断开电源自由停车。

5.4 实训环节

实训十一 三相异步电动机 Y-△ 启动控制系统的安装调试

(1) 根据已提供的电气原理图手工绘制元件布置图

① 手工绘制元件布置图的方法 以电气原理图中主电路的元器件排列次序为主进行手工绘制元件布置图，所画元器件注意横平、竖直、对称、兼顾美观，电动机必须通过端子排与线路连接。

② 电气原理图 如实图 11-1 所示。

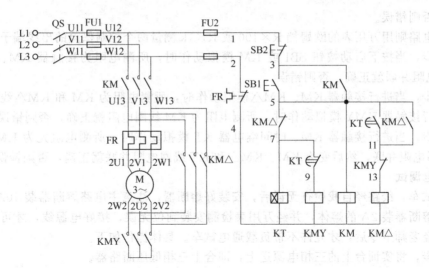

实图 11-1

③ 元件布置图　如实图 11-2 所示。

(2) 进行系统的安装接线

要求完成主电路、控制电路的安装布线，按要求进行线槽布线，导线必须沿线槽内布线，接线端加编码套管，线槽出线应整齐美观，线路连接应符合工艺要求，不损坏电器元件，安装前应对元器件检查。安装工艺符合相关行业标准。

① 看图。认真阅读本实训要做的控制电路原理图，在明确实训要达到的技能目标，充分地搞清了控制线路的工作原理后，方可开始进行下一步实训。

② 选元器件。按原理图中列写元件清单，根据元件清单从实验台内取出相应的元器件。

③ 判断元器件性能。动手固定元器件前首先判断元器件好坏，有损坏的应提出来，要求老师给予更换。

④ 按实图 11-2 固定元器件。基本上按照主电路元件的先后次序进行元件的布局，兼顾横平、竖直、排列美观，并将其固定在电动机控制线路安装模拟接线板（网孔板）上。

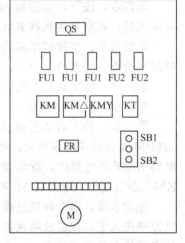

实图 11-2

⑤ 先给电气原理图编号（实图 11-1），然后按图接线。在电动机控制线路安装模拟接线板（网孔板）上分别安装三相异步电动机 Y-△启动控制线路。接线时注意接线方法及工艺，各接点要牢固、接触良好，同时，要注意安全文明操作，保护好各电器元件。

(3) 进行系统的调试

① 进行器件整定。本项目中热继电器 FR 需整定，按照电动机 M 的额定电流的 0.95~1.05 倍整定，用十字起子旋转热继电器 FR 电流调整盘，使调整盘上 8.8A 的数字对准▽的尖端。

② 简述系统调试步骤

● **不通电调试**

自检：安装完整个电路后，首先要自检安装接线是否正确。主电路主要用眼睛看，也可用万用表测量即用万用表的欧姆挡 R×100 或 R×1k 测量 L1-2U1（或 2W2）、L2-2V1（或 2U2）、L3-2W1（或 2V2）在交流接触器 KM 或 KMY、KM△模拟动作时的电阻，电阻为 0

就正确，否则错误。

控制电路则用万用表的欧姆挡 R×100 或 R×1k 测量两个控制保险的出线端子电阻。

第一步，当按下启动按钮 SB1 或 KM 模拟动作时，所测电阻为接触器 KM、KMY 和 KT 线圈电阻并联就正确，否则错误。

第二步，当进行接触器 KM、KM△模拟动作时，所测电阻为 KM 和 KM△线圈电阻并联，再进行接触器 KMY 模拟动作时，所测电阻为 KM 线圈电阻就正确，否则错误。

第三步，当进行接触器 KM、时间继电器 KT 模拟动作时，所测电阻先为 KM、KT 和 KMY 线圈电阻并联，然后变为 KM、KM△和 KT 线圈电阻并联就正确，否则错误。

- **通电调试**

空载试车：线路经自我检查无误后，安装好熔断器，注意主电路熔断器装 10A 的熔体，控制电路熔断器装 2A 的熔体，并经万用表检测安装到位无误，接好电源线，才可请老师过来检查，经老师下令后，才允许不带负载通电试车。具体操作如下。

第一步，将实训台上的三相电源送上，即合上三相低压断路器。

第二步，合上刀开关。

第三步，用试电笔检验 5 个熔断器出线端是否有电，有电往下继续操作，无电则断开三相电源检查熔断器。

第四步，按下启动按钮 SB1，观察到接触器 KM、KMY、时间继电器 KT 动作，延时时间到后，观察到接触器 KM△动作，时间继电器 KT、接触器 KMY 断电复位。

负载试车：空载试车成功后，断开三相电源，按照 Y 形接法接好电动机线，才可请老师过来检查，经老师下令后，才允许带负载通电试车。具体操作如下。

第一步，将实训台上的三相电源送上，即合上三相低压断路器。

第二步，合上刀开关。

第三步，按下启动按钮 SB1，观察到接触器 KM、KMY、时间继电器 KT 动作，看电动机 M 是否低速降压启动；延时时间到后，观察到接触器 KM△动作，时间继电器 KT、接触器 KMY 断电复位，看电动机 M 是否快速正向旋转；按下停止按钮 SB2，接触器 KM、KM△断电复位，电动机 M 惯性停车，观察电动机 M 的旋转方向是否正确。

注意事项：通电调试过程中，如果发现故障，应立即断电，并进行检查，检查应先从电气原理图入手，根据故障现象，分析故障原因，缩小故障点，再进行排查。检查完后要再次请老师检查后方可通电。

(4) 通电试车完成系统功能演示

启动：合上实训台电源断路器 QF→合上电源开关 QS→按下启动按钮 SB1，此时应看到 KM、KMY、KT 动作→电动机 M 定子绕阻接成 Y 形实现降压启动→当 KT 延时时间到，此时应看到 KMY 复位、KM△动作，接着 KT 复位→电动机 M 先惯性停车，然后电动机 M 定子绕阻接成△形进入运行。

停车：按下停止按钮 SB2，此时应看到 KM、KM△复位→电动机 M 断开电源自由停车。

(5) 实训提供的材料清单（实表 11-1）

实表 11-1　实训提供的材料清单记录表格

序　号	实训元件名称	电气符号	型号与规格	单　位	数　量
1	刀开关	QS	HZ10-25/3	只	1
2	熔断器	FU1、FU2	RL1-15（10A×3，2A×2）	套	5
3	交流接触器	KM、KM△、KMY	CJ20-16，线圈电压 380V	只	3

续表

序　号	实训元件名称	电气符号	型号与规格	单　位	数　量
4	热继电器	FR	JR36-20，整定电流范围 6.8～11A	只	1
5	启动按钮	SB1	LA118J-3H，绿色	只	1
6	停止按钮	SB2	LA118J-3H，红色	只	1
7	时间继电器	KT	JS7-2A　0.4～60s（通电延时）	只	1
8	三相异步电动机	M	Y112M-2，4kW，380V，Y 接法	台	1

实训十二　三相异步电动机 Y-△启动控制系统的设计与制作

（1）画出系统电气原理图（手工绘制，标出端子号）

电气原理图如实图 12-1 所示。

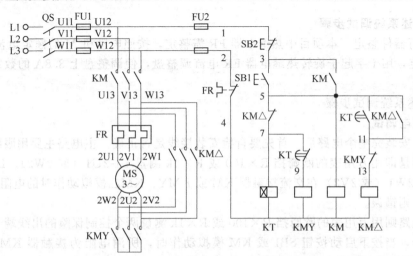

实图 12-1

（2）手工绘制元件布置图

如实图 12-2 所示。

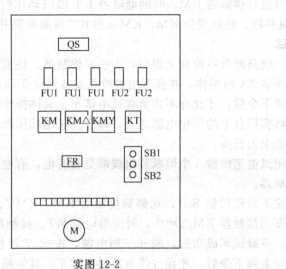

实图 12-2

61

(3) 根据电机参数和原理图列出元器件清单（实表 12-1）

实表 12-1 元器件清单

序 号	名 称	型 号	规格与主要参数	数 量	备 注
1	刀开关	HZ10-25/3	380V，25A	1	
2	熔断器	RL1-15	10A×3，2A×2	5	
3	交流接触器	CJ20-16	线圈电压 380V	3	
4	热继电器	JR36-20	整定电流范围 6.8～11A	1	
5	启动按钮	LA118J-3H	绿色（组合三联按钮中）	1	
6	停止按钮	LA118J-3H	红色（组合三联按钮中）	1	
7	时间继电器	JS7-2A	0.4～60s（通电延时）	1	
8	三相异步电动机	Y112M-2	4kW，380V，Y 接法	1	

(4) 简述系统调试步骤

① 进行器件整定　本项目中热继电器 FR 需整定，按照电动机 M 的额定电流的 0.95～1.05 倍整定，用十字起子旋转热继电器 FR 电流调整盘，使调整盘上 8.8A 的数字对准▽的尖端。

② 简述系统调试步骤

● 不通电调试

自检：安装完整个电路后，首先要自检安装接线是否正确。主电路主要用眼睛看，也可用万用表测量即用万用表的欧姆挡 R×100 或 R×1k 测量 L1-2U1（或 2W2）、L2-2V1（或 2U2）、L3-2W1（或 2V2）在交流接触器 KM 或 KMY、KM△模拟动作时的电阻，电阻为 0 就正确，否则错误。

控制电路则用万用表的欧姆挡 R×100 或 R×1k 测量两个控制保险的出线端子电阻。

第一步，当按下启动按钮 SB1 或 KM 模拟动作时，所测电阻为接触器 KM、KMY 和 KT 线圈电阻并联就正确，否则错误。

第二步，当进行接触器 KM、KM△模拟动作时，所测电阻为 KM 和 KM△线圈电阻并联，再进行接触器 KMY 模拟动作时，所测电阻为 KM 线圈电阻就正确，否则错误。

第三步，当进行接触器 KM、时间继电器 KT 模拟动作时，所测电阻先为 KM、KT 和 KMY 线圈电阻并联，然后变为 KM、KM△和 KT 线圈电阻并联就正确，否则错误。

● 通电调试

空载试车：线路经自我检查无误后，安装好熔断器，注意主电路熔断器装 10A 的熔体，控制电路熔断器装 2A 的熔体，并经万用表检测安装到位无误，接好电源线，才可请老师过来检查，经老师下令后，才允许不带负载通电试车。具体操作如下。

第一步，将实训台上的三相电源送上，即合上三相低压断路器。

第二步，合上刀开关。

第三步，用试电笔检验 5 个熔断器出线端是否有电，有电往下继续操作，无电则断开三相电源检查熔断器。

第四步，按下启动按钮 SB1，观察到接触器 KM、KMY、时间继电器 KT 动作，延时时间到后，观察到接触器 KM△动作，时间继电器 KT、接触器 KMY 断电复位。

负载试车：空载试车成功后，断开三相电源，按照 Y 形接法接好电动机线，才可请老师过来检查，经老师下令后，才允许带负载通电试车。具体操作如下。

第一步，将实训台上的三相电源送上，即合上三相低压断路器。

第二步，合上刀开关。

第三步，按下启动按钮 SB1，观察到接触器 KM、KMY、时间继电器 KT 动作，看电动机 M 是否低速降压启动；延时时间到后，观察到接触器 KM△ 动作，时间继电器 KT、接触器 KMY 断电复位，看电动机 M 是否快速正向旋转；按下停止按钮 SB2，接触器 KM、KM△ 断电复位，电动机 M 惯性停车；观察电动机 M 的旋转方向是否正确。

注意事项：通电调试过程中，如果发现故障，应立即断电，并进行检查，检查应先从电气原理图入手，根据故障现象，分析故障原因，缩小故障点，再进行排查。检查完后要再次请老师检查后方可通电。

思考题与习题

5-1   三相异步电动机 Y-△ 启动控制的方法是什么？

5-2   三相异步电动机降压启动的几种方式？

5-3   三相异步电动机 Y-△ 启动控制的适用范围是什么？

5-4   三相异步电动机自耦变压器降压启动的适用范围是什么？

5-5   自耦变压器能不能长时间在电路中工作？

5-6   试分析三相异步电动机 Y-△ 启动控制的工作过程？

5-7   试分析三相异步电动机自耦变压器降压启动控制的工作过程？

项目 6
双速异步电动机的启动控制

6.1　教学目标

① 熟悉三相异步电动机的调速控制方式。
② 熟悉双速电动机结构及定子接线。
③ 熟悉双联开关的结构及动作规律。
④ 掌握双速异步电动机的启动控制特点。
⑤ 掌握双速异步电动机的启动控制电气原理图的识图。
⑥ 熟练掌握该电气控制线路的安装与调试、设计与制作。

6.2　相关知识

　　为使生产机械获得更大的调速范围，除采用机械变速外，还可采用电气控制方法实现电动机的多速运行。

　　由电机原理可知，感应电动机转速 $n = 60f_1(1-s)/p_1$。可知，电动机转速与定子绕组的极对数、转差率及电源频率有关，因此三相异步电动机调速方法有变极对数、变转差率和变频调速三种。变极调速一般仅适用于笼型异步电动机；变转差率调速可通过调节定子电压、改变转子电路中的电阻以及采用串级调速来实现；变频调速是现代电力传动的一个主要发展方向，已广泛应用于工业自动控制中。本节介绍三相笼型异步电动机变极调速控制电路和三相绕线式转子电动机串电阻调速控制电路以及三相异步电动机变频调速的基础知识。

6.2.1　三相笼型电动机变极调速控制

　　变极调速是通过接触器触点来改变电动机绕组的接线方式，以获得不同的极对数来达到调速目的。变极电动机一般有双速、三速、四速之分。双速电动机定子装有一套绕组，而三速、四速电动机则为两套绕组，图 6-1 所示为双速电动机三相绕组接线图。图 6-1（a）为三角形（四极，低速）与双星形（二极，高速）接法；图 6-1（b）为星形（四极，低速）与双星形（二极，高速）接法。

　　图 6-2 所示为双速电动机变极调速控制电路。图中 KM1 为电动机三角形连接接触器，KM2、KM3 为电动机双星形连接接触器。KT 为电动机低速换高速时间继电器。SA 为高、低速选择开关即双联开关，有三个位置："左"位为低速，"右"位为高速，"中间"位为停止。

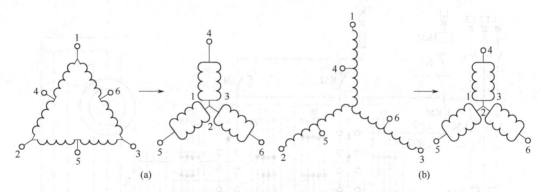

图 6-1　双速电动机三相绕组连接图

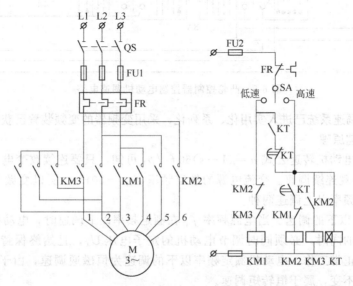

图 6-2　双速电动机变极调速控制电路

6.2.2　三相绕线转子电动机转子串电阻调速控制

为满足起重运输机械对拖动电动机启动转矩大、速度可以调节的要求，常使用三相绕线转子电动机转子串电阻，用控制器来接通接触器线圈，再用相应接触器的主触点来实现电动机的正反转与短接转子电阻来实现电动机调速的目的。

图 6-3 所示为凸轮控制器控制电动机调速电路。图中 KM 为线路接触器，KA 为过电流继电器，SQ1、SQ2 分别为向前、向后限位开关，SA 为凸轮控制器。

凸轮控制器左右各有 5 个工作位置，中间为零位，其上共有 9 对常开主触点，3 对常闭触点。其中，4 对常开主触点接于电动机定子电路进行换相控制，以实现电动机正反转；另5 对常开主触点接于电动机转子电路，实现转子电阻的接入和切除以获得不同的转速，转子电阻采用不对称接法。3 对常闭触点，其中 1 对用以实现零位保护，即控制器手柄必须置于"0"位，才可启动电动机；另 2 对常闭触点与 SQ1 和 SQ2 限位开关串联实现限位保护。

电路具体工作情况请读者自行分析。

6.2.3　三相异步电动机变频调速控制

交流电动机变频调速是近 20 年来发展起来的新技术。随着电力电子技术和微电子技术的

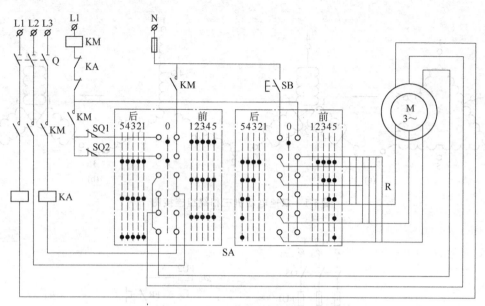

图 6-3 凸轮控制器控制电动机调速电路

迅速发展，交流调速系统已进入实用化、系列化，采用变频器的变频装置已获得广泛应用。

（1）变频调速原理

由三相异步电动机转速公式 $n=(1-s)60f_1/p_1$ 可知，只要连续改变电动机交流电源的频率 f_1，就可实现连续调速。交流电源的额定频率 $f_{1N}=50\mathrm{Hz}$，所以变频调速有额定频率以下调速和额定频率以上调速两种。

① 额定频率以下的调速 当电源频率 f_1 在额定频率以下调速时，电动机转速下降，但在调节电源频率的同时，必须同时调节电动机的定子电压 U_1，且始终保持 $U_1/f_1=$ 常数，否则电动机无法正常工作。电动机额定频率以下的调速为恒磁通调速，由于 Φ_m 不变，调速过程中电磁转矩不变，属于恒转矩调速。

② 额定频率以上的调速 当电源频率 f_1 在额定频率以上调速时，电动机的定子相电压是不允许在额定相电压以上调节的，否则会危及电动机的绝缘。所以，电源频率上调时，只能维持电动机定子额定相电压 U_{1N} 不变。于是，随着 f_1 升高 Φ_m 将下降，但 n 上升，故属于恒功率调速。

（2）变频器

三相异步电动机变频调速所用的变频电源有两种：一种是变频机组，另一种是静止的变频装置——变频器。变频机组由直流电动机和交流发电机组成，调节直流电动机转速就能改变交流发电机的频率。变频机组设备庞大，可靠性差。随着现代电力电子技术的飞速发展，静止式变频器已完全取代了早期的旋转变频机组。

① 变频器按变频的原理分为交-交变频器和交-直-交变频器，目前使用最多的变频器均为交-直-交变频器。

② 根据直流的储能方式不同，交-直-交变频器又分为电压型和电流型两种。

电压型变频器是指变频器整流后是由电容来滤波，现在使用的交-直-交变频器大部分是电压型变频器。

电流型变频器是指变频器整流后是由电感元件来滤波的，目前少见。

③ 根据调压方式不同，交-直-交变频器又分为脉幅调制型和脉宽调制型。

脉幅调制是指变频器输出电压大小是通过改变直流电压大小来实现的，常用 PAM 表示，这种调压方式已很少使用。

脉宽调制是指变频器输出电压大小是通过改变输出脉冲的占空比来实现的，常用 PWM 表示。目前使用最多的是占空比按正弦规律变化的正弦脉宽调制，即 SPWM 方式。

以上是关于变频调速的一些基本知识，其相关内容将在相应专业课程中详细描述，在此就不再详细表述，读者若有问题，请查阅相关资料。

6.3 双速异步电动机的启动控制电气原理图的识图

双速异步电动机的启动控制电气原理图如图 6-4 所示。

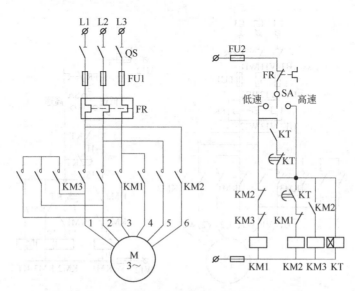

图 6-4 双速异步电动机的启动控制电气原理图

(1) 主电路的分析

动作 1：KM1 闭合，电动机 M 接成△形低速启动运行。

动作 2：KM1、KM2、KM3 闭合，M 低速启动高速运行。

动作 3：KM1 或 KM2、KM3 断开，电动机 M 自由停车。

(2) 控制电路分析

低速控制：合上电源开关 QS→把 SA 打在左边低速位置→KM1 线圈通电→KM1 主触点闭合→电动机 M 定子绕阻接成△形实现低速启动运行。

高速控制：合上电源开关 QS→把 SA 打在右边高速位置→KT 线圈通电→KT 瞬动常开触点闭合→KM1 线圈通电→KM1 主触点闭合→电动机 M 定子绕阻接成△形实现低速启动→当 KT 延时时间到→KT 的延时常开触点闭合、延时常闭触点断开→KM1 线圈失电→KM1 主触点断开、辅助常闭触点闭合→电动机 M 惯性停车→KM2 线圈得电→KM2 主触点闭合、常开触点闭合、辅助常闭触点断开对 KM1 形成互锁→KM3 线圈得电→KM3 主触点闭合、辅助常闭触点断开，对 KM1 形成互锁→电动机 M 定子绕阻接成双 Y 形实现高速运行。

停车：把 SA 打在中间停止位置→KM1 或 KM2、KM3 线圈断电→KM1 或 KM2、KM3 主触点断开→电动机 M 断开电源自由停车。

6.4 实训环节

实训十三 双速异步电动机的启动控制系统的安装调试

(1) 根据已提供的电气原理图手工绘制元件布置图

① 手工绘制元件布置图的方法 以电气原理图中主电路的元器件排列次序为主进行手工绘制元件布置图，所画元器件注意横平、竖直、对称，兼顾美观，电动机必须通过端子排与线路连接。

② 电气原理图 如实图 13-1 所示。

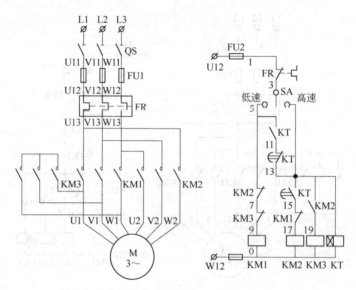

实图 13-1

③ 元件布置图 如实图 13-2 所示。

(2) 进行系统的安装接线

要求完成主电路、控制电路的安装布线，按要求进行线槽布线，导线必须沿线槽内布线，接线端加编码套管，线槽出线应整齐美观，线路连接应符合工艺要求，不损坏电器元件，安装前应对元器件检查。安装工艺符合相关行业标准。

① 看图。认真阅读本实训要做的控制电路原理图，在明确实训要达到的技能目标，充分地搞清了控制线路的工作原理后，方可开始进行下一步实训。

② 选元器件。按原理图中列写元件清单，根据元件清单从实验台内取出相应的元器件。

③ 判断元器件性能。动手固定元器件前首先判断元器件好坏，有损坏的应提出来，要求老师给予更换。

④ 按实图 13-2 固定元器件。基本上按照主电路元件的先后次序进行元件的布局，兼顾横平、竖直、排列美观，并将其固定在电动机控制线路安装模拟接线板（网孔板）上。

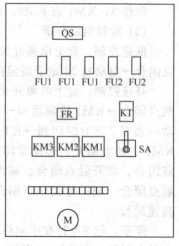

实图 13-2

⑤ 先给电气原理图编号（实图 13-1），然后按图接线。在电动机控制线路安装模拟接线板（网孔板）上安装双速异步电动机的启动控制线路。接线时注意接线方法及工艺，各接点要牢固、接触良好，同时，要注意安全文明操作，保护好各电器元件。

(3) 进行系统的调试

① 进行器件整定　本项目中热继电器 FR 需整定，按照电动机 M 的额定电流的 0.95～1.05 倍整定，用十字起子旋转热继电器 FR 电流调整盘，使调整盘上 8.8A 的数字对准▽的尖端。

本项目中时间继电器 KT 需整定，用一字起子旋转时间继电器 KT 时间调整杆，使调整杆上一字槽对准 2～5s 间的位置。

② 简述系统调试步骤

● 不通电调试

自检：安装完整个电路后，首先要自检安装接线是否正确。主电路主要用眼睛看，也可用万用表测量即用万用表的欧姆挡 R×100 或 R×1k 测量 L1-U1（或 W2）、L2-V1（或 V2）、L3-W1（或 U2）在交流接触器 KM1 或 KM2 模拟动作时的电阻，电阻为 0 就正确，否则错误。

控制电路则用万用表的欧姆挡 R×100 或 R×1k 测量两个控制保险的出线端子电阻。

第一步，当双联开关 SA 打在左边低速挡时，所测电阻为接触器 KM1 线圈电阻就正确，否则错误。

第二步，当双联开关 SA 打在右边高速挡时，所测电阻为 KT 线圈电阻，当进行接触器 KM2 模拟动作时，所测电阻为 KT 和 KM2 线圈电阻并联，当进行时间继电器 KT 模拟动作时，所测电阻先为 KM1 和 KT 线圈电阻并联，然后变为 KM2 和 KT 线圈电阻并联就正确，否则错误。

● 通电调试

空载试车：线路经自检无误后，安装好熔断器，注意主电路熔断器装 10A 的熔体，控制电路熔断器装 2A 的熔体，并经万用表检测安装到位无误，接好电源线，才可请老师过来检查，经老师下令后，才允许不带负载通电试车。具体操作如下。

第一步，将实训台上的三相电源送上，即合上三相低压断路器。

第二步，合上刀开关。

第三步，用试电笔检验 5 个熔断器出线端是否有电，有电往下继续操作，无电则断开三相电源检查熔断器。

第四步，SA 打在左边低速挡时，观察到接触器 KM1 动作；SA 打在中间停车挡时，观察到接触器 KM1 复位；SA 打在右边高速挡时，观察到接触器 KM1、时间继电器 KT 动作，延时时间到后，观察到接触器 KM1 复位，接触器 KM2、KM3 动作。

负载试车：空载试车成功后，断开三相电源，按照电气原理图形所示接法接好电动机线，才可请老师过来检查，经过老师下令后，才允许带负载通电试车。具体操作如下。

第一步，将实训台上的三相电源送上，即合上三相低压断路器。

第二步，合上刀开关。

第三步，当双联开关 SA 打在左边低速挡时，观察到接触器 KM1 动作，看电动机 M 是否低速启动运行；当双联开关 SA 打在右边高速挡时，观察到接触器 KM1、时间继电器 KT 动作，看电动机 M 是否低速启动，延时时间到后，观察到接触器 KM1 断电复位，接触器 KM2、KM3 动作，看电动机 M 是否高速正向旋转；当双联开关 SA 打在中间停车挡时，接触器 KM2、KM3 和 KT 断电复位，电动机 M 惯性停车，观察电动机 M 的旋转方向是否正确。

注意事项：通电调试过程中，如果发现故障，应立即断电，并进行检查，检查应先从电气原理图入手，根据故障现象，分析故障原因，缩小故障点，再进行排查。检查完后要再次请老师检查后方可通电。

（4）通电试车完成系统功能演示

低速控制：合上实训台电源断路器 QF→合上电源开关 QS→SA 打在左边低速挡，此时应看到 KM1 动作→电动机 M 定子绕阻接成△形实现低速启动运行。

高速控制：合上实训台电源断路器 QF→合上电源开关 QS→当把 SA 打在右边高速挡，此时应看到 KT 动作，接着 KM1 动作→电动机 M 定子绕阻接成△形实现低速启动→当 KT 延时时间到，此时应看到 KM1 复位，KM2、KM3 动作→电动机 M 定子绕阻接成双 Y 形实现高速运行。

停车：把 SA 打在中间停止位置→KM1 或 KM2、KM3、KT 复位→电动机 M 断开电源自由停车。

（5）实训提供的材料清单（实表 13-1）

实表 13-1　实训提供的材料清单记录表格

序　号	实训元件名称	电气符号	型号与规格	单　位	数　量
1	刀开关	QS	HZ10-25/3	只	1
2	熔断器	FU1、FU2	RL1-15（10A×3，2A×2）	套	5
3	交流接触器	KM1、KM2、KM3	CJ20-16，线圈电压 380V	只	3
4	热继电器	FR	JR36-20，整定电流范围 6.8～11A	只	1
5	双联开关	SA		只	1
6	时间继电器	KT	JS7-2A　0.4～60s（通电延时）	只	1
7	三相异步电动机	M	Y112M-2，4kW，380V，Y 接法	台	1

实训十四　双速异步电动机的启动控制系统的设计与制作

（1）画出系统电气原理图（手工绘制，标出端子号）

电气原理图如实图 14-1 所示。

（2）手工绘制元件布置图

如实图 14-2 所示。

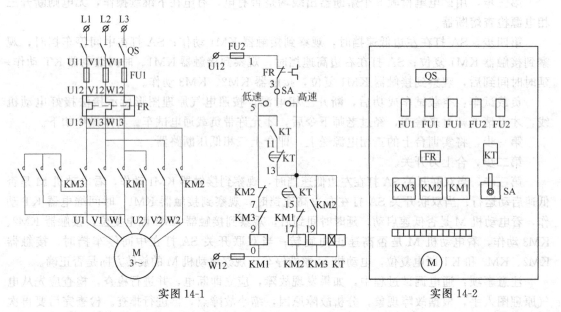

实图 14-1　　　　　　　　　　　　　　　　　　实图 14-2

（3）根据电机参数和原理图列出元器件清单（实表 14-1）

实表 14-1　元器件清单

序　号	名　　称	型　号	规格与主要参数	数　量	备　注
1	刀开关	HZ10-25/3	380V，25A	1	
2	熔断器	RL1-15	10A×3，2A×2	5	
3	交流接触器	CJ20-16	线圈电压 380V	3	
4	热继电器	JR36-20	整定电流范围 6.8～11A	1	
5	双联开关			1	
6	时间继电器	JS7-2A	0.4～60s（通电延时）	1	
7	三相异步电动机	Y112M-2	4kW，380V，Y 接法	1	

（4）简述系统调试步骤

① 进行器件整定　本项目中热继电器 FR 需整定，按照电动机 M 的额定电流的 0.95～1.05 倍整定，用十字起子旋转热继电器 FR 电流调整盘，使调整盘上 8.8A 的数字对准▽的尖端。

本项目中时间继电器 KT 需整定，用一字起子旋转时间继电器 KT 时间调整杆，使调整杆上一字槽对准 2～5s 间的位置。

② 简述系统调试步骤

● 不通电调试

自检：安装完整个电路后，首先要自检安装接线是否正确。主电路主要用眼睛看，也可用万用表测量即用万用表的欧姆挡 R×100 或 R×1k 测量 L1-U1（或 W2）、L2-V1（或 V2）、L3-W1（或 U2）在交流接触器 KM1 或 KM2 模拟动作时的电阻，电阻为 0 就正确，否则错误。

控制电路则用万用表的欧姆挡 R×100 或 R×1k 测量两个控制保险的出线端子电阻。

第一步，当双联开关 SA 打在左边低速挡时，所测电阻为接触器 KM1 线圈电阻就正确，否则错误。

第二步，当双联开关 SA 打在右边高速挡时，所测电阻为 KT 线圈电阻，当进行接触器 KM2 模拟动作时，所测电阻为 KT 和 KM2 线圈电阻并联，当进行时间继电器 KT 模拟动作时，所测电阻先为 KM1 和 KT 线圈电阻并联，然后变为 KM2 和 KT 线圈电阻并联就正确，否则错误。

● 通电调试

空载试车：线路经自检无误后，安装好熔断器，注意主电路熔断器装 10A 的熔体，控制电路熔断器装 2A 的熔体，并经万用表检测安装到位无误，接好电源线，才可请老师过来检查，经老师下令后，才允许不带负载通电试车。具体操作如下。

第一步，将实训台上的三相电源送上，即合上三相低压断路器。

第二步，合上刀开关。

第三步，用试电笔检验 5 个熔断器出线端是否有电，有电往下继续操作，无电则断开三相电源检查熔断器。

第四步，SA 打在左边低速挡时，观察到接触器 KM1 动作；SA 打在中间停车挡时，观察到接触器 KM1 复位；SA 打在右边高速挡时，观察到接触器 KM1、时间继电器 KT 动作，延时时间到后，观察到接触器 KM1 复位，接触器 KM2、KM3 动作。

负载试车：空载试车成功后，断开三相电源，按照电气原理图形所示接法接好电动机线，才可请老师过来检查，经过老师下令后，才允许带负载通电试车。具体操作如下。

第一步，将实训台上的三相电源送上，即合上三相低压断路器。

第二步，合上刀开关。

第三步，当双联开关 SA 打在左边低速挡时，观察到接触器 KM1 动作，看电动机 M 是否低速启动运行。当双联开关 SA 打在右边高速挡时，观察到接触器 KM1、时间继电器 KT 动作，看电动机 M 是否低速启动，延时时间到后，观察到接触器 KM1 断电复位，接触器 KM2、KM3 动作，看电动机 M 是否高速正向旋转；当双联开关 SA 打在中间停车挡时，接触器 KM2、KM3 和 KT 断电复位，电动机 M 惯性停车，观察电动机 M 的旋转方向是否正确。

注意事项：通电调试过程中，如果发现故障，应立即断电，并进行检查，检查应先从电气原理图入手，根据故障现象，分析故障原因，缩小故障点，再进行排查。检查完后要再次请老师检查后方可通电。

思考题与习题

6-1 何为开关？何为按钮？它们有什么不同？

6-2 双联开关的图形符号、文字符号是什么？

6-3 双速异步电动机的启动控制的方法是什么？

6-4 三相异步电动机的调速控制方式是什么？

6-5 怎样检测双联开关？

6-6 双速异步电动机的启动控制的控制特点是什么？

6-7 三相绕线转子电动机是怎样进行调速控制的？

6-8 试分析双速异步电动机的启动控制的工作过程？

项目 7
三相异步电动机的能耗制动控制

7.1 教学目标

① 熟悉三相异步电动机的制动控制。
② 掌握三相异步电动机的能耗制动控制电气原理图的识图。
③ 熟练掌握该电气控制线路的安装与调试、设计与制作。

7.2 相关知识

7.2.1 三相异步电动机的制动控制

在生产过程中，许多机床（如万能铣床、组合机床等）都要求能迅速停车和准确定位，这就要求必须对拖动电动机采取有效的制动措施。制动控制的方法有两大类：机械制动和电气制动。

机械制动是采用机械装置产生机械力来强迫电动机迅速停车；电气制动是使电动机产生的电磁转矩方向与电动机旋转方向相反，起制动作用。电气制动有反接制动、能耗制动、再生制动以及派生的电容制动等。这些制动方法各有特点，适用于不同的环境。本节介绍几种类型的制动控制电路。

7.2.2 反接制动控制电路

从电工学课程中可以了解到，反接制动实质上是改变异步电动机定子绕组中的三相电源相序，使定子绕组产生与转子方向相反的旋转磁场因而产生制动转矩的一种制动方法。

电动机反接制动时，转子与旋转磁场的相对速度接近于两倍的同步转速，所以定子绕组流过的反接制动电流相当于全压启动电流的两倍，因此反接制动的制动转矩大，制动迅速，但冲击大，通常适用于10kW 及以下的小容量电动机。为防止绕组过热、减小冲击电流，通常在笼型异步电动机定子电路中串入反接制动电阻。另外，采用反接制动，当电动机转速降至零时，要及时将反接电源切断，防止电动机反向再启动，通常控制电路是用速度继电器来检测电动机转速并控制电动机反接电源的断开。

（1）电动机单向反接制动控制

图 7-1 所示为电动机单向反接制动

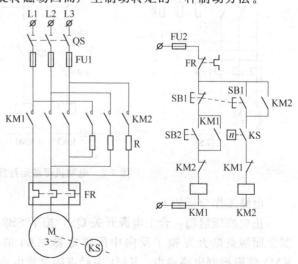

图 7-1　电动机单向反接制动控制电路

控制电路。图中 KM1 为电动机单向运行接触器，KM2 为反接制动接触器，KS 为速度继电器，R 为反接制动电阻。

电路工作分析如下。

单向启动及运行：合上电源开关 QS，按下 SB2，KM1 通电并自锁，电动机全压启动并正常运行，与电动机有机械连接的速度继电器 KS 转速超过其动作值时，其相应的触点闭合，为反接制动作准备。

反接制动：停车时，按下 SB1，其常闭触点断开，KM1 线圈断电释放，KM1 常开主触点和常开辅助触点同时断开，切断电动机原相序三相电源，电动机惯性运转；当 SB1 按到底时，其常开触点闭合，使 KM2 线圈通电并自锁，KM2 常闭辅助触点断开，切断 KM1 线圈控制电路，同时其常开主触点闭合，电动机串三相对称电阻接入反相序三相电源进行反接制动，电动机转速迅速下降；当转速下降到速度继电器 KS 释放转速时，KS 释放，其常开触点复位断开，切断 KM2 线圈控制电路，KM2 线圈断电释放，其常开主触点断开，切断电动机反相序三相交流电源，反接制动结束，电动机自然停车。

（2）电动机可逆运行反接制动控制

图 7-2 所示为电动机可逆运行反接制动控制电路。图中 KM1、KM2 为电动机正、反向控制接触器，KM3 为短接电阻接触器，KA1、KA2、KA3、KA4 为中间继电器，KS 为速度继电器，其中 KS-1 为正向闭合触点、KS-2 为反向闭合触点，R 为限流电阻，具有限制启动电流和制动电流的双重作用。

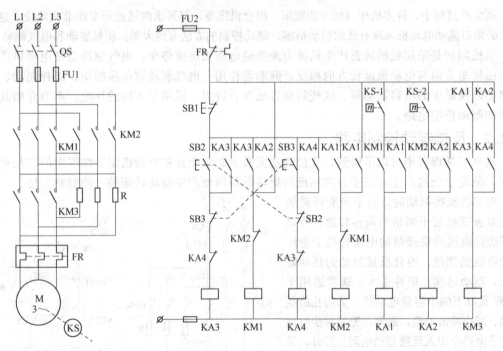

图 7-2　电动机可逆运行反接制动控制电路

电路工作分析如下。

正向减压启动：合上电源开关 QS，按下 SB2，正向中间继电器 KA3 线圈通电并自锁，其常闭触点断开互锁了反向中间继电器 KA4 的线圈控制电路；KA3 常开触点闭合，使 KM1 线圈控制电路通电，KM1 主触点闭合使电动机定子绕组串电阻 R 接通正相序三相交流电源，电动机减压启动，同时 KM1 常闭触点断开互锁了反向接触器 KM2，其常开触点闭合为 KA1 线圈通电作准备。

全压运行：当电动机转速上升至一定值时，速度继电器 KS 正转常开触点 KS-1 闭合，KA1 线圈通电并自锁，此时 KA1、KA3 的常开触点均闭合，接触器 KM3 线圈通电，其常开主触点闭合短接限流电阻 R，电动机全压运行。

反接制动：需停车时，按下 SB1，KA3、KM1、KM3 线圈相继断电释放，KM1 主触点断开，电动机惯性高速旋转，使 KS-1 维持闭合状态，同时 KM3 主触点断开，定子绕组串电阻 R；由于 KS-1 维持闭合状态，使得中间继电器 KA1 仍处于吸合状态，KM1 常闭触点复位后，反向接触器 KM2 线圈通电，其常开主触点闭合，使电动机定子绕组串电阻 R 获得反相序三相交流电源，对电动机进行反接制动，电动机转速迅速下降，同时 KM2 常闭触点断开互锁正向接触器 KM1 线圈控制电路；当电动机转速低于速度继电器释放值时，速度继电器常开触点 KS-1 复位断开，KA1 线圈断电释放，其常开触点断开，切断接触器 KM2 线圈控制电路，KM2 线圈断电释放，其常开主触点断开，反接制动过程结束。

电动机反向启动和反接制动停车控制电路工作情况与上述相似，在此不再复述。所不同的是速度继电器起作用的是反向触点 KS-2，中间继电器 KA2 替代了 KA1，请读者自行分析。

7.2.3   能耗制动控制电路

能耗制动就是在电动机脱离三相交流电源之后，向定子绕组内通入直流电流，建立静止磁场，利用转子感应电流与静止磁场的作用产生制动的电磁转矩，达到制动目的。

在制动过程中，电流、转速和时间三个参量都在变化，原则上可以任取其中一个参量作为控制信号。下面分别以时间原则和速度原则控制能耗制动电路为例进行分析。

(1) 电动机单向运行能耗制动控制

图 7-3 所示为电动机单向运行时间原则控制能耗制动电路图。图中 KM1 为单向运行接触器，KM2 为能耗制动接触器，KT 为时间继电器，T 为整流变压器，VC 为桥式整流电路。

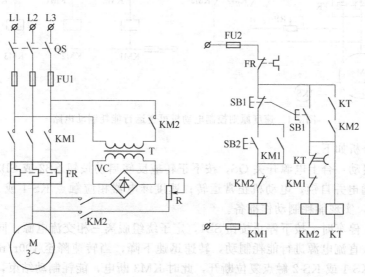

图 7-3   电动机单向运行时间原则控制能耗制动电路图

电路工作分析如下。

按下 SB2，KM1 通电并自锁，电动机单向正常运行。此时若要停机，按下停止按钮 SB1，KM1 断电，电动机定子脱离三相交流电源，同时 KM2 通电并自锁，将两相定子接入直流电源进行能耗制动，在 KM2 通电同时 KT 也通电；电动机在能耗制动作用下转速迅速下降，当接近零时，KT 延时时间到，其延时触点动作，使 KM2、KT 相继断电，制动过程结束。

图中 KT 的瞬动常开触点与 KM2 自锁触点串接，其作用是：当发生 KT 线圈断线或机械卡住故障，致使 KT 常闭通电延时断开触点断不开，常开瞬动触点也合不上时，只有按下停止按钮 SB1，成为点动能耗制动。若无 KT 的常开瞬动触点串接 KM2 常开触点，在发生上述故障时，按下停止按钮 SB1 后，将使 KM2 线圈长期通电吸合，使电动机两相定子绕组长期接入直流电源。

(2) 电动机可逆运行能耗制动控制

图 7-4 所示为速度原则控制电动机可逆运行能耗制动电路。图中 KM1、KM2 为电动机正、反向接触器，KM3 为能耗制动接触器，KS 为速度继电器。

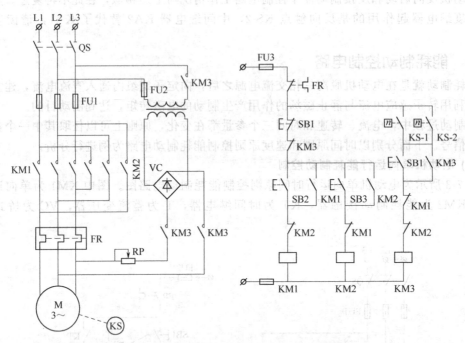

图 7-4　速度原则控制电动机可逆运行能耗制动电路

电路工作分析如下。

正、反向启动：合上电源开关 QS，按下正转或反转启动按钮 SB2 或 SB3，相应接触器 KM1 或 KM2 通电并自锁，电动机正常运转；速度继电器相应触点 KS-1 或 KS-2 闭合，为停车接通 KM3，实现能耗制动作准备。

能耗制动：停车时，按下停止按钮 SB1，定子绕组脱离三相交流电源，同时 KM3 通电，电动机定子接入直流电源进行能耗制动，转速迅速下降，当转速降至 100r/min 时，速度继电器释放，其 KS-1 或 KS-2 触点复位断开，此时 KM3 断电，能耗制动结束，以后电动机自然停车。

对于负载转矩较为稳定的电动机，能耗制动时采用时间原则控制为宜，因为此时对时间继电器的延时整定较为固定。而对于那些能够通过传动机构来反映电动机转速时，采用速度原则控制较为合适，应视具体情况而定。

（3）无变压器单管能耗制动控制电路

为简化能耗制动电路，减少附加设备，在制动要求不高、电动机功率在 10kW 以下时，可采用无变压器的单管能耗制动电路。它是采用无变压器的单管半波整流作为直流电源，这种电流体积小，成本低。

图 7-5 所示为无变压器单管能耗制动电路。图中 KM1 为线路接触器，KM2 为制动接触器，KT 为能耗制动时间继电器。该电路整流电源电压为 220V，它由制动接触器 KM2 主触点接至电动机定子两相绕组，并由另一相绕组经整流二极管 VD 和电阻 R 接到零线，构成回路。

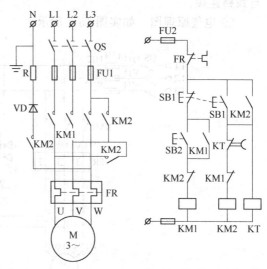

图 7-5　电动机无变压器单管能耗制动电路

7.3　三相异步电动机的能耗制动控制电气原理图的识图

三相异步电动机的能耗制动控制电气原理图如图 7-3 所示。

（1）主电路的分析

动作 1：KM1 闭合，电动机 M 直接启动运行。

动作 2：KM1 断开，KM2 闭合，M 进入能耗制动。

动作 3：KM2 断开，能耗制动结束，电动机 M 快速停车。

（2）控制电路分析

直接启动运行：合上电源开关 QS→按下启动按钮 SB2→KM1 线圈通电→KM1 主触点闭合，辅助常开触点闭合形成自锁，辅助常闭触点断开对 KM2 形成互锁→电动机 M 直接启动运行。

能耗制动及快速停车：按下停止按钮 SB1→KM1 线圈失电、KT 线圈通电→KM1 主触点断开，辅助常闭触点闭合，KT 瞬时常开触点闭合→电动机 M 惯性停车→KM2 线圈通电→KM2 主触点闭合，辅助常开触点闭合与 KT 瞬动常开一起形成自锁，辅助常闭断开对 KM1 形成互锁→电动机 M 接入直流电源进入能耗制动→当电动机的转速接近于 0 时，KT 延时时间到→KT 的延时常闭触点断开→KM2 线圈失电→KM2 主触点断开、辅助常开触点断开、辅助常闭触点闭合→电动机 M 断开直流电源能耗制动结束，并快速停车。

7.4　实训环节

实训十五　三相异步电动机的能耗制动控制系统的安装调试

（1）根据已提供的电气原理图手工绘制元件布置图

① 手工绘制元件布置图的方法　以电气原理图中主电路的元器件排列次序为主进行手

工绘制元件布置图,所画元件器注意横平、竖直、对称,兼顾美观,电动机必须通过端子排
与线路连接。

② 电气原理图 如实图 15-1 所示。

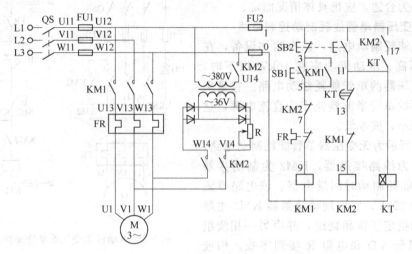

实图 15-1

③ 元件布置图 如实图 15-2 所示。

(2) 进行系统的安装接线

要求完成主电路、控制电路的安装布线,按要求进行
线槽布线,导线必须沿线槽内布线,接线端加编码套管,
线槽出线应整齐美观,线路连接应符合工艺要求,不损坏
电器元件,安装前应对元器件检查。安装工艺符合相关行
业标准。

① 看图。认真阅读本实训要做的控制电路原理图,在明
确实训要达到的技能目标,充分地搞清了控制线路的工作原
理后,方可开始进行下一步实训。

② 选元器件。按原理图中列写元件清单,根据元件清单
从实验台内取出相应的元器件。

③ 判断元器件性能。动手固定元器件前首先判断元器件
好坏,有损坏的应提出来,要求老师给予更换。

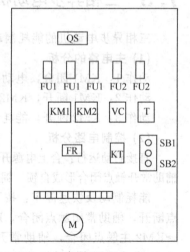

实图 15-2

④ 按实图 15-2 固定元器件。基本上按照主电路元件的先
后次序进行元件的布局,兼顾横平、竖直、排列美观,并将其固定在电动机控制线路安装模
拟接线板(网孔板)上。

⑤ 先给电气原理图编号(实图 15-1),然后按图接线。在电动机控制线路安装模拟接线
板(网孔板)上安装三相异步电动机的能耗制动控制线路。接线时注意接线方法及工艺,各
接点要牢固、接触良好,同时,要注意安全文明操作,保护好各电器元件。

(3) 进行系统的调试

① 进行器件整定 本项目中热继电器 FR 需整定,按照电动机 M 的额定电流的 0.95～
1.05 倍整定,用十字起子旋转热继电器 FR 电流调整盘,使调整盘上 8.8A 的数字对准 ▽ 的
尖端。

本项目中时间继电器 KT 需整定，用一字起子旋转时间继电器 KT 时间调整杆，使调整杆上一字槽对准 2～5s 间的位置。

② 简述系统调试步骤

● 不通电调试

自检：安装完整个电路后，首先要自检安装接线是否正确。主电路主要用眼睛看，也可用万用表测量即用万用表的欧姆挡 R×100 或 R×1k 测量 L1-U1、L2-V1、L3-W1 或 W12-U14、V1-V14、W1-W14 在交流接触器 KM1 或 KM2 模拟动作时的电阻，电阻为 0 就正确，否则错误。

控制电路则用万用表的欧姆挡 R×100 或 R×1k 测量两个控制保险的出线端子电阻。

第一步，当按下启动按钮 SB1 或进行接触器 KM1 模拟动作时，所测电阻为接触器 KM1 线圈电阻就正确，否则错误。

第二步，当按下停止按钮 SB2 时，所测电阻为 KM2 和 KT 线圈电阻并联就正确，否则错误。

第三步，当进行接触器 KM2、时间继电器 KT 模拟动作时，所测电阻先为 KM2 和 KT 线圈电阻并联，然后变为 KT 线圈电阻就正确，否则错误。

● 通电调试

空载试车：线路经自检无误后，安装好熔断器，注意主电路熔断器装 10A 的熔体，控制电路熔断器装 2A 的熔体，并经万用表检测安装到位无误，接好电源线，才可请老师过来检查，经老师下令后，才允许不带负载通电试车。具体操作如下。

第一步，将实训台上的三相电源送上，即合上三相低压断路器。

第二步，合上刀开关。

第三步，用试电笔检验 5 个熔断器出线端是否有电，有电往下继续操作，无电则断开三相电源检查熔断器。

第四步，按下启动按钮 SB1，观察到接触器 KM1 动作，再按下停止按钮时（注意一定要到位），观察到接触器 KM1 先断电复位，KT 得电动作，然后，观察到接触器 KM2 动作，延时时间到后，观察到接触器 KM2 断电复位，接着 KT 断电复位。

负载试车：空载试车成功后，断开三相电源，按照电气原理图形所示接法接好电动机线，才可请老师过来检查，经过老师下令后，才允许带负载通电试车。具体操作如下。

第一步，将实训台上的三相电源送上，即合上三相低压断路器。

第二步，合上刀开关。

第三步，按下启动按钮 SB1 时，观察到接触器 KM1 动作，看电动机 M 是否直接启动运行；再按下停止按钮时，观察到接触器 KM1 先断电复位，KT 得电动作，电动机 M 惯性停车，然后，观察到接触器 KM2 动作，电动机 M 接入直流电源进入能耗制动；当电动机转速接近于 0 时，延时时间到后，观察到接触器 KM2 断电复位，接着 KT 断电复位，电动机断开直流电源，能耗制动结束，电动机快速停车，观察电动机 M 的旋转方向是否正确。

注意事项：通电调试过程中，如果发现故障，应立即断电，并进行检查，检查应先从电气原理图入手，根据故障现象，分析故障原因，缩小故障点，再进行排查。检查完后要再次请老师检查后方可通电。

(4) 通电试车完成系统功能演示

启动：合上实训台电源断路器 QF→合上电源开关 QS→按下启动按钮 SB1，此时应看到 KM1 动作→电动机 M 直接启动运行。

能耗制动：按下停止按钮 SB2，此时应看到 KM1 复位、KT 动作、KM2 动作→电动机

M接入直流电源进入能耗制动→当 KT 延时时间到，此时应看到 KM2 复位，电动机 M 断开直流电源能，耗制动结束并快速停车。

（5）实训提供的材料清单（实表 15-1）

实表 15-1　实训提供的材料清单记录表格

序号	实训元件名称	电气符号	型号与规格	单位	数量
1	刀开关	QS	HZ10-25/3	只	1
2	熔断器	FU1、FU2	RL1-15（10A×3，2A×2）	套	5
3	交流接触器	KM1、KM2	CJ20-16，线圈电压 380V	只	2
4	热继电器	FR	JR36-20，整定电流范围 6.8～11A	只	1
5	时间继电器	KT	JS7-2A　0.4～60s（通电延时）	只	1
6	启动按钮	SB1	LA118J-3H，绿色	只	1
7	停止按钮	SB2	LA118J-3H，红色	只	1
8	控制变压器	T	一次电压 380V，二次电压 36V	只	1
9	整流硅堆	VC		只	1
10	三相异步电动机	M	Y112M-2，4kW，380V，Y 接法	台	1

实训十六　三相异步电动机的能耗制动控制系统的设计与制作

（1）画出系统电气原理图（手工绘制，标出端子号）
电气原理图如实图 16-1 所示。

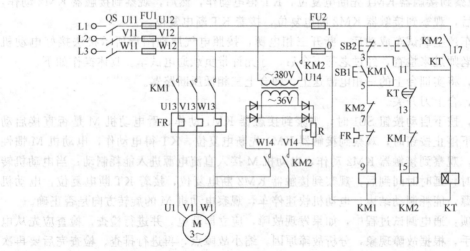

实图 16-1

（2）手工绘制元件布置图
如实图 16-2 所示。

（3）根据电机参数和原理图列出元器件清单（实表 16-1）

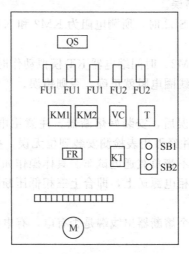

实图 16-2

实表 16-1　元器件清单

序号	名称	型号	规格与主要参数	数量	备注
1	刀开关	HZ10-25/3	380V，25A	1	
2	熔断器	RL1-15	10A×3，2A×2	5	
3	交流接触器	CJ20-16	线圈电压 380V	2	
4	热继电器	JR36-20	整定电流范围 6.8～11A	1	
5	时间继电器	JS7-2A	0.4～60s（通电延时）	1	
6	启动按钮	LA118J-3H	绿色	1	
7	停止按钮	LA118J-3H	红色	1	
8	控制变压器	T	一次 380V，二次 36V	1	
9	整流硅堆	VC		1	
10	三相异步电动机	Y112M-2	4kW，380V，Y 接法	1	

(4) 简述系统调试步 G 骤

① 进行器件整定　本项目中热继电器 FR 需整定，按照电动机 M 的额定电流的 0.95～1.05 倍整定，用十字起子旋转热继电器 FR 电流调整盘，使调整盘上 8.8A 的数字对准▽的尖端。

本项目中时间继电器 KT 需整定，用一字起子旋转时间继电器 KT 时间调整杆，使调整杆上一字槽对准 2～5s 间的位置。

② 简述系统调试步骤

● **不通电调试**

自检：安装完整个电路后，首先要自检安装接线是否正确。主电路主要用眼睛看，也可用万用表测量即用万用表的欧姆挡 R×100 或 R×1k 测量 L1-U1、L2-V1、L3-W1 或 W12-U14、V1-V14、W1-W14 在交流接触器 KM1 或 KM2 模拟动作时的电阻，电阻为 0 就正确，否则错误。

控制电路则用万用表的欧姆挡 R×100 或 R×1k 测量两个控制保险的出线端子电阻。

第一步，当按下启动按钮 SB1 或进行接触器 KM1 模拟动作时，所测电阻为接触器

KM1 线圈电阻就正确，否则错误。

第二步，当按下停止按钮 SB2 时，所测电阻为 KM2 和 KT 线圈电阻并联就正确，否则错误。

第三步，当进行接触器 KM2、时间继电器 KT 模拟动作时，所测电阻先为 KM2 和 KT 线圈电阻并联，然后变为 KT 线圈电阻就正确，否则错误。

● **通电调试**

空载试车：线路经自检无误后，安装好熔断器，注意主电路熔断器装 10A 的熔体，控制电路熔断器装 2A 的熔体，并经万用表检测安装到位无误，接好电源线，才可请老师过来检查，经老师下令后，才允许不带负载通电试车。具体操作如下。

第一步，将实训台上的三相电源送上，即合上三相低压断路器。

第二步，合上刀开关。

第三步，用试电笔检验 5 个熔断器出线端是否有电，有电往下继续操作，无电则断开三相电源检查熔断器。

第四步，按下启动按钮 SB1，观察到接触器 KM1 动作，再按下停止按钮时（注意一定要到位），观察到接触器 KM1 先断电复位，KT 得电动作，然后，观察到接触器 KM2 动作，延时时间到后，观察到接触器 KM2 断电复位，接着 KT 断电复位。

负载试车：空载试车成功后，断开三相电源，按照电气原理图形所示接法接好电动机线，才可请老师过来检查，经过老师下令后，才允许带负载通电试车。具体操作如下。

第一步，将实训台上的三相电源送上，即合上三相低压断路器。

第二步，合上刀开关。

第三步，按下启动按钮 SB1 时，观察到接触器 KM1 动作，看电动机 M 是否直接启动运行；再按下停止按钮时，观察到接触器 KM1 先断电复位，KT 得电动作，电动机 M 惯性停车，然后，观察到接触器 KM2 动作，电动机 M 接入直流电源进入能耗制动；当电动机转速接近于 0 时，延时时间到后，观察到接触器 KM2 断电复位，接着 KT 断电复位，电动机断开直流电源，能耗制动结束，电动机快速停车，观察电动机 M 的旋转方向是否正确。

注意事项：通电调试过程中，如果发现故障，应立即断电，并进行检查，检查应先从电气原理图入手，根据故障现象，分析故障原因，缩小故障点，再进行排查。检查完后要再次请老师检查后方可通电。

思考题与习题

7-1 何为整流硅堆？

7-2 控制变压器、整流硅堆的图形符号、文字符号是什么？

7-3 控制变压器的主、副边能不能接反？

7-4 三相异步电动机的制动控制方式有哪些？

7-5 怎样检测控制变压器？

7-6 怎样检测整流硅堆？

7-7 三相异步电动机的反接制动与能耗制动的不同点？

7-8 试分析三相异步电动机的能耗制动控制的工作过程？

7-9 试分析三相异步电动机的反接制动控制的工作过程？

7-10 试分析电动机无变压器单管能耗制动电路的工作过程？

7-11 三相异步电动机的制动控制中解除制动电源的方式有几种？

省级技能抽查试题库
继电控制系统的安装与调试模块

继电器控制系统的安装与调试 1

一、 任务

某一生产设备用一台三相异步笼型电动机拖动，通过操作按钮可以实现电动机正转启动、反转启动、自动正反转切换以及停车控制。现场提供的电路原理图如下图，按要求完成电气控制系统的安装与调试。

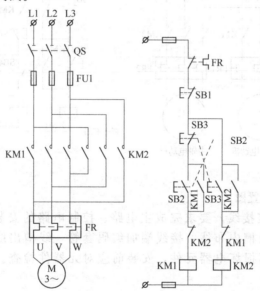

二、 要求

① 手工绘制元件布置图。

② 进行系统的安装接线。要求完成主电路、控制电路的安装布线，按要求进行线槽布线，导线必须沿线槽内布线，接线端加编码套管，线槽出线应整齐美观，线路连接应符合工艺要求，不损坏电器元件，安装前应对元器件检查。安装工艺符合相关行业标准。

③ 进行系统的调试。

● 进行元器件整定。

● 简述系统调试步骤。

④ 通电试车完成系统功能演示。考试时间 120min。考试结束时，提交试题纸、答题纸，并按 6S 管理清理现场，归位仪表和工具。

继电器控制系统的安装与调试 2

一、 任务

某台机床，要求在加工前先给机床提供液压油，使机床床身导轨进行润滑，或是提供机械运动的液压动力，这就要求先启动液压泵后才能启动机床的工作台拖动电动机或主轴电动机；当机床停止时要求先停止拖动电动机或主轴电动机，才能让液压泵停止，即要求 2 台电动机顺序启动、逆序停止。现场提供的电路原理图如下图，按要求完成电气控制系统的安装与调试。

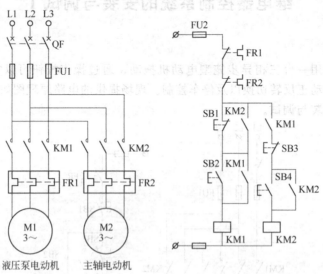

二、 要求

① 手工绘制元件布置图。

② 进行系统的安装接线。要求完成主电路、控制电路的安装布线，按要求进行线槽布线，导线必须沿线槽内布线，接线端加编码套管，线槽出线应整齐美观，线路连接应符合工艺要求，不损坏电器元件，安装前应对元器件检查。安装工艺符合相关行业标准。

③ 进行系统的调试。

* 进行器件整定。
* 简述系统调试步骤。

④ 通电试车完成系统功能演示。考试时间 120min。考试结束时，提交试题纸、答题纸，并按 6S 管理清理现场，归位仪表和工具。

继电器控制系统的安装与调试 3

一、 任务

某台机床，因加工需要，加工人员应该在机床正面和侧面均能进行操作，即要求正反转都实现两地控制。现场提供的电路原理图如下图，按要求完成电气控制系统的安装与调试。

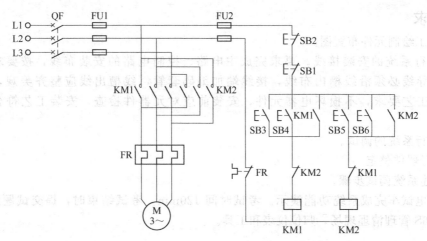

二、要求

① 手工绘制元件布置图。

② 进行系统的安装接线。要求完成主电路、控制电路的安装布线，按要求进行线槽布线，导线必须沿线槽内布线，接线端加编码套管，线槽出线应整齐美观，线路连接应符合工艺要求，不损坏电器元件，安装前应对元器件检查。安装工艺符合相关行业标准。

③ 进行系统的调试。

● 进行器件整定。

● 简述系统调试步骤。

④ 通电试车完成系统功能演示。考试时间120min。考试结束时，提交试题纸、答题纸，并按6S管理清理现场，归位仪表和工具。

继电器控制系统的安装与调试4

一、任务

某一生产设备用一台三相异步笼型电动机拖动，通过操作按钮可以实现电动机正反转连续控制和点动控制，设计的电路原理图如下图，按要求完成电气控制系统的安装与调试。

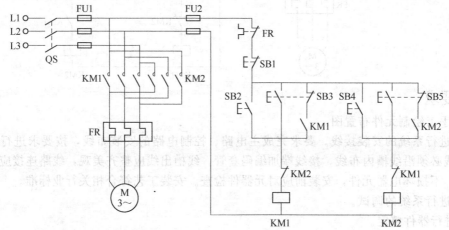

二、要求

① 手工绘制元件布置图。

② 进行系统的安装接线。要求完成主电路、控制电路的安装布线，按要求进行线槽布线，导线必须沿线槽内布线，接线端加编码套管，线槽出线应整齐美观，线路连接应符合工艺要求，不损坏电器元件，安装前应对元器件检查。安装工艺符合相关行业标准。

③ 进行系统的调试。

* 进行器件整定。

* 简述系统调试步骤。

④ 通电试车完成系统功能演示。考试时间120min。考试结束时，提交试题纸、答题纸，并按6S管理清理现场，归位仪表和工具。

继电器控制系统的安装与调试5

一、任务

有一台生产机械设备，工作台要求正反转，且要求在床身和工作台上两地都能操作。三相异步电动机型号为Y-112M-4，4kW、380V、△接法、8.8A、1440r/min，提供的电路原理图如下图，按要求完成电气控制系统的安装与调试。

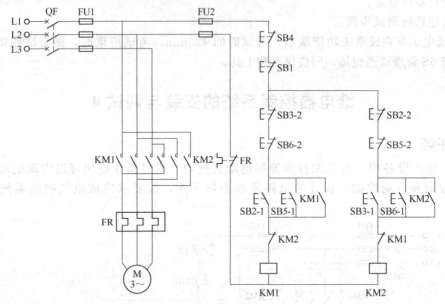

二、要求

① 手工绘制元件布置图。

② 进行系统的安装接线。要求完成主电路、控制电路的安装布线，按要求进行线槽布线，导线必须沿线槽内布线，接线端加编码套管，线槽出线应整齐美观，线路连接应符合工艺要求，不损坏电器元件，安装前应对元器件检查。安装工艺符合相关行业标准。

③ 进行系统的调试。

* 进行器件整定。

* 简述系统调试步骤。

④ 通电试车完成系统功能演示。考试时间 120min。考试结束时，提交试题纸、答题纸，并按 6S 管理清理现场，归位仪表和工具。

继电器控制系统的安装与调试 6

一、 任务

某一机床工作台需自动往返运动，由三相异步电动机拖动，工作示意图如图 1 所示，控制要求如下。

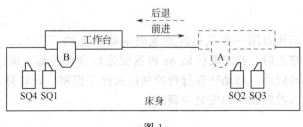

图 1

① 工作台由原位开始前进，到终端后自动后退。

② 要求在前进或后退途中任意位置停止或启动。

③ 控制电路设有短路、失压、过载和位置极限保护。

其控制线路图如图 2 所示。按要求完成电气控制系统的安装与调试。

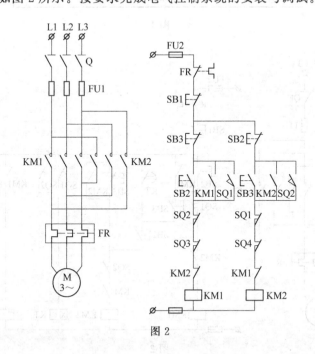

图 2

二、 要求

① 手工绘制元件布置图。

② 进行系统的安装接线。要求完成主电路、控制电路的安装布线，按要求进行线槽布线，导线必须沿线槽内布线，接线端加编码套管，线槽出线应整齐美观，线路连接应符合工

艺要求，不损坏电器元件，安装前应对元器件检查。安装工艺符合相关行业标准。

　　③ 进行系统的调试。

　　• 进行器件整定。

　　• 简述系统调试步骤。

　　④ 通电试车完成系统功能演示。考试时间 120min。考试结束时，提交试题纸、答题纸，并按 6S 管理清理现场，归位仪表和工具。

继电器控制系统的安装与调试 7

一、 任务

　　某一生产机器的工作台用一台三相异步笼型电动机拖动（图 1），实现自动往返行程，但当工作台到达两端终点时，都需要停留 5s 再返回进行自动往返。通过操作按钮可以实现电动机正转启动、反转启动、自动往返行程控制以及停车控制。设计好的电路原理图如图 2 所示。按要求完成电气控制系统的安装与调试。

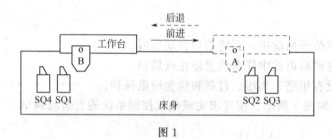

图 1

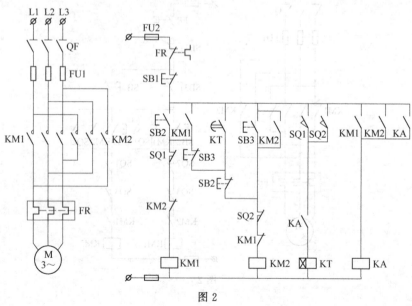

图 2

二、 要求

　　① 手工绘制元件布置图。

　　② 进行系统的安装接线。要求完成主电路、控制电路的安装布线，按要求进行线槽布线，导线必须沿线槽内布线，接线端加编码套管，线槽出线应整齐美观，线路连接应符合工

艺要求，不损坏电器元件，安装前应对元器件检查。安装工艺符合相关行业标准。

③ 进行系统的调试。

● 进行器件整定。

● 简述系统调试步骤。

④ 通电试车完成系统功能演示。考试时间 120min。考试结束时，提交试题纸、答题纸，并按 6S 管理清理现场，归位仪表和工具。

继电器控制系统的安装与调试 8

一、任务

某一生产机器的工作台用一台三相异步笼型电动机拖动（图 1），实现自动往返行程，但当工作台到达两端终点时，都需要停留 10s 再返回进行自动往返。通过操作按钮可以实现电动机正转启动、反转启动、自动往返行程控制以及停车控制。设计好的电路原理图如图 2 所示。按要求完成电气控制系统的安装与调试。

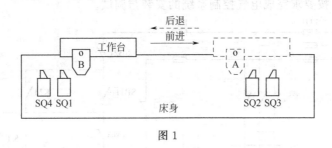

图 1

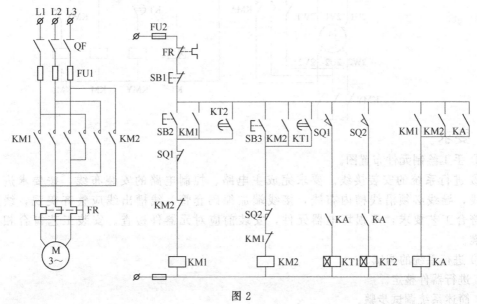

图 2

二、要求

① 手工绘制元件布置图。

② 进行系统的安装接线。要求完成主电路、控制电路的安装布线，按要求进行线

槽布线，导线必须沿线槽内布线，接线端加编码套管，线槽出线应整齐美观，线路连接应符合工艺要求，不损坏电器元件，安装前应对元器件检查。安装工艺符合相关行业标准。

③ 进行系统的调试。

• 进行器件整定。

• 简述系统调试步骤。

④ 通电试车完成系统功能演示。考试时间 120min。考试结束时，提交试题纸、答题纸，并按 6S 管理清理现场，归位仪表和工具。

继电器控制系统的安装与调试 9

一、任务

有一台生产机械设备，要求采用 Y-△降压启动方式的三相异步笼型电动机拖动。三相异步电动机型号为 Y-112M-4，4kW、380V、△接法、8.8A、1440r/min，Y-△降压启动电路原理图如下图。按要求完成电气控制系统的安装与调试。

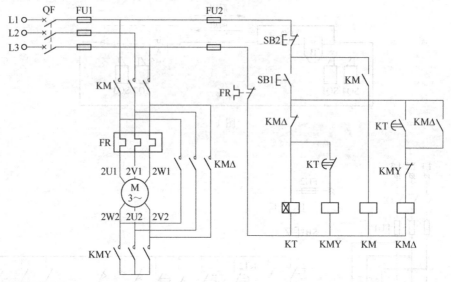

二、要求

① 手工绘制元件布置图。

② 进行系统的安装接线。要求完成主电路、控制电路的安装布线，按要求进行线槽布线，导线必须沿线槽内布线，接线端加编码套管，线槽出线应整齐美观，线路连接应符合工艺要求，不损坏电器元件，安装前应对元器件检查。安装工艺符合相关行业标准。

③ 进行系统的调试。

• 进行器件整定。

• 简述系统调试步骤。

④ 通电试车完成系统功能演示。考试时间 120min。考试结束时，提交试题纸、答题纸，并按 6S 管理清理现场，归位仪表和工具。

继电器控制系统的安装与调试 10

一、任务

有一台生产机械设备，要求采用正反转 Y-△降压启动方式的三相异步笼型电动机拖动。三相异步电动机型号为 Y-112M-4，4kW、380V、△接法、8.8A、1440r/min，正反转 Y-△降压启动电路原理图如下图。按要求完成电气控制系统的安装与调试。

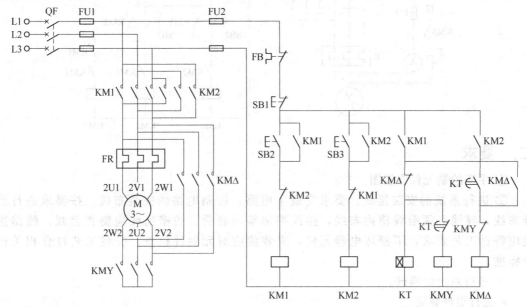

二、要求

① 手工绘制元件布置图。

② 进行系统的安装接线。要求完成主电路、控制电路的安装布线，按要求进行线槽布线，导线必须沿线槽内布线，接线端加编码套管，线槽出线应整齐美观，线路连接应符合工艺要求，不损坏电器元件，安装前应对元器件检查。安装工艺符合相关行业标准。

③ 进行系统的调试。

- 进行器件整定。
- 简述系统调试步骤。

④ 通电试车完成系统功能演示。考试时间 120min。考试结束时，提交试题纸、答题纸，并按 6S 管理清理现场，归位仪表和工具。

继电器控制系统的安装与调试 11

一、任务

有一台机床用三相异步笼型电动机拖动，要求实现正反转控制，停车用能耗制动。通过操作按钮可以实现电动机正转启动、反转启动、自动正反转切换以及停车控制。现场提供的电路原理图如下图。按要求完成电气控制系统的安装与调试。

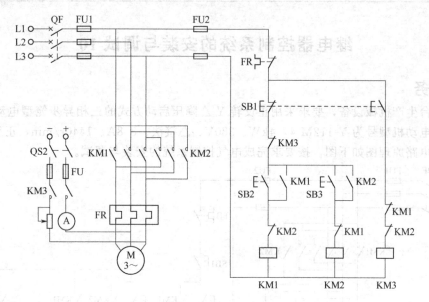

二、要求

① 手工绘制元件布置图。

② 进行系统的安装接线。要求完成主电路、控制电路的安装布线，按要求进行线槽布线，导线必须沿线槽内布线，接线端加编码套管，线槽出线应整齐美观，线路连接应符合工艺要求，不损坏电器元件，安装前应对元器件检查。安装工艺符合相关行业标准。

③ 进行系统的调试。

• 进行器件整定。

• 简述系统调试步骤。

④ 通电试车完成系统功能演示。考试时间 120min。考试结束时，提交试题纸、答题纸，并按 6S 管理清理现场，归位仪表和工具。

继电器控制系统的安装与调试 12

一、任务

有一台机床用三相异步笼型电动机拖动，要求实现正反转控制，停车用能耗制动。通过操作按钮可以实现电动机正转启动、反转启动、自动正反转切换以及停车控制。现场提供的电路原理图如下图。按要求完成电气控制系统的安装与调试。

二、要求

① 手工绘制元件布置图。

② 进行系统的安装接线。要求完成主电路、控制电路的安装布线，按要求进行线槽布线，导线必须沿线槽内布线，接线端加编码套管，线槽出线应整齐美观，线路连接应符合工艺要求，不损坏电器元件，安装前应对元器件检查。安装工艺符合相关行业标准。

③ 进行系统的调试。

• 进行器件整定。

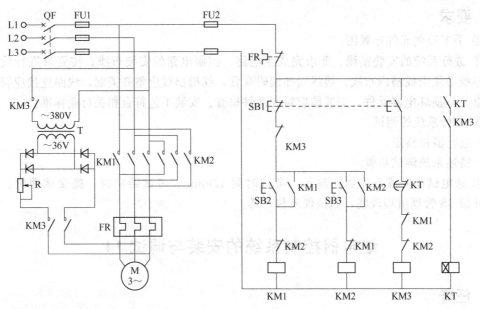

- 简述系统调试步骤。

④ 通电试车完成系统功能演示。考试时间 120min。考试结束时，提交试题纸、答题纸，并按 6S 管理清理现场，归位仪表和工具。

继电器控制系统的安装与调试 13

一、 任务

T68 镗床主轴用三相异步笼型电动机拖动，要求实现正反转控制，停车用反接制动。通过操作按钮可以实现电动机正转启动、反转启动、自动正反转切换以及停车控制。现场提供的电路原理图如下图。按要求完成电气控制系统的安装与调试。

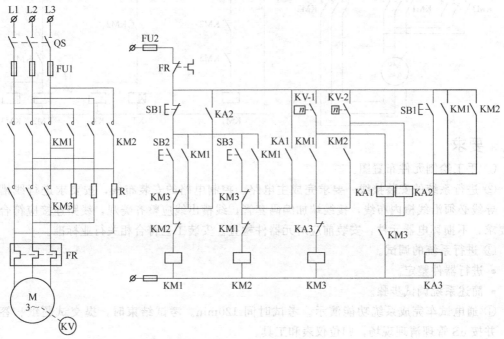

二、 要求

① 手工绘制元件布置图。

② 进行系统的安装接线。要求完成主电路、控制电路的安装布线，按要求进行线槽布线，导线必须沿线槽内布线，接线端加编码套管，线槽出线应整齐美观，线路连接应符合工艺要求，不损坏电器元件，安装前应对元器件检查。安装工艺符合相关行业标准。

③ 进行系统的调试。

• 进行器件整定。

• 简述系统调试步骤。

④ 通电试车完成系统功能演示。考试时间 120min。考试结束时，提交试题纸、答题纸，并按 6S 管理清理现场，归位仪表和工具。

继电器控制系统的安装与调试 14

一、 任务

有一台机械设备需采用△/YY 接法的双速异步电动机拖动，需要采用分级启动控制，即先低速启动，然后自动切换为高速运转。现场提供的电路原理图如下图。按要求完成电气控制系统的安装与调试。

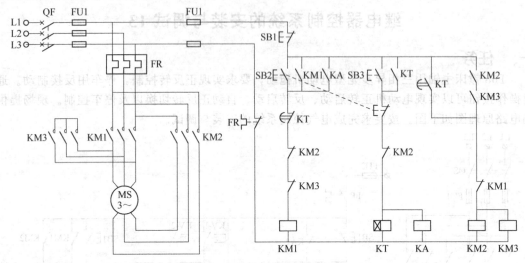

二、 要求

① 手工绘制元件布置图。

② 进行系统的安装接线。要求完成主电路、控制电路的安装布线，按要求进行线槽布线，导线必须沿线槽内布线，接线端加编码套管，线槽出线应整齐美观，线路连接应符合工艺要求，不损坏电器元件，安装前应对元器件检查。安装工艺符合相关行业标准。

③ 进行系统的调试。

• 进行器件整定。

• 简述系统调试步骤。

④ 通电试车完成系统功能演示。考试时间 120min。考试结束时，提交试题纸、答题纸，并按 6S 管理清理现场，归位仪表和工具。

继电器控制系统的安装与调试 15

一、任务

有一台机械设备需采用△/YY 接法的双速异步电动机拖动，需要施行低速、高速连续运转和低速点动混合控制，点动为低速控制，高速需采用分级启动控制，即先低速启动，然后自动切换为高速运转。现场提供的电路原理图如下图。按要求完成电气控制系统的安装与调试。

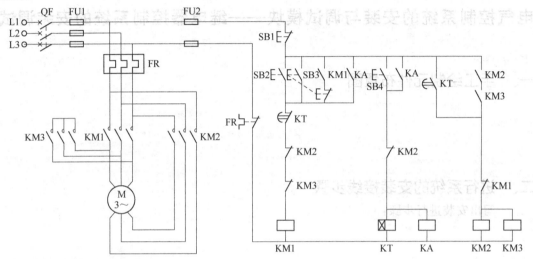

二、要求

① 手工绘制元件布置图。

② 进行系统的安装接线。要求完成主电路、控制电路的安装布线，按要求进行线槽布线，导线必须沿线槽内布线，接线端加编码套管，线槽出线应整齐美观，线路连接应符合工艺要求，不损坏电器元件，安装前应对元器件检查。安装工艺符合相关行业标准。

③进行系统的调试。

- 进行器件整定。
- 简述系统调试步骤。

④ 通电试车完成系统功能演示。考试时间 120min。考试结束时，提交试题纸、答题纸，并按 6S 管理清理现场，归位仪表和工具。

××省高等职业院校
电气自动化技术专业技能抽查试题答题纸

电气控制系统的安装与调试模块——继电器控制系统的安装调试

一、 手工绘制元件布置图

二、 进行系统的安装接线步骤

写出安装进行步骤：

三、 进行系统的调试

（1）写出需要器件整定

（2）简述系统调试步骤

四、 通电试车完成功能演示

继电器控制系统的安装与调试评价标准

评价内容		配分	考核点
职业素养与操作规范（20分）	工作准备	10	清点器件、仪表、电工工具、电动机，并摆放整齐，穿戴好劳动防护用品
	6S规范	10	① 操作过程中及作业完成后，保持工具、仪表、元器件、设备等摆放整齐； ② 操作过程中无不文明行为，具有良好的职业操守，独立完成考核内容，合理解决突发事件； ③ 具有安全用电意识，操作符合规范要求； ④ 作业完成后清理、清扫工作现场
作品（80分）	元器件安装	20	① 按规程正确安装元器件； ② 安装牢固整齐； ③ 不损坏元器件； ④ 安装前应对元器件检查
	安装工艺、操作规范	30	① 导线必须沿线槽内走线，接触器外部不允许有直接连接的导线，线槽出线应整齐美观； ② 线路连接、套管、标号符合工艺要求； ③ 安装完毕应盖好盖板
	功能	30	① 能按要求记录参数，安装调试步骤正确，参数整定合理，各项参数的整定值上下限不超出要求的10%； ② 线路通电正常工作，各项功能完好
工时			120min

继电器控制系统的安装调试评分细则

评价内容		配分	考核点
职业素养与操作规范（20分）	工作准备	10	清点器件、仪表、电工工具、电动机，并摆放整齐，穿戴好劳动防护用品。工具准备少一项扣2分，工具摆放不整齐扣5分，没有穿戴劳动防护用品扣10分
	6S规范	10	① 操作过程中及作业完成后，工具、仪表、元器件、设备等摆放不整齐扣2分； ② 考试迟到，考核过程中做与考试无关的事，不服从考场安排酌情扣10分以内；考核过程中舞弊，取消考试资格，成绩计0分； ③ 作业过程出现违反安全用电规范的每处扣2分； ④ 作业完成后未清理、清扫工作现场扣5分
作品（80分）	元器件安装	20	① 不能按规程正确安装，扣10分； ② 元件松动、不整齐，扣3分； ③ 损坏元器件，扣10分； ④ 不用仪表检查器件，扣2分
	安装工艺、操作规范	30	① 导线必须沿线槽内走线，接触器外部不允许有直接连接的导线，线槽出线应整齐美观。1处不符合要求扣2分； ② 线路连接、套管、标号符合工艺要求。接线1处无套管、标号扣1分，器件、线头松1处扣2分，工艺不符合要求1处扣2分； ③ 安装完毕应盖好盖板。没盖盖板扣3分
	功能	30	① 参数的整定值超出上下限要求的10%，扣10分； ② 1处器件没整定扣5分，参数记录缺1项扣5分； ③ 一次调试不成功扣15分； ④ 两次调试不成功扣30分
工时			120min

省级技能抽查试题库
小型电气控制系统的设计与制作模块

继电器控制系统的设计与制作 1

有一台机床设备的主轴电动机启停采用控制柜和操作台两处控制。主轴电动机型号为Y-112-4、4kW、380V、△接法、8.8A、1440r/min。请按要求完成该部分电气系统设计、安装、接线、调试与功能演示。

继电器控制系统的设计与制作 2

某磨床工作台的运动有前进、后退，工作台运动时碰到两端的限位开关自动反转，行程两端装有极限保护位置开关。工作台拖动电动机型号为Y-112-4、4kW、380V、△接法、8.8A、1440r/min。请按要求完成该部分电气系统设计、安装、接线、调试与功能演示。

继电器控制系统的设计与制作 3

某机床要求在加工前先给机床提供液压油，使机床床身导轨进行润滑，或是提供机械运动的液压动力，这就要求先启动液压泵后才能启动机床的工作台拖动电动机；当机床停止时要求先停止工作台拖动电动机，才能让液压泵电动停止。液压泵为三相异步电动机，型号为Y2-90L-4，1.5kW、380V、50Hz、Y接法、3.72A、1400r/min；工作台拖动电动机型号为Y-112-4、4kW、380V、△接法、8.8A、1440r/min。请按要求完成该部分电气系统设计、安装、接线、调试与功能演示。

继电器控制系统的设计与制作 4

某生产机械要求正反转，由一台三相异步电动机拖动。电动机型号为Y-112-4、4kW、380V、△接法、8.8A、1440r/min。请按要求完成该部分电气系统设计、安装、接线、调试与功能演示。

继电器控制系统的设计与制作 5

某运动控制系统的电动机要求有连续和点动控制。电动机型号为Y-112-4、4kW、380V、△接法、8.8A、1440r/min。请按要求完成该部分电气系统设计、安装、接线、调试与功能演示。

继电器控制系统的设计与制作 6

某传输带采用电动机拖动，电动采用时间原则控制的 Y-△降压启动。电动机型号为 Y-112-4，4kW、380V、△接法、8.8A、1440r/min。请按要求完成该部分电气系统设计、安装、接线、调试与功能演示。

继电器控制系统的设计与制作 7

为提高制动速度与准确性，某拖动系统采用时间原则控制的单向运行能耗制动控制。电动机型号为 Y-112-4，4kW、380V、△接法、8.8A、1440r/min。请按要求完成该部分电气系统设计、安装、接线、调试与功能演示。

继电器控制系统的设计与制作 8

某系统主轴拖动电动机采用主电路中串转换开关实现正反转，A、B 两处按钮实现启动和停止。电动机型号为 Y-112-4，4kW、380V、△接法、8.8A、1440r/min。请按要求完成该部分电气系统的设计、安装、接线、调试与功能演示。

继电器控制系统的设计与制作 9

某系统有冷却泵电动机和主电动机，两电动机均为直接启动，单向运转，由接触器控制运行，若车削时需要冷却，则合上旋转开关，且只有主电动机启动后，冷却泵电动机才能启动。主电动机型号为 Y-112-4，4kW、380V、△接法、8.8A、1440r/min；冷却泵电动机型号为 Y2-80M1-4，0.55kW，380V、△接法、1.57A、1390r/min。请按要求完成该部分电气系统的设计、安装、接线、调试与功能演示。

继电器控制系统的设计与制作 10

某双速电动机要求低速启动，5s 后自动切换至高速运行。双速电动机型号为 YD802-4/2；极数为 2/4 极；额定功率为 0.55/0.75kW；额定电压为 380V；额定转速为 1420/2860（r/min）。请按要求完成该部分电气系统的设计、安装、接线、调试与功能演示。

继电器控制系统的设计与制作 11

某双速电动机能低速启动与运行，通过手动切换实现低速至高速的转换。双速电动机型号为 YD802-4/2；极数为 2/4 极；额定功率为 0.55/0.75kW；额定电压为 380V；额定转速为 1420/2860（r/min）。请按要求完成该部分电气系统的设计、安装、接线、调试与功能演示。

继电器控制系统的设计与制作 12

某三相异步电动机停车时要求采用速度原则控制的反接制动。电动机型号为 Y-112-4，

4kW、380V、△接法、8.8A、1440r/min。请按要求完成该部分电气系统的设计、安装、接线、调试与功能演示。

继电器控制系统的设计与制作 13

某三相异步电动机停车时要求采用速度原则控制的能耗制动。电动机型号为 Y-112-4，4 kW、380V、△接法、8.8A、1440r/min。请按要求完成该部分电气系统的设计、安装、接线、调试与功能演示。

继电器控制系统的设计与制作 14

用继电控制设计电厂故障信号灯闪烁（用开关信号模拟故障信号，当开关动作时表示发生故障，此时要求信号灯按每秒亮 0.5s、灭 0.5s 闪烁，可通过停止按钮清除闪烁信号）。请按要求完成该部分电气系统的设计、安装、接线、调试与功能演示。

继电器控制系统的设计与制作 15

某台双速异步电动机，可低速启动运行也可高速启动运行，分别由两个按钮启动，由一个按钮实现停止。双速电动机型号为 YD802-4/2；极数为 2/4 极；额定功率为 0.55/0.75kW；额定电压为 380V；额定转速为 1420/2860（r/min）。请按要求完成该部分电气系统的设计、安装、接线、调试与功能演示。

要求

① 设计系统电气原理图（手工绘制，标出端子号）。

② 绘制电气接线图（手工绘制，标出端子号）。

③ 根据电动机参数和原理图列出元器件清单。

④ 系统的安装、接线。根据考场提供的正确的原理图和器件、设备完成元件布置并安装、接线。要求元器件布置整齐、匀称、合理，安装牢固；导线进线槽美观；接线端接编码套管；接点牢固，接点处裸露导线长度合适，无毛刺；电动机和按钮接线进端子排。

⑤ 系统调试和功能演示。

• 器件整定（如有需要）。

• 写出系统调试步骤并完成调试。

• 通电试车完成系统功能演示。

⑥ 考试时间 120min。考试结束时，提交试题纸、答题纸、实物作品，并按 6S 管理清理现场，归位仪表和工具。

××省高等职业院校
电气自动化技术专业技能抽查试题答题纸

小型电气控制系统的设计与制作模块——
继电器控制系统的设计与制作

一、画出系统电气原理图（手工绘制，标出端子号）

二、绘制电气接线图（手工绘制，标出端子号）

三、根据电动机参数和原理图列出元器件清单

序号	名称	型号	规格与主要参数	数量	备注
1					
2					
3					
4					
5					
6					
7					
8					
9					

四、简述系统调试步骤

继电器控制系统的设计与制作评价标准

评价内容		配分	考核点
职业素养与操作规范（20分）	工作准备	10	清点系统文件、器件、仪表、电工工具、电动机，并测试器件好坏。穿戴好劳动防护用品
	6S规范	10	① 操作过程中及作业完成后，保持工具、仪表、元器件、设备等摆放整齐； ② 操作过程中无不文明行为，具有良好的职业操守，独立完成考核内容，合理解决突发事件； ③ 具有安全用电意识，操作符合规范要求； ④ 作业完成后清理、清扫工作现场
作品（80分）	工艺	20	① 元器件布置整齐、匀称、合理，安装牢固； ② 导线进线槽、线槽进出线整齐美观，电动机和按钮接线进端子排； ③ 接点牢固，接点处裸露导线长度合适，无毛刺； ④ 套管、标号符合工艺要求； ⑤ 盖好线槽盖板
	功能	20	按正确的流程完成系统调试和功能演示，线路通电正常工作，各项功能完好
	技术参数	20	根据控制系统功能，完成参数设置，参数整定合理，各项参数的整定值上下限不超出要求的10%
	技术文档	20	① 原理图绘制正确； ② 元器件选择合理； ③ 电气接线图绘制正确、合理； ④ 调试步骤阐述正确
工时			120min

继电器控制系统的设计与制作评分细则

评价内容		配分	考核点
职业素养与操作规范（20分）	工作准备	10	清点系统文件、器件、仪表、电工工具、电动机，并测试器件好坏。穿戴好劳动防护用品。工具准备少一项扣2分，工具摆放不整齐扣5分，没有穿戴劳动防护用品扣10分
	6S规范	10	① 操作过程中及作业完成后，工具、仪表、元器件、设备等摆放不整齐扣2分； ② 考试迟到，考核过程中做与考试无关的事，不服从考场安排耐情扣10分以内；考核过程中舞弊取消考试资格，成绩计0分； ③ 作业过程出现违反安全用电规范的每处扣2分； ④ 作业完成后未清理、清扫工作现场扣5分
作品（80分）	工艺	20	① 元器件布置不整齐、不合理，每个扣1分；元件安装不牢固每个扣1分； ② 导线未进线槽每根扣0.5分，线槽进出线不整齐不美观每根扣0.5分，电动机和按钮接线未通过端子排扣2分； ③ 接点不牢固每处扣0.5分，接点处裸露铜线过长每处扣0.5分，出现毛刺每处扣0.5分； ④ 套管、标号不符合工艺要求每处扣0.5分，未做套管标号扣4分； ⑤ 未盖线槽盖板扣2分
	功能	20	一次试车不成功扣10分；两次试车不成功扣20分
	技术参数	20	参数整定值上下限超出要求的10%，根据参数整定个数按比例扣分
	技术文档	20	① 主电路设计不全或设计有错，每处扣2分；控制电路设计不全或设计有错，每处扣2分；元件符号（文字或图形）不对每处扣2分，主电路全错扣10分，控制电路全错扣10分； ② 元件清单每错1处扣1分，全错扣10分； ③ 电气接线图中元件布置或走线不合理，每处扣2分，符号绘制错误，每处扣2分，全错扣10分； ④ 调试步骤阐述正确，每错一步扣2分
工时			120min

项目 8

CA6140 普通车床电气控制分析

 8.1 教学目标 ----------------------

① 熟悉 CA6140 普通车床的结构和控制要求。

② 掌握一般机床电气控制原理图的识图方法及 CA6140 普通车床电气控制原理图的识图。

③ 掌握一般机床电气控制系统故障的查找方法。

④ 掌握 CA6140 普通车床电气控制线路的常见故障与处理方法。

 8.2 相关知识 ----------------------

8.2.1 电气原理图

CA6140 普通车床控制线路图如图 8-1 所示。

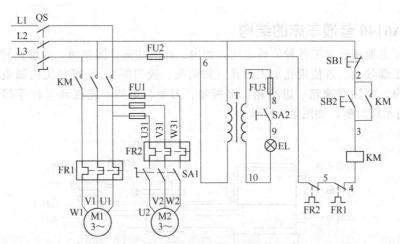

图 8-1 CA6140 普通车床控制线路图

8.2.2 项目所需元件和设备清单

项目所需元件和设备清单如表 8-1。

表 8-1　元件和设备清单记录表格

序号	元件名称	电气符号	型号与规格	单位	数量
1	刀开关	QS	HZ2-25/3	个	1
2	熔断器	FU1、FU2、FU3	RL1-15 熔体，4A、2A、2A	个	5
3	交流接触器	KM	CJ0-20BB 线圈，380V	个	1
4	热继电器	FR1、FR2	JR0-40、15.1A，JR10-10、0.25A	个	2
5	转换开关	SA1、SA2	HZ2-10/3、HZ2-10/1	个	2
6	启动、停止按钮	SB2、SB1	LA19-11、绿色、红色	个	2
7	控制变压器	T	380V、24V	个	1
8	照明灯	EL	AD16-22D/S	个	1
9	主轴电动机	M1	J02-51-4-D2，7.5kW	台	1
10	冷却泵电动机	M2	DBG-25，90W	台	1

8.2.3　一般机床电气控制原理图的识图方法

当人们拿到一张机床电气控制原理图时，将从何入手进行识图呢？一般首先应了解这台设备的基本结构、性能及主要用途；而后再看主电路，了解各台电动机和其他被控设备的作用及工作情况；然后将控制线路图分成若干个基本环节、基本回路、基本单元进行识图；先粗读，后细读，边读、边画、边记，直至全部读懂。在有条件的情况下，边对照实物边识图就更方便了。

8.2.4　CA6140 普通车床的结构

普通车床主要用于加工各种回转表面，如内、外圆柱面，圆锥面，成形回转表面及端面等，还能加工螺纹面。若使用孔加工刀具（如钻头、铰刀等），还可加工内圆表面。它的结构主要有床身、主轴变速箱、进给箱、溜板箱、刀架、尾架、光杠和丝杠等部分组成，以CA6140 普通车床为例，如图 8-2 所示。

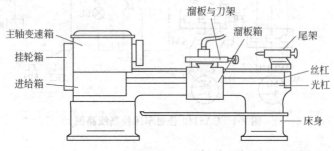

图 8-2　普通车床结构示意图

CA6140 普通车床有两种主要运动：一种是主轴上的卡盘带着工件的旋转运动，称为主运动，由主轴电动机通过皮带传到主轴箱带动卡盘旋转的；另一种是溜板箱带着刀架的直线运动，称为进给运动，也是由主轴电动机经过主轴箱输出轴、挂轮箱传给进给箱，再通过光杠（或丝杠）将运动传入溜板箱，溜板箱就带动刀架作纵、横两个方向的进给运动。

8.2.5　电力拖动特点和控制要求

① 电动机形式、调速及正反转实现方式：主拖动电动机采用一般三相笼型异步电动机，主轴采用机械调速，其正反转采用机械方式实现。

② 启动方式：主拖动电动机容量较小采用直接启动方式。

③ 冷却方式：车削加工时，需要冷却液冷却，因此需要一台冷却泵电动机，其单方向旋转与主拖电动机有联锁关系。

④ 保护方式：主拖动电动机和冷却泵电动机部分应具有短路和过载保护。

⑤ 照明：应具有局部安全照明装置。

8.3　CA6140 普通车床电气控制线路分析

CA6140 普通车床电气控制线路图，如图 8-1 所示。

① 主电路分析

动作 1：KM 闭合，主轴电动机 M1 直接启动运行拖动卡盘旋转。

动作 2：KM 闭合，主轴电动机 M1 通过光杠（或丝杠）带动刀架作纵、横两个方向的进给运动。

动作 3：KM、SA1 闭合，M2 冷却泵电动机启动运行拖动冷却泵输出。

② 控制电路分析

主运动、进给运动分析：合上电源开关 QS→各操作手柄打在正确位置→按下启动按钮 SB2→KM 线圈得电→KM 主触点闭合，辅助常开触点闭合形成自锁→M1 直接启动运行，卡盘带着工件做旋转运动或溜板箱带动刀架作纵、横两个方向的进给运动。

冷却泵运行分析：电动机 M1 运行后，合上转换开关 SA1，实现冷却泵电动机启动与停止，由于 SA1 开关具有定位作用，因此不设自保触头；按下 SB1，M1、M2 同时停转。该电路还具有欠压、零压保护。

③ 辅助照明电路分析　机床局部照明采用 380V/36V/24V 安全变压器 T，照明由转换开关 SA2 控制。

8.4　CA6140 普通车床电气接线图

CA6140 普通车床电气接线图如图 8-3 所示。图中显示了该电路中各个电器元件的实际安装位置和接线情况。

图中接触器 KM 的主触点、线圈、辅助触点根据它们的实际位置画在一起，并用点划线框上，表示它是一个电器元件。

必须指出：安全电压的带电部分必须与较高电压的回路保持电气隔离，并不允许与大地、保护接零（地）线连接；机床照明电路不允许借用机床床体替代电源的导线。

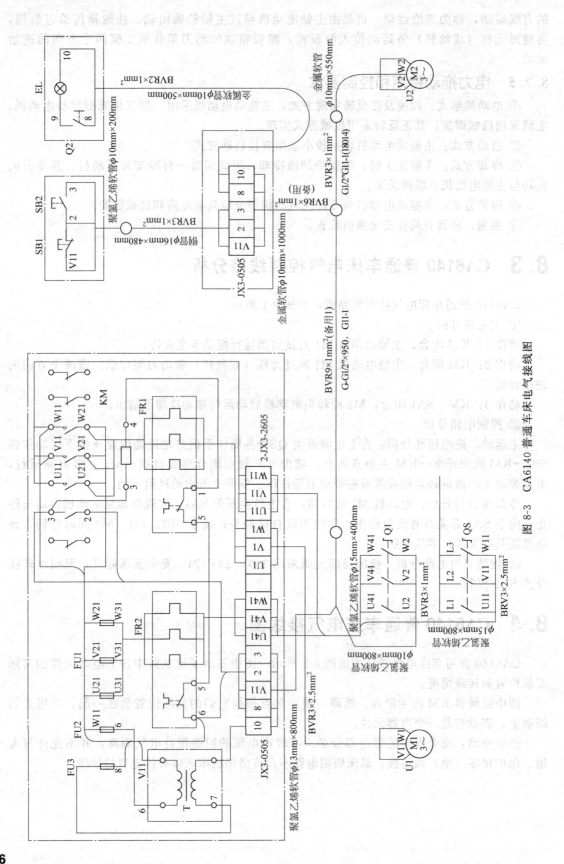

图 8-3　CA6140 普通车床电气接线图

8.5　CA6140普通车床电气控制线路的故障与处理

(1) 一般机床电气控制系统故障的查找方法

① 故障的调查研究。

• 看　看熔断器内熔丝是否熔断，其他电气元件有无烧毁、发热、断线，导线连接螺钉是否松动，有无异常的气味等。

• 问　故障发生后，向操作者了解故障发生的前后情况，有利于根据机床的工作原理来判断发生故障的部位，分析故障的原因。一般询问项目是：故障是经常发生还是偶然发生，有哪些现象（如响声、冒火、冒烟等）；故障发生前有无频繁启动、停止、过载，是否经过保养检修等。

• 听　电动机、变压器和有些电器元件在正常运行时的声音和发生故障时的声音有无明显差异，听听它们的声音是否正常，可以帮助寻找故障部位。

• 摸　电动机、变压器和电磁线圈等发生故障时，温度显著上升，可切断电源后用手去摸一摸。

看、问、听、摸是寻找故障的第一步，有些故障还应用其他方法作进一步的检查。

② 根据机床电气原理图分析，结合故障现象确定故障的可能范围。

一台机床的电气线路中任何一个电器元件的损坏或任何一根连接导线的断裂或脱落，都会造成故障。不同的故障原因有时会出现相似的故障现象；同一种故障原因在不同情况下有时会出现不同的故障现象。因此，只有充分了解整台机床电气线路的工作原理，熟悉机床各运动部件的动作与电气线路及电器元件的必然联系，才能更快地确定故障可能出现的区域。

③ 通过仪器仪表对机床电气线路及电器元件进行检测，缩小故障范围，确定故障点。

在判断了故障可能发生的范围后，一般来说，是在停电状态下，使用万用表对此范围内的相关电器元件及线路进行检查，就能找出故障的确切部位。例如接线头脱落、触点接触不良或未焊牢、弹簧断裂或脱落以及线圈烧坏等，都能明显地表明故障点。

④ 检查是否存在机械故障。

在许多机床电气设备中，电器元件的动作是由机械来推动的，或与机械构件有密切的联动关系，所以，在检修电气故障的同时，应检查、调整和排除机械部分的故障。

总之，检查分析机床电气设备故障的方法，应按不同的故障情况灵活掌握，力求迅速有效地找出故障点，判明故障原因，及时排除故障。

(2) CA6140普通车床电气控制线路的故障查找

例如：主轴电动机启动后就自动停车。

① 故障的调查研究。

经过询问得知故障是这样产生的：按下启动按钮SB2，主轴电动机启动运行，松开SB2，主轴电动机停止运行。像这种故障就是再操作一遍，也不会对设备和生产造成损失，维修人员可以自己操作重现故障过程，以便分析故障原因。

② 根据机床电气原理图分析，结合故障现象确定故障的可能范围。

这种故障现象是没有自锁的表现。通过进一步的检测就能正确判断了。

③ 通过仪器仪表对机床电气线路及电器元件进行检测，缩小故障范围，确定故障点。

用万用表检测一下接触器KM的一对辅助常开触点是否并联在启动按钮SB2两端，不是，则故障点得以确定，将它维修好，则故障得以排除。

（3）CA6140 普通车床电气控制线路的常见故障与处理方法

见表 8-2。

表 8-2　CA6140 普通车床电气控制线路的常见故障与处理方法

故障现象	故障分析	处理方法
电源正常，接触器不吸合，主轴电动机不启动	① 熔断器 FU2 熔断或接触不良； ② 热继电器 FR1、FR2 已动作或动断触点接触不良； ③ 接触器 KM 线圈断线或接头接触不良； ④ 按钮 SB1、SB2 接触不良或按钮控制线路有断线	① 更换熔芯或旋紧熔断器； ② 检查热继电器 FR1、FR2 动作原因及动断触点接触情况，并予以修复； ③ 检查接触器 KM 线圈断线或接头接触情况并予以修复，接触器衔铁若卡死应拆下重装； ④ 检查按钮触点或线路断线处，并予以修复
电源正常，接触器能吸合，但主轴电动机不启动	① 接触器主触点接触不良； ② 热继电器电热丝烧断； ③ 电动机损坏，接线脱落或绕组断线	① 将接触器主触点拆下，用砂纸打磨使其接触良好； ② 更换热继电器； ③ 检查电动机绕组、接线，并予以修复
接触器能吸合，但不能自锁	① 接触器 KM 的自锁触点接触不良或其接头松动； ② 按钮接线脱落	① 检查接触器 KM 的自锁触点是否良好并予以修复，紧固接线端； ② 检查按钮接线，并予以修复
主轴电动机缺相运行（主轴电动机转速慢，并发出"嗡嗡"声	① 供电电源缺相； ② 接触器有一相接触不良； ③ 热继电器电热丝烧断； ④ 电动机损坏，接线脱落或绕组断线	① 用万用表检测电源是否缺相，并予以修复； ② 检查接触器触点，并予以修复； ③ 更换热继电器； ④ 检查电动机绕组、接线，并予以修复
主轴电动机不能停转，按 SB1 电动机不停转	① 接器主触点熔焊，接触器衔铁卡死； ② 接触器铁芯面有油污、灰尘使衔铁粘住	① 切断电源使电动机停转，更换接触器主触点； ② 将接触器铁芯油污灰尘擦干净
照明灯不亮	① 熔断器 FU3 熔断或照明灯泡损坏； ② 变压器一、二次绕组断线或松脱、短路	① 更换熔丝或灯泡； ② 用万用表检测变压器一、二次绕组断线、短路及接线，并予以修复

项目 9

摇臂钻床控制系统分析与故障处理

9.1 教学目标

① 熟悉 Z3050 摇臂钻床的结构和控制要求。
② 掌握 Z3050 摇臂钻床电气控制原理图的识图。
③ 掌握 Z3050 摇臂钻床电气控制线路的常见故障与处理方法。

9.2 相关知识

9.2.1 电气原理图

如图 9-1 所示。

9.2.2 项目所需元件和设备清单

见表 9-1。

表 9-1 项目所需元件和设备清单

序 号	元件名称	电气符号	型号与规格	单 位	数 量
1	组合开关	QS1	HZ2-25/3	个	1
2	熔断器	FU1	RT18-32	个	3
3	熔断器	FU2	RT18-32	个	3
4	熔断器	FU3、FU4	RT18-2A	个	2
5	转换开关	QS2	LW5	个	1
6	转换开关	SA	HZ2-10/1	个	1
7	交流接触器	KM1～KM5	LC1-D1210，110V	个	5
8	热继电器	FR1、FR2	JR36-20，5A	个	2
9	变压器	TC	380V、110V、24V、6V	个	1
10	行程开关	SQ1～SQ3	LX5-11	个	3
11	指示灯	EL、HL1～HL3	AD16-22D/S	个	4
12	按钮	SB1～SB6	LA38-11	个	6
13	时间继电器	KT	ST3P	个	1
14	电磁铁	YA	MQ1-0.7	个	1
15	三相异步电动机	M1～M4	380V、180W	个	4

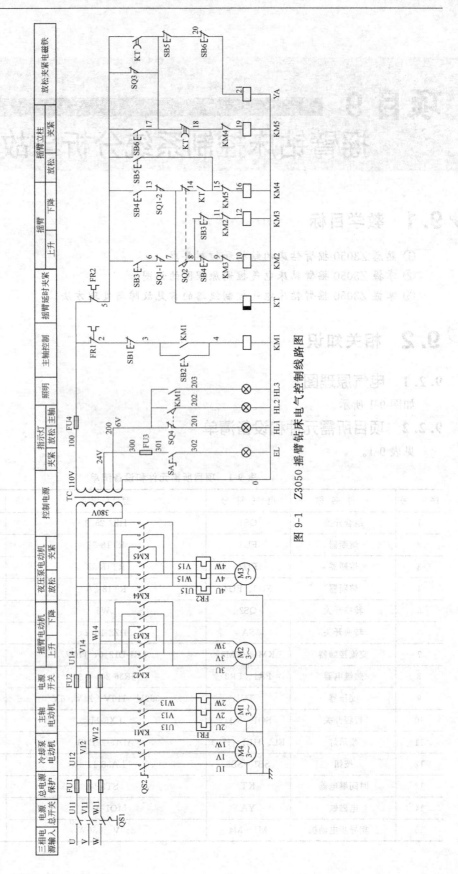

图 9-1 Z3050 摇臂钻床电气控制线路图

9.2.3 Z3050 摇臂钻床的结构及运行

Z3050 摇臂钻床主要由底座、内立柱、外立柱、摇臂、主轴箱、工作台等部分组成。它是一种孔加工机床，可以进行钻孔、扩孔、绞孔及攻螺纹等多种形式的加工。

Z3050 摇臂钻床是一种立式钻床，它具有性能完善、适用范围广、操作灵活及工作可靠等优点，适合加工单件和批量生产中带有多孔的大型零件。如图 9-2 所示。

Z3050 摇臂钻床有两种主要运动和其他辅助运动。主运动是指主轴带动钻头的旋转运动。通过主轴箱内的主轴、正反转摩擦离合器和操纵手柄、手轮，可以实现主轴的正反转、变速、空挡、停车等控制；进给运动是指钻头的纵向运动。通过主轴箱内的主轴、进给变速传动机构和操纵手柄、手轮，可以实现主轴的纵向进给控制。辅助运动是指主轴箱通过操作手轮沿摇臂水平导轨作径向移动，摇臂由摇臂

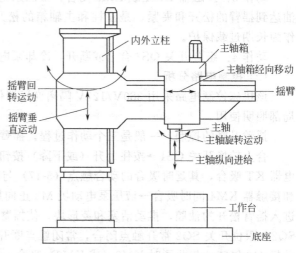

图 9-2 Z3050 摇臂钻床运动结构示意图

电动机拖动沿外立柱上下移动，以及摇臂和外立柱一起相对于内立柱做手动 360℃的回转运动。

9.2.4 电力拖动特点和控制要求

① 电动机形式：摇臂钻床运动部件较多，为简化传动装置，采用多台电动机拖动，通常设有主轴电动机、摇臂升降电动机、立柱夹紧和放松电动机（液压泵电动机）及冷却泵电动机。

② 调速：摇臂钻床为适应多种形式加工，要求主轴及进给有较大的调速范围，由机械机构实现。主轴一般速度下的钻削加工为恒功率负载，而低速是用于扩孔、绞孔及螺纹加工，属于恒转矩负载。

③ 摇臂钻床的主运动与进给运动：皆为主轴运动，这两个运动由一台主轴电动机拖动，分别经主轴与进给传动机构实现主轴旋转和进给，主轴变速机构与进给变速机构均装在主轴箱内。

④ 正反转：为加工螺纹，主轴要求有正反转，一般由机械方法获得，为此主轴电动机只需单方向旋转。

⑤ 摇臂的夹紧和放松：由电气和液压联合控制，并且有夹紧和放松指示。

⑥ 冷却：钻削加工时，需要对刀具和工件进行冷却，为此需冷却泵电动机输送冷却液。

⑦ 保护：要有必要的限位、联锁和过载保护，且具有局部安全照明。

9.3 Z3050 摇臂钻床电气控制线路分析

Z3050 摇臂钻床电气控制线路如图 9-1 所示。该机床共有四台电动机：主电动机 M1、摇臂升降电动机 M2、液压泵电动机 M3 和冷却泵电动机 M4。除冷却泵电动机和电源引自配电盘外部外，其余电器设备均安装在回转部分。

(1) 主电路分析

动作 1：接触器 KM1 闭合，主电动机 M1 单向旋转，而主轴的正反转依靠机床液压系统并配合正、反转摩擦离合器来实现。

动作 2：当接触器 KM2 闭合时，摇臂升降电动机 M2 反转实现上升；当接触器 KM3 闭

合时，摇臂升降电动机 M2 正转实现下降。操纵摇臂升降时先通过液压系统，将摇臂松开后 M2 才启动，带动摇臂上升和下降，当移动达到所需位置时控制电路又保证升降电动机先停止，然后自动液压系统将摇臂夹紧。由于 M2 是短时运转，所以没有设置长期过载保护。

动作 3：接触器 KM4 或 KM5 闭合，液压泵电动机 M3 反转或正转实现送出或送入压力油达到摇臂的松开和夹紧，是立柱和主轴箱的松开和夹紧的原动力，并设有热继电器 FR2 作为长期过载保护。

动作 4：组合开关 QS2 合上或断开，冷却泵电动机 M4 直接启动运行或停止。

(2) 控制电路分析

该机床控制电路采用 380V/127V 隔离变压器供电，但其二次绕组增设 24V 安全电压供局部照明使用。

摇臂升降的控制：一般是三个动作过程，摇臂松开→摇臂上升或下降→摇臂夹紧。

合上转换开关 QS1→按住上升（或下降）按钮 SB3（或 SB4）不放手→断电延时时间继电器 KT 吸合，其延时吸合的动合触点（5-17）与瞬时动合触点（14-15）闭合使电磁铁 YA 和接触器 KM4 同时吸合→液压泵电动机 M3 正向旋转，供给压力油，压力油经二位六通阀进入摇臂松开的油腔，推动活塞和菱形块，使摇臂松开，同时活塞杆通过弹簧片压限位开关 SQ2→限位开关 SQ2 常开触点闭合，常闭触点断开→接触器 KM4 线圈断电释放→液压泵电动机 M3 停转→与此同时 KM2（或 KM3）吸合→升降电动机 M2 反向（或正向）旋转，带动摇臂上升（或下降）[注意：如果摇臂没有松开，SQ2 的动合触点也不能闭合，KM2（或 KM3）就不能吸合，摇臂也就不可能升降]→当摇臂上升（或下降）到所需位置时，松开按钮 SB3（或 SB4）→KM2（或 KM3）和时间继电器 KT 线圈失电释放→升降电动机 M2 停转，摇臂停止升降→由于 KT 释放，其延时闭合的动断触点（17-18）经 1～3s 延时后闭合→接触器 KM5 得电吸合→液压电动机 M3 反向启动旋转，供给压力油，压力油经二位六通阀（此时电磁铁 YA 仍处于吸合状态）进入摇臂夹紧油腔，向相反方向推动活塞和菱形块，使摇臂夹紧→同时，活塞杆通过弹簧片压限位开关 SQ3→限位开关 SQ3 常闭触点断开→KM5 和 YA 同时断电释放液压泵电动机停止旋转，夹紧动作结束。

这里还应注意，在摇臂松开后，限位开关 SQ3 复位，其触点（5-17）是闭合的，而在摇臂夹紧后，SQ3 被压合，其触点（5-17）是断开的。

时间继电器 KT 的作用是：控制接触器 KM5 在升降电动机 M2 断电后的吸合时间，从而保证在升降电动机停转后再夹紧摇臂的动作顺序。时间继电器 KT 的延时，可根据需要整定在 1～3s。

摇臂升降的限位保护，由限位开关 SQ1-1 和 SQ1-2 来实现。当摇臂上升到极限位置时，SQ1-1 动作，将电路（6-7）断开，则 KM2 断电释放，升降电动机 M2 停止旋转。当摇臂下降到极限位置时，SQ1-2 动作，电路（7-13）断开，KM3 释放，升降电动机 M2 停转。

摇臂的自动夹紧是由行程开关 SQ3 来控制的。如果液压夹紧系统出现故障而不能自动夹紧摇臂，或者由于 SQ3 调整不当，在摇臂夹紧后不能使 SQ3 的动断触点断开，都会使液压泵电动机处于长期过载运行状态，这是不允许的。为了防止损坏液压泵电动机，电路中使用了热继电器 FR2。

摇臂夹紧动作过程如下：摇臂升（或降）到预定位置，松开 SB3（或 SB4）→断电延时→KM5 吸合、M3 反转、YA 吸合→摇臂夹紧→SQ3 受压（5-17）断开→KM5、M3、YA 均断电释放。

(3) 立柱和主轴箱的松开与夹紧控制

立柱和主轴箱的松开与夹紧是同时进行的。首先合上转换开关 QS1→按下松开按钮 SB5

（或夹紧按钮 SB6）→接触器 KM4（或 KM5）吸合→液压电动机 M3 旋转，供给压力油，压力油经二位六通阀（此时电磁铁 YA 处于吸合状态）进入立柱松开（或夹紧）液压缸和主轴箱松开（或夹紧）液压缸，推动活塞和菱形块，使立柱和主轴箱分别松开（或夹紧）。同时松开（或夹紧）指示灯（HL1、HL2）显示。

（4）线路的特点

采用液压系统来实现主轴电动机的正反转、制动、空挡、预选及变速。采用液压系统来实现主轴箱、立柱及摇臂的松开与夹紧，并与电气配合实现摇臂升降与夹紧、松开的自动循环。

9.4　Z3050 摇臂钻床电器安装位置示意图

Z3050 摇臂钻床外部控制电器安装位置示意图如图 9-3 所示。表 9-2 为图 9-3 的附表。

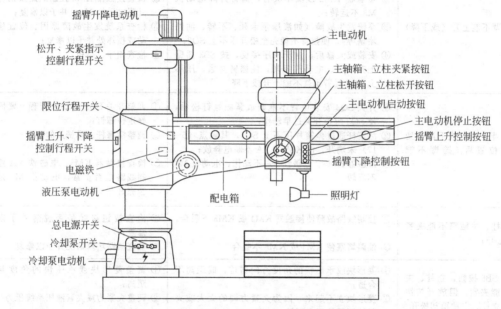

图 9-3　Z3050 摇臂钻床外部控制电器安装位置示意图

表 9-2　Z3050 摇臂钻床控制电器安装位置一览表

序　号	符　号	名称与用途	序　号	符　号	名称与用途
1	M2	摇臂升降电动机	11	SB1	主电动机停止按钮
2	M1	主电动机	12	SB3	摇臂上升控制按钮
3	M3	液压泵电动机	13	SB4	摇臂下降控制按钮
4	SQ1	摇臂升降组合行程开关	14	EL	照明灯
5	SQ2	限位行程开关	15	YA	电磁铁
6	SQ3	摇臂上升、下降控制行程开关	16	SA1	总电源开关
7	SQ4	松开、夹紧指示控制行程开关	17	SA2	冷却泵开关
8	SB5，HL1	主轴箱、立柱松开按钮及指示灯	18	SA3	照明开关
9	SB6，HL2	主轴箱、立柱夹紧按钮及指示灯	19	M4	冷却泵电动机
10	SB2，HL3	主电动机启动按钮及指示灯	20		配电箱（在摇臂内）

9.5 Z3050摇臂钻床电气控制线路故障与处理

Z3050摇臂钻床电气控制线路比较简单，其电气控制的主要环节是摇臂运动。摇臂在上升或下降时，摇臂的夹紧机构先自动松开，在上升或下降到预定位置后，其夹紧机构又将摇臂自动夹紧在立柱上。这个工作过程是由电气、机械和液压系统的紧密配合来实现的。Z3050摇臂钻床电气控制线路常见故障与处理见表9-3。

表 9-3 Z3050摇臂钻床电气控制线路常见故障与处理

故 障 现 象	故 障 分 析	处 理 方 法
摇臂不能上升（或下降）	① 行程开关 SQ2 不动作，SQ2 动合触点（7-8）不闭合，SQ2 安装位置移动或损坏； ② 接触器 KM2 线圈不吸合，摇臂升降电动机 M3 不运转； ③ 系统发生故障（如液压泵卡死、不转、油路堵塞等），使摇臂不能完全松开压不上 SQ2； ④ 安装或大修后，由于相序接反，按 SB3 摇臂上升按钮，电动机反转，使摇臂夹紧，压不上 SQ2 摇臂也就不能上升或下降	① 检查行程开关 SQ2 触点、安装位置或损坏情况并予以修复； ② 检查接触器 KM2 控制回路及摇臂升降电动机 M3，并予以修复； ③ 检查系统发生故障原因、位置移动或损坏处并予以修复； ④ 检查相序，换相
摇臂上升（或下降）到预定位置后，摇臂不能夹紧	① 开关 SQ3 安装位置不准确或紧固螺钉松动，使 SQ3 限位开关过早动作； ② 活塞杆通过弹簧片压不上 SQ3，其触点（5-17）未端开，使 KM5、YA 不断电释放； ③ 接触器 KM5、电磁铁 YA 不动作，电动机 M3 不反转	① 调整开关 SQ3 的动作行程，紧固好定位螺钉； ② 调整活塞杆、弹簧片的位置； ③ 检查接触器 KM5、电磁铁 YA 控制线路是否正常，电动机 M3 是否完好并予以修复
立柱、主轴箱不能夹紧（或松开）	① 控制线路故障使接触器 KM4 或 KM5 不吸合； ② 油路堵塞使 KM4 或 KM5 不吸合	① 检查按钮接线是否脱落并予以修复； ② 检查油路堵塞情况并予以修复
按 SB6 按钮，立柱、主轴箱能夹紧，但放开按钮后，立柱、主轴箱却松开	① 菱形块或承压快的角度方向错位，或距离不合适； ② 菱形块立不起来，因为夹紧力调的太大或夹紧液压系统压力不够	① 调整菱形块或承压快的角度与距离； ② 调整夹紧力或夹紧液压系统压力
主轴电动机刚启动运转，熔断器就熔断	① 机械机构卡住或钻头被铁屑卡住； ② 负荷太重或进给量太大； ③ 电动机故障	① 检查机构卡住原因并予以修复； ② 退出主轴，根据空载情况找出原因，予以调整处理； ③ 检查电动机故障原因并予以修复或更换

9.6 实训环节

实训十七 Z3050摇臂钻床电气控制系统的故障分析与处理

9.6.1 实训目的

① 会正确操作 Z3050 摇臂钻床的电气控制系统。
② 掌握 Z3050 摇臂钻床的电气控制系统故障分析的方法。
③ 掌握 Z3050 摇臂钻床的电气控制系统故障检测的方法。

④ 掌握 Z3050 摇臂钻床的电气控制系统故障处理的方法。

9.6.2　任务

现场处理屏柜式 Z3050 摇臂钻床的继电器控制线路故障，故障现象如下。

① 主轴不能正常工作。

② 摇臂不能放松（一般要求学生操作观察出来）。

9.6.3　要求

① 根据故障现象，在继电器控制线路图上分析可能产生原因，确定故障发生的范围，并采用正确方法处理故障，排除故障写出故障点。实训时间 50min。

② 完成继电器控制线路故障处理报告（实表 17-1）。

实表 17-1　Z3050 摇臂钻床的继电器控制线路故障处理报告

机 床 名 称	
故障现象 1	
分析故障现象及处理方法	
故障处理	
故障现象 2	
分析故障现象及处理方法	
故障处理	

③ 严格遵守电工安全操作规程，必须带电检查时一定要注意人身和设备仪表的安全（通电检查最好是在实训老师监督下进行）。

④ 实训结束时，提交故障分析报告，并按 6S 管理清理现场，归位仪表和工具。

9.6.4　实训内容和步骤

第一步：正确操作观察故障现象并做好记录

（1）主轴正常工作的操作及观察到的现象

合上刀开关 QS1→按下启动按钮 SB2→观察到交流接触器 KM1 动作→松开启动按钮 SB2，交流接触器 KM1 的动作状态仍能保持→交流接触器 KM1 动作后，观察到电动机 M1 启动运行，按下停止按钮 SB1→观察到交流接触器 KM1 恢复原状→松开启动按钮 SB1，交流接触器 KM1 的复位状态仍能保持→交流接触器 KM1 复位后，观察到电动机 M1 惯性停车，站在电动机轴这边看，电动机的旋转方向为顺时针方向。

注意：与以上观察到的正确现象不同的就是故障现象，做好记录方便分析故障原因。

（2）摇臂正常工作的操作及观察到的现象

上升过程：合上刀开关 QS1→按下启动按钮 SB3→观察到断电延时时间继电器 KT 动作→观察到交流接触器 KM4 动作、电磁铁 YA 动作→观察到液压泵电动机 M3 正转实现摇臂放松→摇臂松到位，观察到限位开关 SQ2 动作→观察到交流接触器 KM4 复位、KM2 动作→观察到液压泵电动机 M3 惯性停车、摇臂电动机 M2 正转实现上升→上升到所需高度时，松开启动按钮 SB3（强调一下，在此之前 SB3 要一直按住不动）→观察到 KM2、KT 同时复位→观察到摇臂电动机 M2 惯性停车→KT 延时时间到，观察到交流接触器 KM5 动作、电磁铁 YA 复位→观察到液压泵电动机 M3 反转实现摇臂夹紧→摇臂夹紧到位，观察到限位开关 SQ3 动作→观察到交流接触器 KM5 复位→观察到液压泵电动机 M3 惯性停车。

下降过程与上升过程类似，就是 SB3 换成了 SB4、KM2 换成了 KM3、"上升"换成了"下降"。

注意：与以上观察到的正确现象不同的就是故障现象，做好记录方便分析故障原因。

第二步：分析故障现象及处理方法

（1）主轴不能正常工作分析及处理方法

主轴不能正常工作的故障现象有三种可能（接好电源线通电后，合上刀开关 QS1，按下启动按钮 SB2）。

现象 1：交流接触器 KM1 不动作。

现象 2：交流接触器 KM1 动作，电动机 M1 启动运行，但松开启动按钮 SB2 后，交流接触器 KM1 复位，电动机 M1 惯性停车。

现象 3：交流接触器 KM1 动作，电动机 M1 不动作或者是旋转方向错误。

根据以上故障现象，依据电气原理图分析可能发生的故障部位或回路，缩小故障范围。

现象 1　可能发生的故障部位为三相电源、KM1 控制回路、交流接触器 KM1。

处理方法如下。

① 判断电源故障。在断电状况下通过测量能大致判断，用万用表的欧姆挡 R×100 或 R×1k 测量 QS1 在闭合时三对触点是否导通，导通则正常；再就是测量熔断器 FU1、FU4 前后两个触点是否导通，导通则正常，否则要拆出熔体判断是否损坏，损坏了就要更换。在通电状况下通过测量能准确判断，用万用表的交流电压 500V 挡测量 QS1 在闭合时，FU1 后三相两两之间是否为交流 380V，FU4 后的控制电源是否为交流 110V，是则正常，否则要测出故障并排除。

② 判断交流接触器 KM1 故障。在断电状况下，用万用表的欧姆挡 R×100 或 R×1k 测量交流接触器 KM1 线圈电阻，若为几百欧姆则正常，否则损坏了。

③ 判断控制回路故障。在断电状况下，用万用表的欧姆挡 R×100 或 R×1k 测量端子编号 1→2→3→4→0 各个点之间的电阻。若 1 与 2 之间导通则正常，不通则有故障，可能是没接在热继电器 FR1 的辅助常闭触点上，或是热继电器过载动作了，使辅助常闭触点断开了，或是线路端子接触不良；若 2 与 3 之间导通则正常，不通则有故障，可能是没接在停止按钮 SB1 的辅助常闭触点上，或是停止按钮 SB1 的辅助常闭触点断开了，或是线路端子接触不良；若 3 与 4 之间在按下启动按钮 SB2 时导通则正常，不通则有故障，可能是没接在启动按钮 SB2 的辅助常开触点上，或是启动按钮 SB2 的辅助常开出了问题，或是线路端子接触不良；若 3 与 4 之间在模拟动作交流接触器 KM1 导通时自锁则正常，不通则有故障，可能是没接在交流接触器 KM1 的辅助常开触点上，或是交流接触器 KM1 的辅助常开触点出了问题，或是线路端子接触不良；若 4 与 0 之间为几百欧姆则正常，否则有故障，可能是没接在交流接触器 KM1 的线圈端子上，或是线路端子接触不良。

现象 2　可能发生的故障部位为自锁点即 **KM1** 的辅助常开触点上。

处理方法如下。

判断自锁点故障。在断电状况下，用万用表的欧姆挡 R×100 或 R×1k 测量端子编号 3-4 之间的电阻，若 3 与 4 之间在模拟动作交流接触器 KM1 时不通则有故障，可能是没接在交流接触器 KM1 的辅助常开触点上，或是交流接触器 KM1 的辅助常开触点出了问题，或是线路端子接触不良。

现象 3　可能发生的故障部位为三相电源及相序、主回路、电动机 **M1** 损坏。

处理方法如下。

① 判断电源故障。与现象 1 所述相同，电源相序通过观察电动机 M1 旋转方向来判断，若为正转则正确。

② 判断主回路故障。用万用表的欧姆挡 R×100 或 R×1k 测量端子编号 U12-2U、V12-2V、W12-2W 之间的电阻，若在模拟动作交流接触器 KM1 时导通则正常，不通则有故障，可能是交流接触器 KM1 的主触点接触不良或是线路端子接触不良。

③ 判断电动机 M1 损坏故障。用 500V 的兆欧表（俗称摇表）摇测电动机定子绕组的相间绝缘电阻和对地电阻。一般来说，相间绝缘电阻应大于 100MΩ，对地电阻应大于 50MΩ。

(2) 摇臂不能放松分析及处理方法

摇臂不能放松的故障现象有四种可能〔接好电源线通电后，合上刀开关 QS1，按下启动按钮 SB3（或 SB4）〕。

现象 1：断电延时时间继电器 KT 不动作。

现象 2：断电延时时间继电器 KT 动作、交流接触器 KM4 不动作。

现象 3：断电延时时间继电器 KT 动作、电磁铁 YA 不动作。

现象 4：交流接触器 KM4 动作，电动机 M3 不动作或者是旋转方向错误。

根据以上故障现象，依据电气原理图分析可能发生的故障部位或回路，缩小故障范围。

现象 1　可能发生的故障部位为三相电源、**KT** 控制回路、时间继电器 **KT**。

处理方法如下。

① 判断电源故障。与主轴不能正常工作分析所述相同。

② 判断断电延时时间继电器 KT 故障。在断电状况下，用万用表的欧姆挡 R×100 或 R×1k 测量时间继电器 KT 线圈电阻，若为几百欧姆则正常，否则损坏了。

③ 判断控制回路故障。在断电状况下，用万用表的欧姆挡 R×100 或 R×1k 测量端子编号 1→5→6（13）→7→0 各个点之间的电阻。若 1 与 5 之间导通则正常，不通则有故障，可能是没接在热继电器 FR2 的辅助常闭触点上，或是热继电器过载动作了使辅助常闭触点断开了，或是线路端子接触不良；若 5 与 6（13）之间在按下启动按钮 SB3（SB4）时导通则正常，不通则有故障，可能是没接在启动按钮 SB3（SB4）的辅助常开触点上，或是启动按钮的辅助常开触点出了问题，或是线路端子接触不良；若 6（13）与 7 之间导通则正常，不通则有故障，可能是没接在上限位（下限位）保护组合行程开关 SQ1 的辅助常闭触点 SQ1-1（SQ1-2）上，或是 SQ1 的辅助常闭触点出了问题，或是线路端子接触不良；若 7 与 0 之间为几百欧姆则正常，否则有故障，可能是没接在时间继电器 KT 的线圈端子上，或是线路端子接触不良。

现象 2　可能发生的故障部位为 **KM4** 控制回路、交流接触器 **KM4**。

处理方法如下。

① 判断控制回路故障。在断电状况下，用万用表的欧姆挡 R×100 或 R×1k 测量端子编号 7→14→15→16→0 各个点之间的电阻。若 7 与 14 之间导通则正常，不通则有故障，可

能是没接在松开到位行程开关 SQ2 的辅助常闭触点上，或是 SQ2 没在原位，辅助常闭触点断开了，或是线路端子接触不良；若 14 与 15 之间在模拟动作时间继电器 KT 时不通则有故障，可能是没接在时间继电器 KT 的辅助常开触点上，或是时间继电器 KT 的辅助常开触点出了问题，或是线路端子接触不良；若 15 与 16 之间导通则正常，不通则有故障，可能是没接在交流接触器 KM5 的辅助常闭触点上，或是 KM5 的辅助常闭触点出了问题，或是线路端子接触不良；若 16 与 0 之间为几百欧姆则正常，否则有故障，可能是没接在交流接触器 KM4 的线圈端子上，或是线路端子接触不良。

② 判断交流接触器 KM4 故障。在断电状况下，用万用表的欧姆挡 R×100 或 R×1k 测量交流接触器 KM4 线圈电阻，若为几百欧姆则正常，否则是损坏了。

现象 3　可能发生的故障部位为 YA 控制回路、电磁铁 YA。

处理方法如下。

① 判断 YA 控制回路故障。在断电状况下，用万用表的欧姆挡 R×100 或 R×1k 测量端子编号 1→5→17→20→21→0 各个点之间的电阻。若 1 与 5 之间导通则正常，不通则有故障，可能是没接在热继电器 FR2 的辅助常闭触点上，或是热继电器过载动作了，辅助常闭触点断开了，或是线路端子接触不良；若 5 与 17 之间模拟动作时间继电器 KT 时导通则正常，不通则有故障，可能是没接在时间继电器 KT 的延时常开触点上，或是 KT 的延时常开触点出了问题，或是线路端子接触不良；若 17 与 20 之间导通则正常，不通则有故障，可能是没接在启动按钮 SB5 的辅助常闭触点上，或是 SB5 的辅助常闭断开了，或是线路端子接触不良；若 20 与 21 之间导通则正常，不通则有故障，可能是没接在启动按钮 SB6 的辅助常闭触点上，或是 SB6 的辅助常闭触点断开了，或是线路端子接触不良；若 21 与 0 之间为几百欧姆则正常，否则有故障，可能是没接在电磁铁 YA 的线圈端子上，或是线路端子接触不良。

② 判断电磁铁 YA 故障。在断电状况下，用万用表的欧姆挡 R×100 或 R×1k 测量电磁铁 YA 线圈电阻，若为几百欧姆则正常，否则是损坏了。

现象 4　可能发生的故障部位为三相电源及相序、主回路、电动机 M4 损坏。

处理方法如下。

① 判断电源故障。与主轴不能正常工作分析所述相同，电源相序通过观察电动机 M3 旋转方向来判断，若为正转则正确。

② 判断主回路故障。用万用表的欧姆挡 R×100 或 R×1k 测量端子编号 U14-4U、V14-4V、W14-4W 之间的电阻，若在模拟动作交流接触器 KM4 时导通则正常，不通则有故障，可能是交流接触器 KM4 的主触点接触不良，或是线路端子接触不良。

③ 判断电动机 M3 损坏故障。用 500V 的兆欧表（俗称摇表）摇测电动机定子绕组的相间绝缘电阻和对地电阻。一般来说，相间绝缘电阻应大于 100MΩ，对地电阻应大于 50MΩ。

第三步：故障处理

(1) 主轴不能正常工作故障处理

故障现象 1 处理

① 电源故障。熔体烧坏了，更换熔体；线路接触不良，紧固线路。

② 交流接触器 KM1 故障。更换交流接触器 KM1。

③ 控制回路故障。没接在热继电器 FR1 的辅助常闭上，更正过来接好；热继电器过载动作了使辅助常闭触点断开了，手动复位使其闭合；没接在启动按钮 SB2 的辅助常开触点上，更正过来接好；停止按钮 SB1 的辅助常闭触点断开了，修复其触点或更换之；没接在启动按钮 SB2 的辅助常开触点上，更正过来接好；启动按钮 SB2 的辅助常开触点出了问题，

修复其触点或更换之；没接在交流接触器 KM1 的辅助常开触点上，更正过来接好；交流接触器 KM1 的辅助常开触点出了问题，修复其触点或更换之；没接在交流接触器 KM1 的线圈端子上，更正过来接好；线路端子接触不良，紧固线路。

故障现象 2 处理

自锁点故障。将交流接触器 KM1 的辅助常开触点并联在启动按钮 SB2 两端。

故障现象 3 处理

① 电源故障。熔体烧坏了，更换熔体；线路接触不良，紧固线路；相序错误，任意调换两相电源。

② 主回路故障。更换交流接触器 KM1。

③ 电动机 M1 损坏。更换电动机。

(2) 摇臂不能放松故障处理

故障现象 1 处理

① 电源故障。熔体烧坏了，更换熔体；线路接触不良，紧固线路。

② 断电延时时间继电器 KT 故障。更换时间继电器 KT。

③ 控制回路故障。没接在热继电器 FR2 的辅助常闭触点上，更正过来接好；热继电器过载动作了使辅助常闭触点断开，手动复位使其闭合；没接在启动按钮 SB3（SB4）的辅助常开触点上，更正过来接好；没接在保护组合行程开关触点 SQ1 的辅助常闭触点 SQ1-1（SQ1-2）上，更正过来接好；保护组合行程开关 SQ1 的辅助常闭触点 SQ1-1（SQ1-2）出了问题，修复其触点或更换之；没接在时间继电器 KT 的线圈端子上，更正过来接好；线路端子接触不良，紧固线路。

故障现象 2 处理

① KM4 控制回路故障。没接在松开到位行程开关 SQ2 的辅助常闭触点上，更正过来接好；SQ2 没在原位，辅助常闭触点断开了，检修好使之没动作前保持原位；没接在时间继电器 KT 的辅助常开触点上，更正过来接好；时间继电器 KT 的辅助常开触点出了问题，修复其触点或更换之；没接在交流接触器 KM5 的辅助常闭触点上，更正过来接好；KM5 的辅助常闭触点出了问题，修复其触点或更换之；没接在交流接触器 KM4 的线圈端子上，更正过来接好；线路端子接触不良，紧固线路。

② 交流接触器 KM4 故障。更换交流接触器 KM4。

故障现象 3 处理

① YA 控制回路故障。没接在热继电器 FR2 的辅助常闭触点上，更正过来接好；热继电器过载动作了使辅助常闭触点断开了，手动复位使其闭合；没接在时间继电器 KT 的延时常开上，更正过来接好；KT 的延时常开触点出了问题，修复其触点或更换之；没接在启动按钮 SB5 的辅助常闭触点上，更正过来接好；SB5 的辅助常闭触点断开了，修复其触点或更换之；没接在启动按钮 SB6 的辅助常闭触点上，更正过来接好；SB6 的辅助常闭触点断开了，修复其触点或更换之；没接在电磁铁 YA 的线圈端子上，更正过来接好；线路端子接触不良，紧固线路。

② 电磁铁 YA 故障。更换电磁铁 YA。

故障现象 4 处理

① 电源故障。熔体烧坏了，更换熔体；线路接触不良，紧固线路；相序错误，任意调换两相电源。

② 主回路故障。交流接触器 KM4 的主触点接触不良，更换交流接触器 KM4；线路接触不良，紧固线路。

③ 电动机 M3 损坏。更换电动机。

9.6.5　实训总结

记录本实训过程中的收获、发现的问题、心得体会等内容。

9.6.6　拓展训练题

① 故障现象如下：摇臂不能放松；摇臂不能上升。该怎样分析与处理？

② 故障现象如下：摇臂不能放松；摇臂不能下降。该怎样分析与处理？

③ 故障现象如下：立柱、主轴箱不能放松；摇臂夹紧放松电磁铁不能工作。该怎样分析与处理？

省级技能抽查试题库
继电控制系统的分析与故障处理模块

继电器控制系统的分析与故障处理 1

现场处理 Z3050 摇臂钻床的继电器控制线路故障（考场提供 Z3050 工作原理图），故障现象如下：①主轴不能正常工作；②摇臂不能放松（一般要求学生操作观察出来）。

继电器控制系统的分析与故障处理 2

现场处理 Z3050 摇臂钻床的继电器控制线路故障（考场提供 Z3050 工作原理图），故障现象如下：① 摇臂不能放松；②摇臂不能上升（一般要求学生操作观察出来）。

继电器控制系统的分析与故障处理 3

现场处理 Z3050 摇臂钻床的继电器控制线路故障（考场提供 Z3050 工作原理图），故障现象如下：①摇臂不能放松；②摇臂不能下降（一般要求学生操作观察出来）。

继电器控制系统的分析与故障处理 4

现场处理 Z3050 摇臂钻床的继电器控制线路故障（考场提供 Z3050 工作原理图），故障现象如下：①立柱、主轴箱不能放松；②摇臂夹紧电磁铁不能工作（一般要求学生操作观察出来）。

要求

① 根据故障现象，在继电器控制线路图上分析可能产生的原因，确定故障发生的范围，并采用正确方法处理故障，排除故障写出故障点。

② 完成继电器控制线路故障处理报告（实表 17-1）。

③ 严格遵守电工安全操作规程，必须带电检查时一定要注意人身和设备仪表的安全（通电检查最好是在实训老师监督下进行）。

④ 考试时间 60min。考试结束时，提交故障分析报告，并按 6S 管理清理现场，归位仪表和工具。

继电器控制系统的分析与故障处理评分标准

评价内容		配　分	考　核　点
职业素养与操作规范（20 分）	工作准备	10	清点器件、仪表、电工工具、电动机，并摆放整齐，穿戴好劳动防护用品

续表

评价内容		配 分	考 核 点
职业素养与操作规范（20分）	6S规范	10	① 操作过程中及作业完成后，保持工具、仪表、元器件、设备等摆放整齐； ② 操作过程中无不文明行为，具有良好的职业操守，独立完成考核内容，合理解决突发事件； ③ 具有安全用电意识，操作符合规范要求； ④ 作业完成后，清理、清扫工作现场
继电器控制系统故障分析与处理（80分）	操作机床屏柜观察故障现象	10	操作机床屏柜观察故障现象并写出故障现象
	故障处理步骤及方法	10	采用正确合理的操作方法及步骤进行故障处理。熟练操作机床，掌握正确的工作原理，正确选择并使用工具、仪表，进行继电器控制系统故障分析与处理，操作规范，动作熟练
	写出故障原因及排除方法	20	写出故障原因及正确排除方法，故障现象分析正确，故障原因分析正确，处理方法正确
	排除故障点	40	故障点正确，采用正确方法排除故障，不超时，按定时处理问题
工时			60min

继电器控制系统的分析与故障处理评分细则

评价内容		配 分	考 核 点
职业素养与操作规范（20分）	工作准备	10	清点器件、仪表、电工工具、电动机，并摆放整齐，穿戴好劳动防护用品。工具准备少一项扣2分，工具摆放不整齐扣5分，没有穿戴劳动防护用品扣10分
	6S规范	10	① 操作过程中及作业完成后，工具、仪表、元器件、设备等摆放不整齐扣2分； ② 考试迟到，考核过程中做与考试无关的事，不服从考场安排酌情扣10分以内；考核过程中舞弊取消考试资格，成绩计0分； ③ 作业过程出现违反安全用电规范的每处扣2分； ④ 作业完成后未清理、清扫工作现场扣5分
继电器控制系统故障分析与处理（80分）	操作机床屏柜观察故障现象	10	操作机床屏柜观察故障现象并写出故障现象，两个故障现象，不正确5分/个。
	故障处理步骤及方法	10	采用正确合理的方法及步骤进行故障处理。方法步骤不合理扣2～5分；操作处理过程不正确规范扣1～5分；熟练操作机床，掌握正确的工作原理，操作不正确扣2分；不能正确识图扣1～5分；不能正确选择并使用工具、仪表扣5分；进行继电器控制系统故障分析与处理，操作不规范，动作不熟练扣2～5分；线路处理后的外观很乱按情况扣1～5分
	写出故障原因及排除方法	20	写出故障原因及正确排除方法，故障现象分析正确每个10分，故障现象分析不正确扣1～6分/个，处理方法不正确扣1～4分/个（根据分析内容环节准确率而定）
	排除故障点	40	采用正确方法排除故障18分/个，故障点正确2分/个
工时			60min

项目 10

卧轴矩台平面磨床电气控制线路分析

10.1 教学目标

① 熟悉 M7120 卧轴矩台平面磨床的结构和控制要求。
② 掌握 M7120 卧轴矩台平面磨床电气控制原理图的识图。
③ 掌握 M7120 卧轴矩台平面磨床电气控制线路的常见故障与处理方法。

10.2 相关知识

10.2.1 项目所需元件和设备清单

如表 10-1 所示。

表 10-1 项目所需元件和设备清单

序号	元件名称	电气符号	型号与规格	单位	数量
1	电源开关	QS1	HZ1-25/3，3 极，25A	个	1
2	螺旋熔断器	FU1	RL1-60A，20A	个	3
3	螺旋熔断器	FU2	RL1-15A，5A	个	2
4	螺旋熔断器	FU3、FU4、FU6、FU7	RL1-15A，2A	个	4
5	螺旋熔断器	FU5、FU8	小型管式，2A	个	2
6	交流接触器	KM1~KM6	CJ10-10A，10A，线圈电压 110V	个	6
7	液压电动机热继电器	FR1	JR10-10，整定电流 2.7A	个	1
8	砂轮电动机热继电器	FR2	JR10-10，整定电流 6.5A	个	1
9	冷却泵电动机热继电器	FR3	JR10-10，整定电流 0.5A	个	1
10	欠电流继电器	KA	JT3-11L，1.5A，代用 JZ3-3	个	1
11	整流变压器	T1	BK-300，220V/145V，300V·A	个	1
12	照明变压器	T2	BK-50，380V/36V；50V·A	个	1
13	照明灯开关	QS2	JD3Y	个	1
14	硅整流器	VC	2CZ1/250V，2A，200V	个	1
15	放电电阻	R	GF 型，500 Ω/50W	个	1
16	放电电容	C	5μF/600V	个	1
17	电磁吸盘	YH	110V/1.45A	个	1
18	启动按钮	SB3、SB5、SB6、SB7、SB8、SB10	LA2，绿	个	6
19	停止按钮	SB1、SB2、SB4、SB9	LA2，红	个	4
20	指示灯	EL、HL1~HL5-2	AD16-22D/S，24V，6V	个	8
21	液压电动机	M1	JO42-4，1.1kW、220V/380V，1410r/min	台	1
22	砂轮电动机	M2	W451-4，3kW，220V/380V，2360r/min	台	1
23	冷却泵电动机	M3	JCB-22，125W，220V/380V，2790 r/min	台	1
24	砂轮升降电动机	M4	JO2-22-4，0.75kW，220V/380V，1410r/min	台	1

10.2.2 电气原理图

如图 10-1 所示。

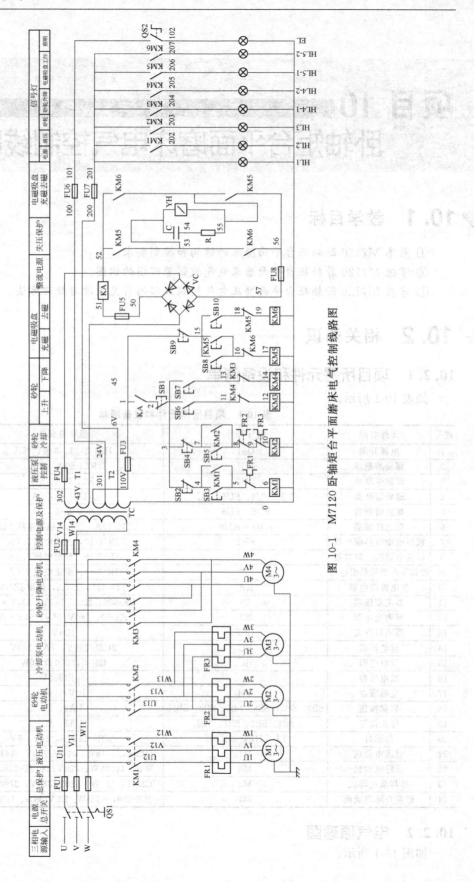

图 10-1 M7120 卧轴矩台平面磨床电气控制线路图

10.2.3　M7120 卧轴矩台平面磨床的结构及运行

M7120 卧轴矩台平面磨床主要是用砂轮磨削加工各种零件平面，它的磨削精度和表面粗糙度都比较好，操作方便，适合磨削精密零件和各种工具，并可作镜面磨削。它的结构主要由床身、工作台、电磁吸盘、砂轮架（及磨头）滑座和立柱等组成。

M7120 卧轴矩台平面磨床有主运动和进给运动。主运动是指砂轮电动机拖动砂轮旋转；进给运动是指砂轮升降电动机拖动滑座在立柱上的上下移动实现砂轮垂直进给、液压传动机构拖动工作台沿床身导轨的往复运动实现纵向进给、拖动砂轮箱在滑座上的水平移动实现横向自动进给。

10.2.4　电力拖动特点和控制要求

①　电动机形式及调速：M7120 平面磨床采用液压电动机 M1、砂轮电动机 M2、冷却泵电动机 M3、砂轮升降电动机 M4 四台电动机拖动。其中，砂轮电动机拖动砂轮旋转，砂轮的旋转不需要调速，采用三相笼型异步装入式电动机，将砂轮直接装在电动机轴上；砂轮升降电动机要求实现正反转带动砂轮在立柱上垂直运动；液压电动机驱动液压泵，供出压力油，经液压传动机构来完成工作台往复纵向运动并实现砂轮的横向自动进给，并承担工作台导轨的润滑。

②　冷却：冷却泵电动机拖动冷却泵，供给磨削加工时需要的冷却液。

③　电磁吸盘：为适应磨削小工件的需要，采用电磁吸盘来吸持工件，电磁吸盘有充磁和退磁控制环节；为保证安全，电磁吸盘与砂轮电动机、液压电动机有电气联锁关系。

④　保护：要有必要的短路、联锁和过载、欠电流保护。

⑤　照明：平面磨床设有局部安全照明。

图 10-2 所示为 M7120 卧轴矩台平面磨床外形图。

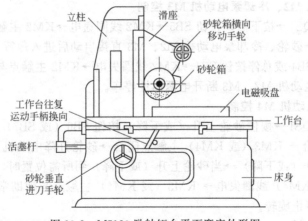

图 10-2　M7120 卧轴矩台平面磨床外形图

10.3　M7120 平面磨床电气控制线路分析

M7120 卧轴矩台平面磨床的电气控制线路如图 10-1 所示。该线路分为主电路、控制电路、电磁吸盘控制电路和照明电路四部分。主电路中有 4 台电动机，液压电动机 M1、砂轮电动机 M2、冷却泵电动机 M3、砂轮升降电动机 M4，它们使用一组熔断器 FU1 为短路保护；M1 由热继电器 FR1、M2 由热继电器 FR2、M3 由热继电器 FR3 作长期过载保护。砂轮升降电动机容量小，没设过载保护；液压电动机 M1 由接触器 KM1 控制；砂轮电动机

M2、冷却泵电动机 M3 由接触器 KM2 控制；砂轮升降电动机 M4 由接触器 KM3、KM4 控制。

10.3.1　主电路分析

动作 1：接触器 KM1 闭合，液压电动机 M1 直接启动运行。

动作 2：接触器 KM2 闭合，砂轮电动机 M2、冷却泵电动机 M3 直接启动运行。

动作 3：接触器 KM3 或 KM4 闭合，砂轮升降电动机 M4 反转或正转直接启动运行。

10.3.2　控制电路分析

控制电路采用 110V 电压供电，由按钮 SB2、SB3 与接触器 KM1 构成液压电动机 M1 启动、停止控制电路。由按钮 SB4、SB5 与接触器 KM2 构成砂轮电动机 M2、冷却泵电动机 M3 启动、停止控制电路。由按钮 SB6 与接触器 KM3 构成砂轮升降电动机 M4 反转上升点动控制电路。由按钮 SB7 与接触器 KM4 构成砂轮升降电动机 M4 正转下降点动控制电路。由按钮 SB8、SB9 与接触器 KM5 构成电磁吸盘 YH 启动、停止控制电路。由按钮 SB10 与接触器 KM6 构成电磁吸盘 YH 点动控制电路。在 4 台电动机控制电路中，串接着总停按钮 SB1 的常闭触点和欠电流继电器 KA 的常开触点，因此，4 台电动机启动的必要条件是 KA 的常开触点闭合，既欠电流继电器 KA 通电吸合，触点 KA（1-2）闭合。

(1) 液压电动机 M1 控制

合上刀开关 QS1→按下启动按钮 SB3→交流接触器 KM1 动作→KM1 主触点闭合、辅助常开触点闭合形成自锁→液压电动机 M1 直接启动后进入运行。

按下停止按钮 SB2 或总停按钮 SB1→KM1 线圈失电→KM1 主触点与辅助常开触点均断开→液压电动机 M1 断开电源惯性停车。

(2) 砂轮电动机 M2、冷却泵电动机 M3 控制

合上电源开关 QS1→按下启动按钮 SB5→KM2 线圈通电→KM2 主触点闭合、辅助常开触点闭合形成自锁→砂轮、冷却泵电动机 M2、M3 直接启动后进入运行。

按下停止按钮 SB4 或总停按钮 SB1→KM2 线圈失电→KM2 主触点与辅助常开触点均断开→砂轮、冷却泵电动机 M2、M3 断开电源惯性停车。

(3) 砂轮升降电动机 M4 控制

合上转换开关 QS1→按住砂轮上升（或下降）按钮 SB6（或 SB7）不放手→KM3（或 KM4）线圈通电吸合→KM3（或 KM4）主触点闭合→砂轮升降电动机 M4 反向（或正向）旋转，带动砂轮上升（或下降）→当砂轮上升（或下降）到所需位置时，松开按钮 SB6（或 SB7）→KM3（或 KM4）线圈失电→KM3（或 KM4）主触点与辅助常开触点均断开→砂轮升降电动机 M4 停止旋转。

(4) 电磁吸盘控制

① 电磁吸盘的构造和原理。电磁吸盘外型有长方形和圆形两种。矩形平面磨床采用长方形电磁吸盘。电磁吸盘结构和工作原理如图 10-3 所示。

它的外壳由钢制箱体和盖板组成。在箱体内部均匀排列多个凸起的芯体上绕有线圈，盖板则采用非磁性材料隔离成若干钢条。当线圈通入直流电后，凸起的芯体和隔离的钢条均被磁化形成磁极。当工件放在电磁吸盘上时，将被磁化而产生与磁盘

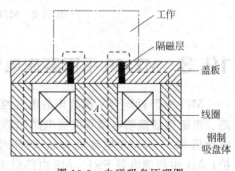

图 10-3　电磁吸盘原理图

相异的磁极并被吸住，即磁力线经由盖板、工件、盖板、吸盘体、芯体闭合，将工件牢牢吸住。

电磁吸盘电路由整流装置、控制装置及保护装置等部分组成。电磁吸盘整流装置由整流变压器 T1 与桥式全波整流器 VC 组成，输出 40V 直流电压对电磁吸盘供电。

电磁吸盘充磁控制：当按下启动按钮 SB8，接触器 KM5 得电吸合并自锁，其主触点（52-53）及（55-56）闭合，同时其辅助常闭触点（18-19）断开，使 KM6 不能闭合，电磁吸盘 YH 获得 40V 直流电压，同时欠电流继电器 KA 与 YH 串联，若吸盘电流足够大，则 KA 动作，触点 KA（1-2）闭合，反映电磁吸盘吸力足以将工件吸牢，这时方可分别操作按钮 SB3、SB5、SB6 与 SB7，启动 M1、M2、M3 与 M4 进行磨削加工。

电磁吸盘退磁控制：当磨削加工完成后，按下停止按钮 SB9，接触器 KM5 失电，其辅助常开触点（15-16）断开、常闭触点（18-19）闭合，同时其主触点断开，切断了电磁吸盘 YH 上的直流电源，由于吸盘与工件上均有剩磁，为了便于从吸盘上取下工件，所以需对工件进行去磁。

当按下点动按钮 SB10，接触器 KM6 得电吸合，其辅助常闭触点（16-17）断开，使 KM5 不能闭合，同时其主触点（52-55）及（53-56）闭合，电磁吸盘中通入反方向电流，使吸盘与工件退磁，为了防止退磁时因时间过长使电磁吸盘反向磁化，而再次吸住工件，因而退磁控制采用点动控制。

② 电磁吸盘保护环节。电磁吸盘具有欠电流保护、过电压保护及短路保护等。

● 电磁吸盘的欠电流保护。为了防止平面磨床在磨削过程中出现断电事故或吸盘电流减小，致使电磁吸盘失去吸力或吸力减小，造成工件飞出，引起工件损坏或人身事故，故在电磁吸盘线圈电路中串入欠电流继电器 KA，只有当直流电压符合设计要求，吸盘具有足够吸力时，KA 才吸合，触点 KA（1-2）闭合，为启动 M1、M2、M3 与 M4 进行磨削加工作准备，否则不能开动磨床进行加工。若已在磨削加工中，则 KA 因电流过小而释放，触点 KA（1-2）断开，KM1、KM2、KM3、KM4 线圈断电，M1、M2、M3、M4 立即停止旋转，避免事故发生。

● 电磁吸盘线圈的过电压保护。电磁吸盘匝数多，电感大，通电工作时储有大量磁场能量。当线圈断电时，在线圈两端将产生高电压，若无放电回路，将使线圈绝缘及其他电器设备损坏。为此，在吸盘线圈两端应设置放电装置，以吸收断开电源后放出的磁场能量。该机床在电磁吸盘两端并联了电阻 R 和电容 C 组成放电电路，利用电容 C 两端的电压不能突变的特点，使电磁吸盘线圈两端电压变化趋于缓慢，利用电阻 R 消耗电磁能量，如果参数选配得当，此时 RLC 电路可以组成一个衰减振荡电路，这对退磁将是十分有利的。

● 电磁吸盘的短路保护。在整流变压器 T1 二次侧或整流装置输出端装有熔断器 FU4 或 FU5 作短路保护。

（5）指示、照明电路

由变压器 T2 将 380V 降为 6V，HL1、HL2、HL3、HL4-1、HL4-2、HL5-1、HL5-2 为指示灯。由开关 QS1 控制 HL1，由 KM1 控制 HL2，由 KM2 控制 HL3，由 KM3 控制 HL4-1，由 KM4 控制 HL4-2，由 KM5 控制 HL5-1，由 KM6 控制 HL5-2。7 个指示灯的作用如下。

① HL1 亮，表示控制电路的电源正常；不亮，表示电源有故障。

② HL2 亮，表示电动机 M1 处于运转状态，工作台正在往复运动；不亮，表示 M1 停转。

③ HL3 亮，表示砂轮电动机 M2、冷却泵电动机 M3 运转；不亮，表示 M2、M3 停转。

④ HL4-1 亮，表示砂轮升降电动机 M4 处于上升状态；不亮，表示 M4 停转。

⑤ HL4-2 亮，表示砂轮升降电动机 M4 处于下降状态；不亮，表示 M4 停转。

⑥ HL5-1 亮，表示电磁吸盘 YH 处于充磁状态；不亮，表示电磁吸盘 YH 充磁未工作。

⑦ HL5-2 亮，表示电磁吸盘 YH 处于去磁状态；不亮，表示电磁吸盘 YH 去磁未工作。

由变压器 T2 将 380V 降为 24V，并由开关 QS2 控制照明灯 HL，在 T2 二次侧装有熔断器 FU6 作短路保护。

10.4　M7120 平面磨床电气控制线路常见故障与处理方法

见表 10-2。

表 10-2　M7120 平面磨床电气控制线路常见故障与处理方法

故障现象	故障分析	处理方法
电磁吸盘没有吸力	① 三相交流电源是否正常；熔断器 FU1、FU2、FU3、FU4、FU5、FU8 是否熔断或接触不良； ② 接触器 KM5 不动作； ③ 电流继电器 KA 线圈是否断开，吸盘线圈是否断路等	① 使用万用表测电压，测量 FU1、FU2、FU3、FU4、FU5、FU8 是否熔断并予以修复； ② 检查接触器 KM5 及控制电路是否良好并修复； ③ 测量电流继电器 KA 线圈、吸盘线圈是否损坏并予以修复
电磁吸盘吸力不足	① 整流电路输出电压不正常，负载时低于 40V； ② 电磁吸盘损坏	① 测量电压是否正常，找出故障点并予以修复； ② 测量线圈是否短路或断路，更换线圈，处理好线圈绝缘
电磁吸盘退磁效果差	① 退磁控制电路断路； ② 退磁电压过高	① 检查接触器 KM6 及控制电路是否良好并修复，检查退磁电阻 R 及电容 C 是否损坏并予以修复； ② 检查退磁电压并予以修复
三台电动机都不运转	① 电流继电器 KA 是否吸合，其触点 (1-2) 是否闭合或接触不良； ② 测量 FU3 是否熔断； ③ 热继电器 FR1、FR2、FR3 是否动作或接触不良	① 检查电流继电器 KA 触点 (1-2) 是否良好并予以修复或更换； ② 测量 FU3 是否熔断并予以修复； ③ 检查热继电器 FR1、FR2、FR3 是否动作或接触不良并复位或修复

10.5　实训环节

实训十八　M7120 平面磨床电气控制系统的故障分析与处理

10.5.1　实训目的

① 会正确操作 M7120 平面磨床的电气控制系统。

② 掌握 M7120 平面磨床的电气控制系统故障分析的方法。

③ 掌握 M7120 平面磨床的电气控制系统故障检测的方法。

④ 掌握 M7120 平面磨床的电气控制系统故障处理的方法。

10.5.2 任务

现场处理屏柜式 M7120 平面磨床的继电器控制线路故障，故障现象如下。

① 电磁吸盘不能充磁。

② 砂轮电动机不能工作（一般要求学生操作观察出来）。

10.5.3 要求

① 根据故障现象，在继电器控制线路图上分析可能产生原因，确定故障发生的范围，并采用正确方法处理故障，排除故障写出故障点。实训时间 50 分钟。

② 完成继电器控制线路故障处理报告（实表 18-1）。

实表 18-1 M7120 平面磨床的继电器控制线路故障处理报告

机床名称	
故障现象 1	
分析故障现象及处理方法	
故障处理	
故障现象 2	
分析故障现象及处理方法	
故障处理	

③ 严格遵守电工安全操作规程，必须带电检查时一定要注意人身和设备仪表的安全（通电检查最好是在实训老师监督下进行）。

④ 实训结束时，提交故障分析报告，并按 6S 管理清理现场，归位仪表和工具。

10.5.4 实训内容和步骤

第一步：正确操作观察故障现象并做好记录

（1）电磁吸盘正常工作的操作及观察到的现象

充磁过程：合上刀开关 QS1→按下充磁启动按钮 SB8→观察到接触器 KM5 得电吸合→若吸盘电流足够大，则观察到欠电流继电器 KA 动作，用手去搬一下工件就能感觉到电磁吸盘吸力已将工件吸牢。

去磁过程：按下充磁停止按钮 SB9→观察到接触器 KM5 失电复位→观察到 KA 复位→按下去磁点动按钮 SB10→观察到接触器 KM6 得电吸合→当过一定时间感觉去磁完毕后，松开按钮 SB10（强调一下，在此之前 SB10 要一直按住不动）→观察到接触器 KM6 失电复位，用手去搬一下工件，能很容易搬动。

注意：与以上观察到的正确现象不同的就是故障现象，做好记录方便分析故障原因。

（2）砂轮、冷却泵电机正常工作的操作及观察到的现象

因为平面磨床是靠直流电磁吸盘的吸力将工件吸牢在工作台上，在加工过程中若电磁吸盘失去吸力或吸力减小，将造成工件飞出，引起工件损坏或人身事故，所以必须设置欠电流保护，即在电磁吸盘线圈电路中串入欠电流继电器 KA，只有当直流电压符合设计要求，吸盘具有足够吸力时，KA 才吸合动作，其触点 KA（1-2）闭合，才允许启动砂轮和液压系统，以保证安全。

合上刀开关 QS1→按下砂轮、冷却泵电动机启动按钮 SB5→观察到交流接触器 KM2 动作→松开启动按钮 SB5，交流接触器 KM2 的动作状态仍能保持→交流接触器 KM2 动作后，观察到电动机 M2、M3 启动运行，按下停止按钮 SB4 或总停按钮 SB1→观察到交流接触器 KM2 恢复原状→松开停止按钮 SB4 或总停按钮 SB1，交流接触器 KM2 的复位状态仍能保持→交流接触器 KM2 复位后，观察到电动机 M2、M3 惯性停车，站在电动机轴这边看，电动机的旋转方向应为顺时针方向。

注意：与以上观察到的正确现象不同的就是故障现象，做好记录方便分析故障原因。

（3）砂轮垂直运动正常工作的操作及观察到的现象

前提条件是欠电流继电器 KA 动作，其触点 KA（1-2）闭合，电磁吸盘吸力已将工件吸牢。

上升过程：合上刀开关 QS1→按下上升启动按钮 SB6→观察到交流接触器 KM3 动作→观察到砂轮升降电动机 M4 反转实现砂轮上升→上升到所需高度时，松开启动按钮 SB6（强调一下，在此之前 SB6 要一直按住不动）→观察到 KM3 复位→观察到砂轮升降电动机 M4 惯性停车（此时，观察 M4 电动机的旋转方向应为逆时针方向即反转），砂轮停止上升。

下降过程与上升过程类似，就是 SB6 换成了 SB7、KM3 换成了 KM4、"上升"换成了"下降"、砂轮升降电动机 M4 反转换成了正转。

注意：与以上观察到的正确现象不同的就是故障现象，做好记录方便分析故障原因。

（4）工作台往复运动或砂轮的横向自动进给正常工作的操作及观察到的现象

前提条件是欠电流继电器 KA 动作，其触点 KA（1-2）闭合，电磁吸盘吸力已将工件吸牢。

合上刀开关 QS1→操作工作台为往复纵向运动（或砂轮的横向自动进给）手柄的位置→按下液压电动机启动按钮 SB3→观察到交流接触器 KM1 动作→观察到液压电动机 M1 直接启动运行，经液压传动机构来完成工作台往复纵向运动或实现砂轮的横向自动进给，按下停止按钮 SB2 或总停按钮 SB1→观察到 KM1 复位→观察到液压电动机 M1 惯性停车，工作台往复纵向运动或砂轮的横向自动进给停止。

注意：与以上观察到的正确现象不同的就是故障现象，做好记录方便分析故障原因。

第二步：分析故障现象及处理方法

（1）电磁吸盘不能充磁分析及处理方法

电磁吸盘不能充磁的故障现象有两种可能（接好电源线通电后，合上刀开关 QS1，按下充磁启动按钮 SB8）。

现象 1：交流接触器 KM5 不动作。

现象 2：交流接触器 KM5 动作，但欠电流继电器 KA 不动作。

根据以上故障现象依据电气原理图分析可能发生的故障部位或回路，缩小故障范围。

现象 1　可能发生的故障部位为三相电源、KM5 控制回路、交流接触器 KM5。

处理方法如下。

① 判断电源故障。在断电状况下通过测量能大致判断。用万用表的欧姆挡 R×100 或 R×1k 测量 QS1 在闭合时三对触点是否导通，导通则正常；再就是测量熔断器 FU1、FU2、FU3、FU4 前后两个触点是否导通，导通则正常，否则要拆出熔体判断是否损坏，损坏了就要更换。在通电状况下通过测量能准确判断，用万用表的交流电压 500V 挡测量 QS1 在闭合时，FU1 后三相两两之间是否为交流 380V，FU2 后两相之间是否为交流 380V，FU3 后的控制电源是否为交流 110V，FU4 后的控制电源是否为交流 43V，是则正常，否则要更换变压器。

② 判断交流接触器 KM5 故障。在断电状况下，用万用表的欧姆挡 R×100 或 R×1k 测量交流接触器 KM5 线圈电阻，若为几百欧姆则正常，否则损坏了。

③ 判断控制回路故障。在断电状况下，用万用表的欧姆挡 R×100 或 R×1k 测量端子编号 1→15→16→17→0 各个点之间的电阻。若 1 与 15 之间导通则正常，不通则有故障，可能是没接在停止按钮 SB9 的辅助常闭触点上，或是停止按钮 SB9 辅助常闭触点断开了，或是线路端子接触不良；若 15 与 16 之间在按下启动按钮 SB8 时导通则正常，不通则有故障，可能是没接在启动按钮 SB8 的辅助常开触点上，或是启动按钮 SB8 的辅助常开触点出了问题，或是线路端子接触不良；若 15 与 16 之间在模拟动作交流接触器 KM5 时导通则自锁正常，不通则有故障，可能是没接在交流接触器 KM5 的辅助常开触点上，或是交流接触器 KM5 的辅助常开触点出了问题，或是线路端子接触不良；若 16 与 17 之间导通则正常，不通则有故障，可能是没接在交流接触器 KM6 的辅助常闭触点上，或是交流接触器 KM6 辅助常闭触点断开了，或是线路端子接触不良；若 17 与 0 之间为几百欧姆则正常，否则有故障，可能是没接在交流接触器 KM6 线圈端子上，或是线路端子接触不良。

现象 2　可能发生的故障部位为直流电源、YH 控制回路、欠电流继电器 KA。

处理方法如下。

① 判断直流电源故障。在断电状况下，用万用表的欧姆挡 R×100 或 R×1k 测量熔断器 FU5、FU8 前后两个触点是否导通，导通则正常，否则要拆出熔体判断是否损坏，损坏了就要更换。在通电状况下通过测量能准确判断，用万用表的直流电压 50V 挡测量 QS1 在闭合时，VC 的直流输出端子（50-57）是否为直流 40V，是则正常，否则要更换桥堆 VC。

② 判断欠电流继电器 KA 故障。在断电状况下，用万用表的欧姆挡 R×100 或 R×1k 测量 KA 线圈电阻，若为几百欧姆则正常，否则损坏了。

③ 判断 YH 控制回路故障。在断电状况下，用万用表的欧姆挡 R×100 或 R×1k 测量端子编号 51→52→53→55→56 各个点之间的电阻。若 51 与 52 之间为几百欧姆则正常，否则有故障，可能是没接在欠电流继电器 KA 线圈端子上，或是线路端子接触不良；若 52 与 53 之间在模拟动作交流接触器 KM5 时导通则正常，不通则有故障，可能是没接在交流接触器 KM5 的主触点上，或是交流接触器 KM5 的主触点出了问题，或是线路端子接触不良；若 53 与 55 之间为几十欧姆则正常，否则有故障，可能是没接在电磁吸盘 YH 的线圈端子上，或是线路端子接触不良；若 55 与 56 之间在模拟动作交流接触器 KM5 时导通则正常，不通则有故障，可能是没接在交流接触器 KM5 的另一个主触点上，或是交流接触器 KM5 的主触点出了问题，或是线路端子接触不良。

(2) 砂轮电动机不能工作分析及处理方法

砂轮电动机不能工作的故障现象有两种可能（接好电源线通电后，合上刀开关 QS1，按下启动按钮 SB5)。

现象 1：交流接触器 KM2 不动作。

现象 2：交流接触器 KM2 动作，砂轮电动机 M2 不动作或者是旋转方向错误。

根据以上故障现象依据电气原理图分析可能发生的故障部位或回路，缩小故障范围。

现象 1 **可能发生的故障部位为三相电源、KH 与 KM2 的控制回路、交流接触器 KM2。**

处理方法如下。

① 判断电源故障。与电磁吸盘不能充磁分析所述相同。

② 判断交流接触器 KM2 故障。在断电状况下，用万用表的欧姆挡 R×100 或 R×1k 测量交流接触器 KM2 线圈电阻，若为几百欧姆则正常，否则损坏了。

③ 判断 YH 控制回路故障。与电磁吸盘不能充磁分析所述相同，重点是判断 KA（1-2）是否导通。

④ 判断 KM2 控制回路故障。在断电状况下，用万用表的欧姆挡 R×100 或 R×1k 测量端子编号 2→3→7→8→9→10→0 各个点之间的电阻。若 2 与 3 之间导通则正常，不通则有故障，可能是没接在停止按钮 SB1 的辅助常闭触点上，或是停止按钮 SB1 辅助常闭触点断开了，或是线路端子接触不良；若 3 与 7 之间导通则正常，不通则有故障，可能是没接在停止按钮 SB4 的辅助常闭触点上，或是停止按钮 SB4 辅助常闭触点断开了，或是线路端子接触不良；若 7 与 8 之间在按下启动按钮 SB5 时导通则正常，不通则有故障，可能是没接在启动按钮 SB5 的辅助常开上或是启动按钮的辅助常开触点出了问题或是线路端子接触不良；若 7 与 8 之间在模拟动作交流接触器 KM2 时导通则正常，不通则有故障，可能是没接在交流接触器 KM2 的辅助常开触点上，或是交流接触器 KM2 的辅助常开触点出了问题，或是线路端子接触不良；若 8 与 9 之间导通则正常，不通则有故障，可能是没接在热继电器 FR2 的辅助常闭触点上，或是热继电器过载动作了辅助常闭触点断开了，或是线路端子接触不良；若 9 与 10 之间导通则正常，不通则有故障，可能是没接在热继电器 FR3 的辅助常闭触点上，或是热继电器过载动作了使辅助常闭触点断开了，或是线路端子接触不良；若 10 与 0 之间为几百欧姆则正常，否则有故障，可能是没接在交流接触器 KM2 的线圈端子上，或是线路端子接触不良。

现象 2 **可能发生的故障部位为三相电源及相序、主回路、电动机 M2 损坏。**

处理方法如下。

① 判断电源故障。与现象 1 所述相同，重点判断缺相。电源相序通过观察电动机 M2 旋转方向来判断，若为正转则正确。

② 判断主回路故障。用万用表的欧姆挡 R×100 或 R×1k 测量端子编号 U11-U13-2U、V11-V13-2V、W11-W13-2W 之间的电阻，若在模拟动作交流接触器 KM2 时导通则正常，不通则有故障，可能是交流接触器 KM2 的主触点接触不良，或是线路端子接触不良。

③ 判断电动机 M2 损坏故障。用 500V 的兆欧表（俗称摇表）摇测电动机定子绕组的相间绝缘电阻和对地电阻。一般来说，相间绝缘电阻应大于 100MΩ，对地电阻应大于 50MΩ。

第三步：故障处理

(1) 电磁吸盘不能充磁故障处理

故障现象 1 处理

① 电源故障。熔体烧坏了，更换熔体；控制交流电压不对，更换变压器；线路接触不良，紧固线路。

② 交流接触器 KM5 故障。更换交流接触器 KM5。

③ 控制回路故障。没接在启动按钮 SB8 的辅助常开触点上，更正过来接好；没接在停止按钮 SB9 的辅助常闭触点上，更正过来接好；停止按钮 SB9 的辅助常闭触点断开了，修复其触点或更换之；没接在交流接触器 KM5 的辅助常开触点上，更正过来接好；交流接触器 KM5 的辅助常开触点出了问题，修复其触点或更换之；没接在交流接触器 KM6 的辅助常闭触点上，更正过来接好；交流接触器 KM6 的辅助常闭触点出了问题，修复其触点或更换之；没接在交流接触器 KM5 的线圈端子上，更正过来接好；线路端子接触不良，紧固线路。

故障现象 2 处理

① 电源故障。熔体烧坏了，更换熔体；桥堆坏了，更换桥堆 VC；线路接触不良，紧固线路。

② 欠电流继电器 KA 故障。更换欠电流继电器 KA。

③ YH 控制回路故障。没接在欠电流继电器 KA 线圈端子上，更正过来接好；没接在交流接触器 KM5 的主触点上，更正过来接好；交流接触器 KM5 的主触点出了问题，修复其触点或更换之；没接在电磁吸盘 YH 的线圈端子上，更正过来接好；没接在交流接触器 KM5 的另一个主触点上，更正过来接好；交流接触器 KM5 的另一个主触点出了问题，修复其触点或更换之；线路端子接触不良，紧固线路。

（2）砂轮电动机不能工作故障处理

故障现象 1 处理

① 电源故障。熔体烧坏了，更换熔体；控制交流电压不对，更换变压器；线路接触不良，紧固线路。

② 交流接触器 KM2 故障。更换交流接触器 KM2 。

③ YH 控制回路故障。与电磁吸盘不能充磁故障现象 2 处理相同。

④ KM2 控制回路故障。没接在停止按钮 SB1 的辅助常闭触点上，更正过来接好；停止按钮 SB1 辅助常闭触点断开了，修复其触点或更换之；没接在停止按钮 SB4 的辅助常闭触点上，更正过来接好；停止按钮 SB4 辅助常闭触点断开了，修复其触点或更换之；没接在启动按钮 SB5 的辅助常开触点上，更正过来接好；启动按钮 SB5 的辅助常开触点出了问题，修复其触点或更换之；没接在交流接触器 KM2 的辅助常开触点上，更正过来接好；交流接触器 KM2 的辅助常开触点出了问题，修复其触点或更换之；没接在热继电器 FR2 的辅助常闭触点上，更正过来接好；热继电器 FR2 过载动作使辅助常闭触点断开，手动复位使其闭合；没接在热继电器 FR3 的辅助常闭触点上，更正过来接好；热继电器 FR3 过载动作使辅助常闭触点断开，手动复位使其闭合；没接在交流接触器 KM2 的线圈端子上，更正过来接好；线路端子接触不良，紧固线路。

故障现象 2 处理

① 电源故障。熔体烧坏了，更换熔体；线路接触不良，紧固线路；相序错误，任意调换两相电源。

② 主回路故障。交流接触器 KM2 的主触点接触不良，更换交流接触器 KM2；线路接触不良，紧固线路。

③ 电动机 M2 损坏。更换电动机。

10.5.5　实训总结

记录本实训过程中的收获、发现的问题、心得体会等内容。

10.5.6 拓展训练题

① 故障现象如下：电磁吸盘不能去磁；液压电动机不能工作。怎样分析处理？

② 故障现象如下：电磁吸盘不能充磁去磁；砂轮电动机不能工作。怎样分析处理？

③ 故障现象如下：电磁吸盘不能去磁；砂轮电动机、液压电动机、砂轮升降电动机都不能工作。怎样分析与处理？

省级技能抽查试题库
继电控制系统的分析与故障处理模块

继电器控制系统的分析与故障处理 5

现场处理 M7120 平面磨床的继电器控制线路故障（考场提供 M7120 平面磨床的工作原理图），故障现象如下：①电磁吸盘不能充磁；②砂轮电动机不能工作（一般要求学生操作观察出来）。

继电器控制系统的分析与故障处理 6

现场处理 M7120 平面磨床的继电器控制线路故障（考场提供 M7120 平面磨床的工作原理图），故障现象如下：①电磁吸盘不能去磁；②液压电动机不能工作（一般要求学生操作观察出来）。

继电器控制系统的分析与故障处理 7

现场处理 M7120 平面磨床的继电器控制线路故障（考场提供 M7120 平面磨床的工作原理图），故障现象如下：①电磁吸盘不能充磁去磁；②砂轮电动机不能工作（一般要求学生操作观察出来）。

继电器控制系统的分析与故障处理 8

现场处理 M7120 平面磨床的继电器控制线路故障（考场提供 M7120 平面磨床的工作原理图），故障现象如下：①电磁吸盘不能去磁；②砂轮电动机、液压电动机、砂轮升降电动机都不能工作（一般要求学生操作观察出来）。

要求

① 根据故障现象，在继电器控制线路图上分析可能产生原因，确定故障发生的范围，并采用正确方法处理故障，排除故障写出故障点。

② 完成继电器控制线路故障处理报告（实表 18-1）。

③ 严格遵守电工安全操作规程，必须带电检查时一定要注意人身和设备仪表的安全（通电检查最好是在实训老师监督下进行）。

④ 考试时间 60 分钟。考试结束时，提交故障分析报告，并按 6S 管理清理现场，归位仪表和工具。

继电器控制系统的分析与故障处理评分标准

评价内容		配分	考核点
职业素养与操作规范（20分）	工作准备	10	清点器件、仪表、电工工具、电动机，并摆放整齐，穿戴好劳动防护用品
	6S规范	10	① 操作过程中及作业完成后，保持工具、仪表、元器件、设备等摆放整齐； ② 操作过程中无不文明行为，具有良好的职业操守，独立完成考核内容，合理解决突发事件； ③ 具有安全用电意识，操作符合规范要求； ④ 作业完成后清理、清扫工作现场
继电器控制系统故障分析与处理（80分）	操作机床屏柜观察故障现象	10	操作机床屏柜观察故障现象并写出故障现象
	故障处理步骤及方法	10	采用正确合理的操作方法及步骤进行故障处理。熟练操作机床，掌握正确的工作原理，正确选择并使用工具、仪表，进行继电器控制系统故障分析与处理，操作规范，动作熟练
	写出故障原因及排除方法	20	写出故障原因及正确排除方法，故障现象分析正确，故障原因分析正确，处理方法正确
	排除故障点	40	故障点正确，采用正确方法排除故障，不超时，按定时处理问题
工时			60min

继电器控制系统的分析与故障处理评分细则

评价内容		配分	考核点
职业素养与操作规范（20分）	工作准备	10	清点器件、仪表、电工工具、电动机，并摆放整齐，穿戴好劳动防护用品。工具准备少一项扣2分，工具摆放不整齐扣5分，没有穿戴劳动防护用品扣10分
	6S规范	10	① 操作过程中及作业完成后，工具、仪表、元器件、设备等摆放不整齐扣2分； ② 考试迟到，考核过程中做与考试无关的事，不服从考场安排酌情扣10分以内；考核过程中舞弊取消考试资格，成绩计0分； ③ 作业过程出现违反安全用电规范的每处扣2分； ④ 作业完成后未清理，清扫工作现场扣5分
继电器控制系统故障分析与处理（80分）	操作机床屏柜观察故障现象	10	操作机床屏柜观察故障现象并写出故障现象，两个故障现象，不正确扣5分/个。
	故障处理步骤及方法	10	采用正确合理的方法及步骤进行故障处理。方法步骤不合理扣2~5分；操作处理过程不正确规范扣1~5分；熟练操作机床，掌握正确的工作原理，操作不正确扣2分；不能正确识图扣1~5分；不能正确选择并使用工具、仪表扣5分；进行继电器控制系统故障分析与处理，操作不规范，动作不熟练扣2~5分；线路处理后的外观很乱按情况扣1~5分
	写出故障原因及排除方法	20	写出故障原因及正确排除方法，故障现象分析正确每个10分，故障现象分析不正确扣1~6分/个，处理方法不正确扣1~4分/个（根据分析内容环节准确率而定）
	排除故障点	40	采用正确方法排除故障18分/个，故障点正确2分/个
工时			60min

项目 11

T68 卧式镗床电气控制电路分析

 11.1　教学目标 ==============

① 熟悉 T68 卧式镗床的结构和控制要求。

② 掌握 T68 卧式镗床电气控制原理图的识图。

③ 掌握 T68 卧式镗床电气控制线路的常见故障与处理方法。

11.2　相关知识 =============

11.2.1　项目所需元件和设备清单

如表 11-1 所示。

表 11-1　项目所需元件和设备清单

序号	元件名称	电气符号	型号与规格	单位	数量
1	刀开关	QS1	DZ47-63	个	1
2	熔断器	FU1	RT18-32	个	3
3	熔断器	FU2	RT18-32	个	3
4	熔断器	FU3	RT18-32	个	1
5	熔断器	FU4	RT18-32	个	1
6	交流接触器	KM1～KM7	LC1-D1210	个	7
7	珐琅电阻	R	1kW	个	2
8	热继电器	FR	JR36-20，5A	个	1
9	变压器	TC	380V、110V、24V	个	1
10	照明开关	SA	LA38-11	个	1
11	行程开关	SQ1～SQ9	JW2-11H/L	个	9
12	停止按钮	SB1	LA38-11	个	1
13	启动按钮	SB2、SB3	LA38-11	个	2
14	点动按钮	SB4、SB5	LA38-11	个	2
15	指示灯	EL、HL1、HL2	AD16-22D/S	个	3
16	时间继电器	KT	ST3P、110V、5s	个	1
17	中间继电器	KA1、KA2	JZ7、110V	个	2
18	双速电动机	M1	带速度继电器	台	1
19	三相异步电动机	M2	380V、180W	台	1
20	速度继电器	KS1、KS2	JY1	个	2

11.2.2 电气原理图

如图 11-1 所示。

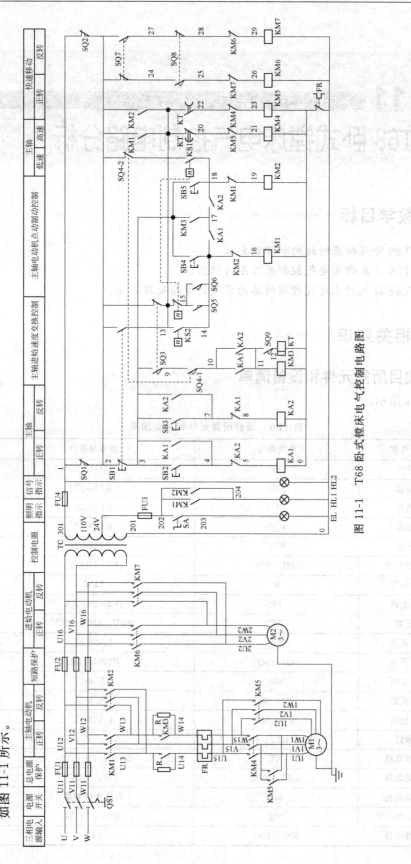

图 11-1 T68 卧式镗床电气控制电路图

11.3　T68 卧式镗床的结构及运行

(1) 结构

如图 11-2 所示为 T68 卧式镗床外形图。卧式镗床主要由床身、前立柱、镗头架、后立柱、尾座、下溜板和工作台等部分组成。床身是一个整体的铸件，在它的一端固定有前立柱，在前立柱的垂直导轨上装有镗头架，并由悬挂在前立柱空心部分内的对重来平衡，镗头架可沿导轨垂直移动。镗头架上装有主轴部分、主轴变速箱、进给箱与操纵机构等部件。切削刀具固定在镗轴前端的锥形孔里，或装在平旋盘上的刀具溜板上。在镗削加工中，镗轴一面旋转，一面沿轴向作进给运动。平旋盘只能旋转，装在其上的刀具溜板作径向进给运动。在床身的另一端装有后立柱，后立柱

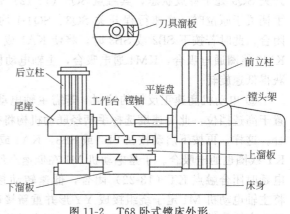

图 11-2　T68 卧式镗床外形

可沿床身导轨在镗轴轴线方向调整位置。在后立柱导轨上安放有尾座，尾座与镗头架同时升降，保证两者的轴心在同一水平线上。

(2) 卧式镗床的运动形式

主运动：镗轴与平旋盘的旋转运动。进给运动：镗轴的轴向进给，平旋盘刀具溜板的径向进给，镗头架的垂直进给，工作台的纵向进给与横向进给。辅助运动：工作台的回转，后立柱的轴向移动及尾座的垂直运动。

11.3.1　T68 卧式镗床电力拖动特点

① 卧式镗床的主运动与进给运动由一台电动机拖动。主轴拖动要求恒功率调速，且要求正、反转，一般采用双速笼型三相感应电动机拖动。

② 为满足加工过程调整工作的需要，主轴电动机应能实现正、反转点动的控制。

③ 要求主轴停车制动迅速、准确，为此设有主轴电动机电气制动环节。

④ 主轴及进给速度可在开车前预选，也可在工作过程中进行变速，为便于变速时齿轮的顺利啮合，应设有变速低速冲动环节。

⑤ 为缩短辅助时间，机床各运动部件应能实现快速移动，并由单独快速移动电动机拖动。

⑥ 镗床运动部件较多，应设置必要的联锁及保护环节，且采用机械手柄与电气开关联动的控制方式。

11.3.2　T68 卧式镗床电气控制电路分析

图 11-1 所示为 T68 卧式镗床电气控制电路图。

图中 M1 主轴电动机为双速电动机，拖动机床的主运动和进给运动。M2 为快速移动电动机，实现主轴箱与工作台的快速移动。主轴电动机整个控制电路由电动机正反转启动旋转与正反转点动控制环节、主轴电动机正反转停车反接制动控制环节、主轴变速与进给变速时的低速运转环节、工作台快速移动控制及机床的联锁与保护环节等组成。

(1) 主轴电动机的正、反转控制

① 电动正反转点动控制　由接触器 KM1、KM2 与点动按钮 SB4、SB5 组成主轴电动机

M1 正反转点动控制电路，此时电动机定子串入降压电阻 R，三相定子绕组接成△连接进行低速点动。

② 电动机低速正反转的控制　由正反转启动按钮 SB2、SB3 与正反转中间继电器 KA1 或 KA2 及反正转接触器 KM1 或 KM2 构成电动机正反转启动电路。当选择主轴电动机低速运转时，应将主轴速度选择手柄置于低速挡位，此时经速度选择手柄联动机构使高低速行程开关 SQ9 处于释放状态，其触点 SQ9（11-12）处于断开状态。当主轴变速手柄与进给变速手柄置于原位时，变速行程开关 SQ3、SQ4-1 均被压下，其触点 SQ3（3-9）、SQ4（9-10）闭合。此时若按下 SB2 或 SB3 时，将使 KA1 或 KA2 线圈通电吸合，然后 KM3 与 KM1 或 KM2 线圈通电吸合，KM4 通电吸合，主轴电动机定子绕组连接成△形，在全压下直接启动获得低速旋转。

③ 电动机高速正反转的控制　若需主轴电动机高速启动旋转时，将主轴速度选择手柄置于高速挡位，此时速度选择手柄经联动机构将行程开关 SQ9 压下，触点 SQ9（11-12）闭合。这样，再按下启动按钮 SB2 或 SB3，KA1 或 KA2、KM3 线圈通电的同时，时间继电器 KT 线圈也通电吸合。于是电动机 M1 在低速△形连接启动并经 3s 左右的延时后，因 KT 通电延时闭合触点 KT（13-22）闭合，低速转动接触器 KM4 通电吸合，KM5 主触点闭合，将主轴电动机 M1 定子绕组接成 YY 形并重新接通三相电源，从而使主轴电动机由低速旋转转为高速旋转，实现电动机低速挡启动再自动换接成高速挡旋转的自动控制。

（2）主轴电动机停车与制动的控制

主轴电动机 M1 在运行中可按下停止按钮 SB1 实现主轴电动机的停车与制动。由 SB1，速度继电器 KS，接触器 KM1、KM2 和 KM3 构成主轴电动机正反转反接制动控制电路。以主轴电动机正向旋转时的停车制动为例，此时速度继电器 KS 的正向动合触点 KS1（13-18）闭合。停车时，按下复合停止按钮 SB1，其触点 SB1（2-3）断开。若原来处于低速度正转状态，这时 KM1、KM3、KM4 和 KA1 断电释放；若原来为高速正转，则 KM1、KM3、KM5、KA1 及 KT 断电释放，限流电阻 R 串入主电动机定子电路。虽然此时电动机已与电源断开，但由于惯性作用，M1 仍以较高速度正向旋转。而停止按钮另一对触点 SB1（2-13）闭合，KM2 线圈经触点 KS1（13-18）通电吸合，其触点 KM2（2-13）闭合对停止按钮起自锁作用。同时，接触器 KM4 线圈通电吸合。KM2、KM4 的主触点闭合，经限流电阻 R 接通主电动机三相电源，主轴电动机进行反接制动，电动机转速迅速下降。当主轴电动机转速下降到速度继电器 KS 复位转速时，触点 KS1（13-18）断开，KM2、KM4 线圈先后断电释放，其主触点切断主轴电动机三相电源，反接制动结束，电动机自由停车。反转制动时，KS2（13-18）换成 KS2（13-14），KM1 换成 KM2，KM2 换成 KM1，KA1 换成 KA2。

由上分析可知，在进行停车操作时，务必将停止按钮 SB1 按到底，使 SB1（2-13）闭合，否则将无反接制动，电动机只是自由停车。

（3）主轴电动机在主轴变速与进给变速时的连续低速冲动控制

T68 卧式镗床的主轴变速与进给变速即可在主轴电动机停车时进行，也可在电动机运行中进行。变速时为便于齿轮的啮合，主轴电动机在连续低速状态下运行。

① 操作过程　主轴变速时，首先将变速操纵盘上的操纵手柄拉出，然后转动变速盘，选好速度后，再将变速手柄推回。在拉出或推回变速手柄的同时，与其联动的行程开关 SQ3、SQ5 相应动作。在变速齿轮能正常啮合时，不需要主轴电动机的连续低速冲动，手柄拉出时 SQ3 不受压，当手柄推回时 SQ3 压下，在变速齿轮不能正常啮合时，手柄拉出时 SQ3 不受压，当手柄推到半路推不回时 SQ5 压下，主轴电动机进行连续低速冲动以方便齿轮的啮合，变速齿轮啮合好后手柄推回时 SQ3 压下，SQ5 不受压。

② 电动机在运行中进行变速时的自动控制　主轴电动机在运行中如需变速，将变速孔盘拉出，此时 SQ3 不受压，SQ5 压下，触点 SQ3（3-9）处于断开状态，使接触器 KM3 线圈断电释放，其主触点断开，将限流电阻 R 串入定子电路，而触点 KM3（3-17）断开，KM1 或 KM2 均断电释放。因此，主轴电动机无论工作在正转或反转运行状态，都因 KM1 或 KM2 线圈断电释放而停止旋转。

③ 电动机在主轴变速时的连续低速冲动控制　主轴变速时，将变速孔盘拉出，SQ3 不再受压，SQ3（3-9）断开，SQ3（2-13）闭合；当手柄推到半路推不回时，SQ5 压下，于是触点 SQ5（14-15）闭合。

若变速前主轴电动机处于正转运行状态，这时由于主轴变速手柄拉出，使主轴电动机处于自停状态，速度继电器触点 KS1（13-15）闭合，KS1（13-18）断开，使接触器 KM1、KM4 线圈相继通电吸合。KM1、KM4 主触点闭合，主轴电动机定子绕组连接成 △ 形接线并经限流电阻 R 正向启动旋转。随着主轴电动机转速的上升，当到达速度继电器 KS 动作值时，触点 KS1（13-15）断开，KM1 线圈断电释放，主触点又切断电动机三相电源，主轴电动机在惯性下继续正向旋转。同时，触点 KS1（13-18）闭合，KM2 线圈通电吸合，而此时 KM4 仍通电吸合。KM2、KM4 主触点闭合，接通主轴电动机反向电源，经限流电阻 R 进行反接制动，使主轴电动机转速迅速下降。当主轴电动机转速下降到速度继电器的释放值时，触点 KS1（13-18）断开，KM2 断电释放。同时，KS1（13-15）闭合，使接触器 KM1、KM4 线圈相继通电吸合，主轴电动机经限流电阻 R 正向启动。这样反复地启动和反接制动，使主轴电动机处于连续低速运转状态，有利于变速齿轮的啮合。一旦齿轮啮合后，变速手柄推回原位，开关 SQ3 压下，SQ5 不受压，触点 SQ3（2-13）断开，SQ5（14-15）断开，主轴电动机变速后在新的低速运转。

由上分析可知，如果变速前主轴电动机处于停转状态，那么变速后主轴电动机也处于停转状态。若变速前主轴电动机处于正向低速（△ 连接）状态运转，由于中间继电器 KA1 仍保持通电状态，变速后主轴电动机仍处于 △ 连接下运转。

进给变速时主轴电动机连续低速冲动控制情况与主轴变速相同，只不过此时操作的是进给变速手柄，与其联动的行程开关是 SQ4、SQ6，当手柄拉出时 SQ4 不受压，当手柄推到半路推不回时，SQ6 压下；当变速完成，推回进给变速手柄时，SQ4 压下，SQ6 不受压。其余电路工作情况与主轴变速相同。

(4) 主轴的轴向、镗头架垂直、工作台纵向和横向进给快速移动的控制

机床各部件的快速移动，由快速操作手柄控制，由电动机 M2 拖动。运动部件及其运动方向的选择由装设在工作台前方的手柄操纵。快速操作手柄有正向、反向、停止 3 个位置。在正向与反向控制时，将压下行程开关 SQ7 或 SQ8，使接触器 KM6 或 KM7 线圈通电吸合，实现 M2 电动机的正反转，并通过相应的传动机构拖动预选的运动部件按选定的方向作快速移动。当快速移动控制手柄置于"停止"位置时，行程开关 SQ7、SQ8 均不受压，接触器 KM6 或 KM7 处于断电释放状态，M2 快速移动电动机断电，快速移动结束。

(5) 机床的联锁保护

由于 T68 型卧式镗床运动部件较多，为防止机床或刀具损坏，保证主轴进给和工作台进给不能同时进行，为此设置了两个联锁保护开关 SQ1 与 SQ2。其中 SQ1 是与工作台和镗头架自动进给手柄联动的行程开关，SQ2 是与主轴和平旋转刀架自动进给手柄联动的行程开关。将这两个行程开关的常闭触点并联后串接在控制电路中，当两种进给运动同时选择时，SQ1、SQ2 都被压下，其常闭触点断开，将控制电路断开，于是两种进给都不能进行，实现了联锁保护。

双速电动机定子接线如图 11-3 所示。

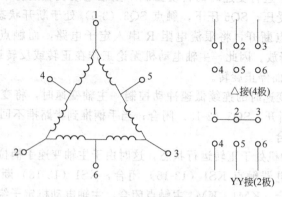

图 11-3　双速电动机定子接线图

11.4　T68 卧式镗床控制线路常见故障与处理

如表 11-2 所示。

表 11-2　T68 卧式镗床控制线路常见故障与处理

故障现象	故障分析	处理方法
主轴实际转速比变速盘指示的转速成倍提高或降低	① 行程开关 SQ9 损坏或位置变动；② 变速机构推动撞钉，即簧片压合行程开关调整不当	① 检修行程开关，调整固定位置；② 调整撞钉动作与变速盘指示速度相对应
主轴电动机有高速挡而无低速挡或无高速挡有低速挡	① 行程开关 SQ9 损坏或位置变动使 SQ9 处于接通（或断开）状态；② 时间继电器 KT 不动作	① 检查行程开关 SQ9，更换或调整 SQ9 的位置；② 检查时间继电器 KT 控制电路并予以修复
主轴电动机无变速低速冲动或运行中进行变速	① 行程开关 SQ3、SQ5 触点接触不良或位置偏移；② 行程开关 SQ3 绝缘损坏，触点短路	① 检查行程开关 SQ3、SQ5 触点，调整好位置并予以修复；② 检修或更换行程开关 SQ3
主轴电动机无反接制动停车	① 按钮 SB1 触点（2 - 13）接触不良；② 速度继电器 KS 触点损坏或接触不良	① 检查停止按钮 SB1 触点并予以修复；② 检查速度继电器 KS 触点并予以修复
电动机变速故障（高低速无转换）	大修后或重接电源引线，双速电动机定子接线有误	根据接线图，检查电源引线，定子接线并予以修复

11.5　实训环节

实训十九　T68 卧式镗床电气控制系统的故障分析与处理

11.5.1　实训目的

① 会正确操作 T68 卧式镗床的电气控制系统。
② 掌握 T68 卧式镗床的电气控制系统故障分析的方法。
③ 掌握 T68 卧式镗床的电气控制系统故障检测的方法。

④ 掌握 T68 卧式镗床的电气控制系统故障处理的方法。

11.5.2 任务

现场处理屏柜式 T68 卧式镗床的继电器控制线路故障，故障现象如下。

现象 1：主轴不能正常工作（只能点动）。

现象 2：主轴不能低速运行（一般要求学生操作观察出来）。

11.5.3 要求

① 根据故障现象，在继电器控制线路图上分析可能产生原因，确定故障发生的范围，并采用正确方法处理故障，排除故障写出故障点。实训时间 50 分钟。

② 完成继电器控制线路故障处理报告（实表 19-1）。

实表 19-1　T68 卧式镗床的继电器控制线路故障处理报告

机床名称	
故障现象 1	
分析故障现象及处理方法	
故障处理	
故障现象 2	
分析故障现象及处理方法	
故障处理	

③ 严格遵守电工安全操作规程，必须带电检查时一定要注意人身和设备仪表的安全（通电检查最好是在实训老师监督下进行）。

④ 实训结束时，提交故障分析报告，并按 6S 管理清理现场，归位仪表和工具。

11.5.4 实训内容和步骤

第一步：正确操作观察故障现象并做好记录

主轴电动机正常工作的操作及观察到的现象如下。

(1) 电动正反转点动控制

合上刀开关 QS1→按下点动按钮 SB4（或 SB5）→观察到接触器 KM1（或 KM2）得电吸合→观察到接触器 KM4（或 KM5）得电吸合→主轴电动机 M1 低速启动运行→松开点动按钮 SB4（或 SB5）→观察到接触器 KM1（或 KM2）失电复位→观察到接触器 KM4（或 KM5）失电复位→主轴电动机 M1 低速停止运行〔此时，观察 M1 电动机的旋转方向应为顺时针（或逆时针）方向，即正转（或反转）〕。

(2) 电动机正反向低速旋转控制

合上刀开关 QS1→将主轴速度选择手柄置于低速挡位，此时经速度选择手柄联动机构使高低速行程开关 SQ9 处于释放状态（原位）→当主轴变速手柄与进给变速手柄置于原位时，变速行程开关 SQ3、SQ4 均被压下（动作）→按下启动按钮 SB2（或 SB3）→观察到接触器 KA1（或 KA2）得电吸合→观察到接触器 KM3 得电吸合→观察到接触器 KM1（或 KM2）得电吸合→观察到接触器 KM4 得电吸合→主轴电动机 M1 低速启动运行。

(3) 电动机高速正反转的控制

合上刀开关 QS1→将主轴速度选择手柄置于高速挡位，此时经速度选择手柄联动机构使高低速行程开关 SQ9 压下（动作）→当主轴变速手柄与进给变速手柄置于原位时，变速行程开关 SQ3、SQ4 均被压下（动作）→按下启动按钮 SB2（或 SB3）→观察到接触器 KA1（或 KA2）得电吸合→观察到接触器 KM3、KT 得电吸合→观察到接触器 KM1（或 KM2）得电吸合→观察到接触器 KM4 得电吸合→主轴电动机 M1 低速启动运行→KT 延时时间到，观察到接触器 KM4 失电复位、KM5 得电吸合→主轴电动机 M1 高速运行。

(4) 主轴电动机停车与制动的控制

主轴电动机正向（或反向）旋转时→当主轴电动机转速达到额定时，速度继电器 KS 动作→停车时，按下复合停止按钮 SB1→观察到接触器 KM1（或 KM2）、KM3、KM4（或 KM5）和 KA1（或 KA2）和 KT 断电释放（复位）→主轴电动机 M1 惯性停车→观察到接触器 KM2（或 KM1）得电吸合→观察到接触器 KM4 得电吸合→主轴电动机 M1 进行反接制动，电动机转速迅速下降→当主轴电动机转速下降到接近零时，速度继电器 KS 复位→观察到接触器 KM2（或 KM1）、KM4 失电复位→反接制动结束，主轴电动机 M1 自由停车。

(5) 主轴电动机在主轴变速与进给变速时的连续低速冲动控制

① 在运行中进行变速时的自动控制。

正转：观察到接触器 KM1、KM3、KM4 和 KA1 得电吸合→将变速操纵盘上操纵手柄拉出，转动变速盘选好速度→此时 SQ3 不受压（复位）、SQ5 压下（动作）→SQ3 不受压，观察到接触器 KM3 断电释放（复位）→观察到接触器 KM1 断电释放，此时 KM4 仍得电吸合→主轴电动机 M1 惯性停车→SQ5 压下（动作），观察到接触器 KM1 得电吸合→主轴电动机 M1 低速启动运行→随着主轴电动机转速的上升到额定时，速度继电器 KS 动作触点 KS1（13-15）断开→观察到接触器 KM1 断电释放→主轴电动机 M1 惯性停车→触点 KS1（13-18）闭合，观察到 KM2 线圈通电吸合，此时 KM4 仍通电吸合→主轴电动机 M1 进行反接制动，电动机转速迅速下降→当主轴电动机转速下降到接近零时，速度继电器 KS 复位触点 KS1（13-18）断开→观察到 KM2 断电释放→反接制动结束，主轴电动机 M1 自由停车→速度继电器触点 KS1（13-15）闭合，观察到接触器 KM1 得电吸合，此时 KM4 仍通电吸合→主轴电动机 M1 低速启动运行，这样反复地启动和反接制动，使主轴电动机处于连续低速运转状态，有利于变速齿轮的啮合→一旦齿轮啮合后，变速手柄推回原位，行程开关 SQ3 压下，SQ5 不受压，触点 SQ3（3-9）闭合，触点 SQ3（2-13）断开，SQ5（14-15）断开→观察到接触器 KM1 断电释放→主轴电动机 M1 惯性停车→观察到接触器 KM3 得电吸合→观察到接触器 KM1 得电吸合，此时 KM4 仍通电吸合→主轴电动机 M1 低速启动运行。

反转与正转过程类似，只是 KM1 换成 KM2，KA1 换成 KA2。

② 处于停转状态进行变速时的自动控制。将变速操纵盘上操纵手柄拉出，转动变速盘选好速度→此时 SQ3 不受压、SQ5 压下（动作），观察到接触器 KM1、KM4 得电吸合→主轴电动机 M1 低速启动运行→随着主轴电动机转速的上升到额定时，速度继电器 KS 动作触点 KS1（13-15）断开→观察到接触器 KM1、KM4 断电释放→主轴电动机 M1 惯性停车→

触点 KS1 (13-18) 闭合，观察到 KM2、KM4 通电吸合→主轴电动机 M1 进行反接制动，电动机转速迅速下降→当主轴电动机转速下降到接近零时，速度继电器 KS 复位触点 KS1 (13-18) 断开→观察到 KM2、KM4 断电释放→反接制动结束，主轴电动机 M1 自由停车→速度继电器触点 KS1 (13-15) 闭合，观察到接触器 KM1、KM4 得电吸合→主轴电动机 M1 低速启动运行，这样反复地启动和反接制动，使主轴电动机处于连续低速运转状态，有利于变速齿轮的啮合→一旦齿轮啮合后，变速手柄推回原位，开关 SQ3 压下，SQ5 不受压，触点 SQ3 (2-13) 断开，SQ5 (14-15) 断开→观察到接触器 KM1、KM4 断电释放→主轴电动机 M1 惯性停车。

由上分析可知，如果变速前主轴电动机处于停转状态，那么变速后主轴电动机也处于停转状态。若变速前主轴电动机处于正向低速（△连接）状态运转。由于中间继电器 KA1 仍保持通电状态，变速后主轴电动机仍处于△连接下运转。

进给变速时主轴电动机连续低速冲动控制情况与主轴变速相同，只不过此时操作的是进给变速手柄，与其联动的行程开关是 SQ4、SQ6，当手柄拉出时 SQ4 不受压，SQ6 压下；当变速完成，推上进给变速手柄时，SQ4 压下，SQ6 不受压。其余电路工作情况与主轴变速相同。

注意：与以上观察到的正确现象不同的就是故障现象，做好记录方便分析故障原因。

主轴的轴向、镗头架垂直、工作台纵向和横向进给的操作及观察到的现象如下。

合上刀开关 QS1→将机床各部件的快速操作手柄选择在正向与反向控制时→将压下行程开关 SQ7 或 SQ8→观察到接触器 KM6 或 KM7 线圈通电吸合→观察到 M2 电动机实现正反转→观察到运动部件按选定的方向作快速移动。

当快速移动控制手柄置于"停止"位置时→行程开关 SQ7、SQ8 均不受压→观察到接触器 KM6 或 KM7 处于断电释放状态→观察到 M2 快速移动电动机断电停车，快速移动结束。

注意：与以上观察到的正确现象不同的就是故障现象，做好记录方便分析故障原因。

第二步：分析故障现象及处理方法

(1) 主轴不能正常工作（只能点动）分析及处理方法

主轴不能正常工作（只能点动）的故障现象：接好电源线通电后，合上刀开关 QS1，按下主轴启动按钮 SB2 或 SB3，中间继电器 KA1 或 KA2 动作，交流接触器 KM1 或 KM2，KM3，KM4 或 KM5 动作，主轴电机低速或高速启动运行，松开主轴启动按钮 SB2 或 SB3，中间继电器 KA1 或 KA2 复位，交流接触器 KM1 或 KM2，KM3，KM4 或 KM5 复位，主轴电机低速或高速停止运行。

根据以上故障现象依据电气原理图分析可能发生的故障部位或回路，缩小故障范围。

现象可能发生的故障部位为主轴启动按钮 SB2 或 SB3 的自锁点 KA1 (3-4) 或 KA2 (3-7)。

处理方法如下。

判断自锁点故障。在断电状况下，用万用表的欧姆挡 R×100 或 R×1k 测量端子编号 3 和 4 或 3 和 7 之间的电阻。若 3 和 4 或 3 和 7 之间在模拟动作中间继电器 KA1 或 KA2 时不通则有故障，可能是没接在中间继电器 KA1 或 KA2 的常开触点上，或是中间继电器 KA1 或 KA2 的常开触点出了问题，或是线路端子接触不良。

(2) 主轴不能低速运行分析及处理方法

主轴不能低速运行的故障现象有三种可能（接好电源线通电后，合上刀开关 QS1，按下启动按钮 SB2 或 SB3）。

现象 1：中间继电器 KA1 或 KA2 不动作。

现象 2：中间继电器 KA1 或 KA2 动作，交流接触器 KM3 或 KM1（KM2）或 KM4 不动作。

现象 3：KA1 或 KA2、交流接触器 KM3、KM1（KM2）、KM4 动作，主轴电机 M1 不动作。

根据以上故障现象依据电气原理图分析可能发生的故障部位或回路，缩小故障范围。

现象 1　可能发生的故障部位为三相电源、KA1 或 KA2 及其控制回路。

处理方法如下。

① 判断电源故障。在断电状况下通过测量能大致判断，用万用表的欧姆挡 R×100 或 R×1k 测量 QS1 在闭合时三对触点是否导通，导通则正常；再就是测量熔断器 FU1、FU2、FU4 前后两个触点是否导通，导通则正常，否则要拆出熔体判断是否损坏，损坏了就要更换。在通电状况下通过测量能准确判断，用万用表的交流电压 500V 挡测量 QS1 在闭合时，FU1 后三相两两之间是否为交流 380V，FU2 后三相两两之间是否为交流 380V，FU4 后的控制电源是否为交流 110V，是则正常，否则要更换变压器。

② 判断中间继电器 KA1 或 KA2 故障。在断电状况下，用万用表的欧姆挡 R×100 或 R×1k 测量中间继电器 KA1 或 KA2 线圈电阻，若为几百欧姆则正常，否则损坏了。

③ 判断中间继电器 KA1 或 KA2 控制回路故障。在断电状况下，用万用表的欧姆挡 R×100 或 R×1k 测量端子编号 1→2→3→4（7）→5（8）→6 各个点之间的电阻。若 1 与 2 之间导通则正常，不通则有故障，可能是没接在限位开关 SQ1 的常闭触点上，或是限位开关 SQ1 常闭触点断开了，或是线路端子接触不良；若 2 与 3 之间导通则正常，不通则有故障，可能是没接在停止按钮 SB1 的常闭触点上，或是停止按钮 SB1 常闭点断开了，或是线路端子接触不良；若 3 与 4（7）之间在按下启动按钮 SB2（SB3）时导通则正常，不通则有故障，可能是没接在启动按钮 SB2（SB3）的常开触点上，或是启动按钮的常开触点出了问题，或是线路端子接触不良；若 3 与 4（7）之间在模拟动作中间继电器 KA1 或 KA2 时导通则正常，不通则有故障，可能是没接在中间继电器 KA1 或 KA2 的常开触点上，或是中间继电器 KA1 或 KA2 的常开触点出了问题，或是线路端子接触不良；若 4（7）与 5（8）之间导通则正常，不通则有故障，可能是没接在中间继电器 KA2 或 KA1 的常闭触点上，或是 KA2 或 KA1 的常闭触点断开了，或是线路端子接触不良；若 5（8）与 6 之间为几百欧姆则正常，否则有故障，可能是没接在中间继电器 KA1 或 KA2 的线圈端子上，或是线路端子接触不良。

现象 2　可能发生的故障部位为 KM3 或 KM1（KM2）或 KM4 及其控制电路。

处理方法如下。

① 判断 KM3 或 KM1（KM2）或 KM4 故障。在断电状况下，用万用表的欧姆挡 R×100 或 R×1k 测量 KM3 或 KM1（KM2）或 KM4 线圈电阻，若为几百欧姆则正常，否则损坏了。

② 判断 KM3 或 KM1（KM2）或 KM4 控制回路故障。在断电状况下，用万用表的欧姆挡 R×100 或 R×1k 测量端子编号 3→9→10→11→6 或 3→17→14（18）→16（19）→6 或 2→13→20→21→6 各个点之间的电阻。若 3 与 9 之间导通则正常，不通则有故障，可能是没接在限位开关 SQ3 的常开触点上，或是限位开关 SQ3 常开触点当主轴变速手柄与进给变速手柄置于原位时没被压下（动作），或是线路端子接触不良；若 9 与 10 之间导通则正常，不通则有故障，可能是没接在限位开关 SQ4 的常开触点上，或是限位开关 SQ4 常开触点当主轴变速手柄与进给变速手柄置于原位时没被压下（动作），或是线路端子接触不良；若 10 与 11 之间在模拟动作中间继电器 KA1 或 KA2 时导通则正常，不通则有故障，可能是没接在中间继电器 KA1 或 KA2 的常开触点上，或是中间继电器 KA1 或 KA2 的常开触点出了问题，或是线路端子接触不良；若 11 和 6 之间为几百欧姆则正常，否则有故障，可能是

没接在交流接触器 KM3 的线圈端子上，或是线路端子接触不良。

若 3 与 17 之间在模拟动作交流接触器 KM3 时导通则正常，不通则有故障，可能是没接在交流接触器 KM3 的辅助常开触点上，或是交流接触器 KM3 的辅助常开触点出了问题，或是线路端子接触不良；若 17 与 14（18）之间在模拟动作中间继电器 KA1 或 KA2 时导通则正常，不通则有故障，可能是没接在中间继电器 KA1 或 KA2 的常开触点上，或是中间继电器 KA1 或 KA2 的常开触点出了问题，或是线路端子接触不良；若 14（18）与 16（19）之间导通则正常，不通则有故障，可能是没接在交流接触器 KM2（KM1）的辅助常闭触点上，或是交流接触器 KM2（KM1）的辅助常闭触点断开了，或是线路端子接触不良；若 16（19）和 6 之间为几百欧姆则正常，否则有故障，可能是没接在交流接触器 KM2（KM1）的线圈端子上，或是线路端子接触不良。

若 2 与 13 之间在模拟动作交流接触器 KM2（KM1）时导通则正常，不通则有故障，可能是没接在交流接触器 KM2（KM1）的辅助常开触点上，或是交流接触器 KM2（KM1）的辅助常开触点出了问题，或是线路端子接触不良；若 13 与 20 之间导通则正常，不通则有故障，可能是没接在时间继电器 KT 的延时常闭触点上，或是时间继电器 KT 的延时常闭触点断开了，或是线路端子接触不良；若 20 与 21 之间导通则正常，不通则有故障，可能是没接在交流接触器 KM5 的辅助常闭触点上，或是交流接触器 KM5 的辅助常闭触点出了问题，或是线路端子接触不良；若 21 和 6 之间为几百欧姆则正常，否则有故障，可能是没接在交流接触器 KM4 的线圈端子上或是线路端子接触不良。

现象 3　可能发生的故障部位为三相电源、主回路、电机 M1。

① 判断电源故障。与现象 1 所述相同，重点判断缺相。

② 判断主回路故障。用万用表的欧姆挡 R×100 或 R×1k 挡测量端子编号 U12-U13-U14- U15-1U1、V12-V13- V15-1-V1、W12-W13-W14-W15-1W1 之间的电阻，若在模拟动作交流接触器 KM1（KM2）、KM4 时导通则正常，不通则有故障，可能是交流接触器 KM1（KM2）、KM4 的主触点接触不良，或是线路端子接触不良。

③ 判断电动机 M1 损坏故障。用 500V 的兆欧表（俗称摇表）摇测电动机定子绕组的相间绝缘电阻和对地电阻，一般来说，相间绝缘电阻应大于 100MΩ，对地电阻应大于 50MΩ。

第三步：故障处理

（1）主轴不能正常工作（只能点动）故障处理

故障现象处理

自锁点故障。没接在中间继电器 KA1 或 KA2 的常开触点上，更正过来接好；中间继电器 KA1 或 KA2 的常开触点出了问题，修复其触点或更换之；线路端子接触不良，紧固线路。

（2）主轴不能低速运行故障处理

故障现象 1 处理

① 电源故障。熔体烧坏了，更换熔体；控制交流电压不对，更换变压器 TC；线路接触不良，紧固线路。

② 中间继电器 KA1 或 KA2 故障。更换中间继电器 KA1 或 KA2。

③ 中间继电器 KA1 或 KA2 控制回路故障。没接在限位开关 SQ1 常闭触点上，更正过来接好；限位开关 SQ1 常闭触点断开了，修复其触点或更换之；没接在停止按钮 SB1 常闭触点上，更正过来接好；停止按钮 SB1 常闭触点断开了，修复其触点或更换之；没接在启动按钮 SB2（SB3）的常开触点上，更正过来接好；启动按钮的常开触点出了问题，修复其触点或更换之；没接在中间继电器 KA1 或 KA2 的常开触点上，更正过来接好；中间继电器

KA1 或 KA2 的常开触点出了问题，修复其触点或更换之；没接在中间继电器 KA2 或 KA1 的常闭触点上，更正过来接好；KA2 或 KA1 的常闭触点断开了，修复其触点或更换之；没接在中间继电器 KA1 或 KA2 的线圈端子上，更正过来接好；线路端子接触不良，紧固线路

故障现象 2 处理

① KM3 或 KM1（KM2）或 KM4 故障。更换 KM3 或 KM1（KM2）或 KM4。

② KM3 或 KM1（KM2）或 KM4 控制回路故障。没接在限位开关 SQ3 的常开触点上，更正过来接好；限位开关 SQ3 常开触点当主轴变速手柄与进给变速手柄置于原位时没被压下（动作），修复其触点或更换之；没接在限位开关 SQ4 的常开触点上，更正过来接好；限位开关 SQ4 常开触点当主轴变速手柄与进给变速手柄置于原位时没被压下（动作），修复其触点或更换之；没接在中间继电器 KA1 或 KA2 的常开触点上，更正过来接好；中间继电器 KA1 或 KA2 的常开触点出了问题，修复其触点或更换之；没接在交流接触器 KM3 的线圈端子上，更正过来接好。

没接在交流接触器 KM3 的辅助常开触点上，更正过来接好；交流接触器 KM3 的辅助常开触点出了问题，修复其触点或更换之；没接在中间继电器 KA1 或 KA2 的常开触点上，更正过来接好；中间继电器 KA1 或 KA2 的常开触点出了问题，修复其触点或更换之；没接在交流接触器 KM2（KM1）的辅助常闭触点上，更正过来接好；交流接触器 KM2（KM1）的辅助常闭触点断开了，修复其触点或更换之；没接在交流接触器 KM2（KM1）的线圈端子上，更正过来接好。

没接在交流接触器 KM2（KM1）的辅助常开触点上，更正过来接好；交流接触器 KM2（KM1）的辅助常开触点出了问题，修复其触点或更换之；没接在时间继电器 KT 的延时常闭触点上，更正过来接好；时间继电器 KT 的延时常闭触点断开了，修复其触点或更换之；没接在交流接触器 KM5 的辅助常闭触点上，更正过来接好；交流接触器 KM5 的辅助常闭触点出了问题，修复其触点或更换之；没接在交流接触器 KM4 的线圈端子上，更正过来接好；线路端子接触不良，紧固线路。

故障现象 3 处理

① 电源故障。熔体烧坏了，更换熔体；线路接触不良，紧固线路。

② 主回路故障。交流接触器 KM1（KM2）、KM4 的主触点接触不良，更换交流接触器 KM1（KM2）、KM4；线路接触不良，紧固线路。

③ 电动机 M1 损坏。更换电动机。

11.5.5　实训总结

记录本实训过程中的收获、发现的问题、心得体会等内容。

11.5.6　拓展训练题

① 故障现象如下：主轴不能正向运行；主轴不能高速运行。怎样分析与处理？

② 故障现象如下：主轴不能反向运行；无进给变速。怎样分析与处理？

③ 故障现象如下：主轴不能工作（也无高低速）；不能快速正向移动。怎样分析与处理？

省级技能抽查试题库
继电控制系统的分析与故障处理模块

继电器控制系统的分析与故障处理 9

现场处理 T68 卧式镗床的继电器控制线路故障（考场提供 T68 卧式镗床的工作原理图），故障现象如下：①主轴不能正常工作（只能点动）；②主轴不能低速运行（一般要求学生操作观察出来）。

继电器控制系统的分析与故障处理 10

现场处理 T68 卧式镗床的继电器控制线路故障（考场提供 T68 卧式镗床的工作原理图），故障现象如下：①主轴不能正向运行；②主轴不能高速运行（一般要求学生操作观察出来）。

继电器控制系统的分析与故障处理 11

现场处理 T68 卧式镗床的继电器控制线路故障（考场提供 T68 卧式镗床的工作原理图），故障现象如下：①主轴不能反向运行；②无进给变速（一般要求学生操作观察出来）。

继电器控制系统的分析与故障处理 12

现场处理 T68 卧式镗床的继电器控制线路故障（考场提供 T68 卧式镗床的工作原理图），故障现象如下：①主轴不能工作（也无高低速）；②不能快速正向移动（一般要求学生操作观察出来）。

要求

① 根据故障现象，在继电器控制线路图上分析可能产生原因，确定故障发生的范围，并采用正确方法处理故障，排除故障写出故障点。

② 完成继电器控制线路故障处理报告（实表 19-1）。

③ 严格遵守电工安全操作规程，必须带电检查时一定要注意人身和设备仪表的安全（通电检查最好是在实训老师监督下进行）。

④ 考试时间 60 分钟。考试结束时，提交故障分析报告，并按 6S 管理清理现场，归位仪表和工具。

继电器控制系统的分析与故障处理评分标准

评价内容		配分	考核点
职业素养与操作规范（20分）	工作准备	10	清点器件、仪表、电工工具、电动机，并摆放整齐，穿戴好劳动防护用品
	6S规范	10	① 操作过程中及作业完成后，保持工具、仪表、元器件、设备等摆放整齐； ② 操作过程中无不文明行为，具有良好的职业操守，独立完成考核内容，合理解决突发事件； ③ 具有安全用电意识，操作符合规范要求 ④ 作业完成后清理、清扫工作现场
继电器控制系统故障分析与处理（80分）	操作机床屏柜观察故障现象	10	操作机床屏柜观察故障现象并写出故障现象
	故障处理步骤及方法	10	采用正确合理的操作方法及步骤进行故障处理。熟练操作机床，掌握正确的工作原理，正确选择并使用工具、仪表，进行继电器控制系统故障分析与处理，操作规范，动作熟练
	写出故障原因及排除方法	20	写出故障原因及正确排除方法，故障现象分析正确，故障原因分析正确，处理方法正确
	排除故障点	40	故障点正确，采用正确方法排除故障，不超时，按定时处理问题
工时			60min

继电器控制系统的分析与故障处理评分细则

评价内容		配分	考核点
职业素养与操作规范（20分）	工作准备	10	清点器件、仪表、电工工具、电动机，并摆放整齐，穿戴好劳动防护用品。工具准备少一项扣2分，工具摆放不整齐扣5分，没有穿戴劳动防护用品扣10分
	6S规范	10	① 操作过程中及作业完成后，工具、仪表、元器件、设备等摆放不整齐扣2分； ② 考试迟到，考核过程中做与考试无关的事，不服从考场安排酌情扣10分以内；考核过程中舞弊取消考试资格，成绩计0分； ③ 作业过程出现违反安全用电规范的每处扣2分； ④ 作业完成后未清理、清扫工作现场扣5分
继电器控制系统故障分析与处理（80分）	操作机床屏柜观察故障现象	10	操作机床屏柜观察故障现象并写出故障现象，两个故障现象，不正确扣5分/个
	故障处理步骤及方法	10	采用正确合理的方法及步骤进行故障处理。方法步骤不合理扣2～5分；操作处理过程不正确规范扣1～5分；熟练操作机床，掌握正确的工作原理，操作不正确扣2分；不能正确识图扣1～5分；不能正确选择并使用工具、仪表扣5分；进行继电器控制系统故障分析与处理，操作不规范，动作不熟练扣2～5分；线路处理后的外观很乱按情况扣1～5分
	写出故障原因及排除方法	20	写出故障原因及正确排除方法，故障现象分析正确每个10分，故障现象分析不正确扣1～6分/个，处理方法不正确扣1～4分/个（根据分析内容环节准确率而定）
	排除故障点	40	采用正确方法排除故障18分/个，故障点正确2分/个
工时			60min

项目 12

X62W 卧式万能铣床电气控制线路分析

12.1 教学目标

① 熟悉 X62W 卧式万能铣床的结构和控制要求。
② 掌握 X62W 卧式万能铣床电气控制原理图的识图。
③ 掌握 X62W 卧式万能铣床电气控制线路的常见故障与处理方法。

12.2 相关知识

12.2.1 项目所需元件和设备清单

如表 12-1 所示。

表 12-1 项目所需元件和设备清单

序号	元件名称	电气符号	型号与规格	单位	数量
1	主轴电动机	M1	Y132M-4, 7.5kW、380V、1450r/min	台	1
2	工作台进给电动机	M2	Y90L-4, 1.5kW、380V、1400r/min	台	1
3	冷却泵电动机	M3	JCB-22, 0.125kW、380V/220V、2790r/min	台	1
4	交流接触器	KM1~KM4	CJ20-25、CJ20-20、线圈电压110V	个	4
5	控制变压器	TC1	BK-150, 380V/110V	台	1
6	照明变压器	TC2	BK-50, 380/24V	台	1
7	控制变压器	TC3	BK-50, 380/27V	台	1
8	热继电器	FR1~FR3	JR20-25、JR20-10, 16A、3.4A、0.43A	个	3
9	熔断器	FU1~FU5	RL1-60、RL1-15, 35A、10A、6A、2A	个	7
10	照明灯架	EL	K1-2, 螺口	个	1
11	行程开关	SQ1~SQ6	LX1-11K 开启式，JLXK-111K 单轮、自动复位，LX3-11K 开启式	个	6
12	电源总开关	QS1	HZ1-60/E26, 60A、三极	个	1
13	冷却泵开关	QS2	HZ1-60/E16, 10A、三极	个	1
14	换刀制动开关	SA1	HZ1-10/E16, 10A、三极	个	1
15	圆工作台转换开关	SA2	HZ1-10/E16, 10A、三极	个	1
16	主轴换相开关	SA3	HZ3-133, 500V、60A	个	1
17	照明控制开关	SA4	LS2-1, 380V、10A	个	1
18	按钮	SB1~SB6	LA2, 红、绿、黑各两个	个	6
19	电磁离合器	YC1、YC2、YC3	B1DLⅡ, 直流24V	个	3
20	硅整流器	VC	2CZ1/50V, 5A、50V	个	1

12.2.2 电气原理图

如图 12-1 所示。

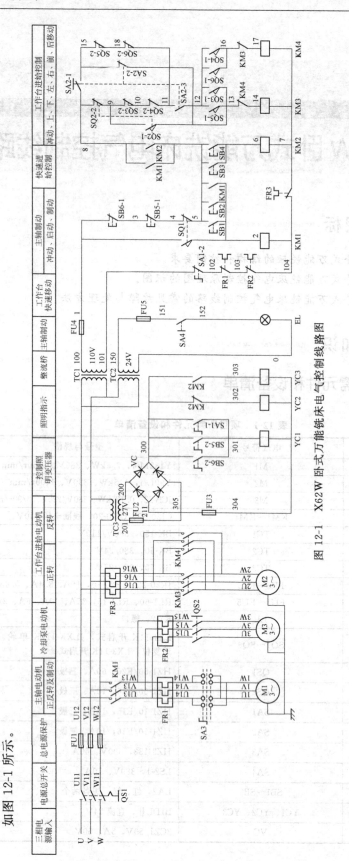

图 12-1 X62W 卧式万能铣床电气控制线路图

12.2.3　X62W 卧式万能铣床的结构及运行

X62W 卧式万能铣床的主要结构由床身、主轴、工作台、悬梁、回转盘、横溜板、刀杆、升降台、底座等几部分组成，如图 12-2 所示。

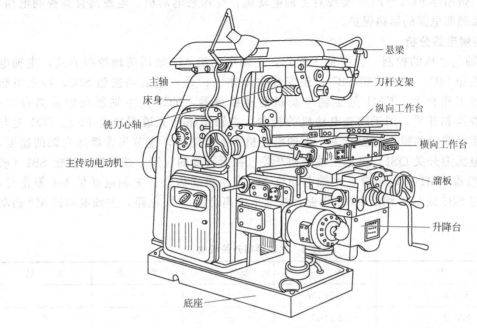

图 12-2　X62W 卧式万能铣床外形

X62W 卧式万能铣床有两种主要运动和辅助运动：主轴带动铣刀的旋转运动称为主运动；铣床工作台的前后、左右、上下六个方向的运动称为进给运动；其他的运动属于辅助运动，如圆工作台的旋转运动。

12.2.4　电力拖动特点和控制要求

① 铣床在铣削加工时，进给量小时用高速，反之用低速铣削。这要求主传动系统能够调速而且在各种铣削速度下保持功率不变。主轴电动机采用三相笼型异步电动机。

② 为了能进行顺铣和逆铣加工，要求主轴能够实现正反转，采用组合开关 SA3 换相。

③ 铣床主轴电动机采用直接启动，且具有正反转控制。但停车时，由于传动系统惯性大，为此设有电磁离合器制动环节。

④ 主轴变速时，为使变速箱内齿轮易于咬和，要求主轴电动机变速时有变速冲动。

⑤ 铣床工作台有前后、左右、上下六个方向的进给运动和快速移动，要求进给电动机实现正反转，并通过操作手柄和机械离合器配合来实现。

⑥ 为防止刀具、床体的损坏，要求只有主轴启动后才允许有进给运动和进给方向的快速移动。

⑦ 要求有冷却系统、24V 照明安全电压；交流控制回路采用变压器 110V 供电控制。

12.3　X62W 卧式万能铣床电气控制线路分析

X62W 卧式万能铣床电气控制线路图，如图 12-1 所示。

(1) 主电路分析

主电路中 M1 是主轴电动机，通过换相开关 SA3 与接触器 KM1 进行正反转控制，并通过机械机构进行变速。M2 是进给电动机，通过 KM3、KM4 控制电动机正反转，并通过机械机构使工作台上下、左右及前后快速移动。通过 QS2 手动控制冷却泵电动机 M3 的正转，且 M1 启动后 M3 才能启动。热继电器 FR1、FR2 和 FR3 分别实现对 M1、M3 和 M2 进行过载保护，熔断器 FU1～FU5 实现对主轴电动机、冷却泵电动机、电磁离合器控制电路、控制电路及照明电路的短路保护。

（2）控制电路分析

① 主轴电动机的控制　为了便于操作，主轴电动机 M1 采用两地控制方式，主轴电动机启动按钮 SB1、停止按钮 SB5 一组安装在床体上；另一组启动按钮 SB2、停止按钮 SB6 安装在工作台上。KM1 是主轴电动机启动接触器，YC1 是主轴制动电磁离合器；SA3 是电源换相开关，用于改变电动机的转向。主轴换相开关说明如表 12-2。SQ1 是与主轴变速手柄联动的瞬动行程开关。主轴电动机 M1 启动前，应首先选择好主轴的速度，然后合上电源刀开关 QS1，再把主轴换相开关打在所需的位置，按下启动按钮 SB1（或SB2），接触器 KM1 得电吸合，主轴电动机 M1 直接启动运行。主轴电动机 M1 停止时，按停止按钮 SB5 或 SB6 切断 KM1 电路，接通电磁离合器 YC1 电路，主轴电动机 M1 制动停车。

表 12-2　主轴换相开关说明

位　置	触　点	反　转	停　止	正　转
SA3-1	U14-1W	+	−	−
SA3-2	U14-1U	−	−	+
SA3-3	W14-1W	−	−	+
SA3-4	W14-1U	+	−	−

② 主轴换刀控制　主轴换铣刀时将转换开关 SA1 扳向换刀位置，SA1 的常开触点 SA1-1 闭合，电磁离合器 YC1 得电吸合，主轴处于制动状态以便换刀；同时 SA1 的常闭触点 SA1-2 断开，切断了控制电路，保证了人身安全。

③ 主轴变速冲动联锁控制　主轴若在运行，应先停车。变速时，先拉出变速手柄，啮合好的齿轮脱离，转动变速盘选择需要的转速（实质是改变齿轮的传动比），然后把手柄推向原位，使变了传动比的齿轮重新啮合。由于齿与齿之间的位置不能刚好对上，因而造成啮合困难。若在啮合时齿轮系统冲动一下，啮合将十分方便。当把手柄向前推进时，手柄上装的凸轮将弹簧杆推动一下，而弹簧杆又推动一下冲动行程开关 SQ1，使冲动行程开关 SQ1 动断触点（4-5）先断开，SQ1 动合触点（1-2）接通，使 KM1 线圈得电动作，M1 直接启动，当手柄推回原位时，凸轮放开弹簧杆，SQ1 不受弹簧杆控制而复位，SQ1 动合触点（1-2）先断开，SQ1 动断触点（4-5）接通，接触器 KM1 失电复位，M1 断电停转。此时并未采取制动措施，所以电动机产生一个冲动齿轮系统的力，足以使齿轮系统抖动，保证了齿轮的顺利啮合。

（3）工作台进给电动机的控制

① 工作台进给上下运动和前后运动的控制　它是由横向和垂直控制手柄控制正反转接触器 KM3、KM4 实现电动机 M2 的正反转拖动工作台下面的丝杠完成，而横向和垂直控制有两个一样的机械十字手柄，分别装在不同位置以方便操作，这两个完全相同的手柄分别装在工作台左侧的前方和后方。手柄的联动机构与行程开关 SQ3、SQ4 相连接，操作手柄的同时完成机械挂挡即机械传动链拨向工作台下面的丝杠上并压合 SQ3、SQ4，使正反转接触

器接通，进给电动机运行，拖动工作台向预定方向运动。操作手柄有五个位置，即上、下、前、后和中间位置，五个位置是联锁的。当手柄扳向向上或向下时，机械上接通了垂直进给离合器；当手柄扳向向前或向后时，机械上接通了横向进给离合器；手柄在中间位置时，横向和垂直进给离合器均不接通。工作台上下及横向限位终端保护，是利用工作台座上的挡铁撞动十字手柄使其回到中间位置，工作台停止运动。工作台进给控制电路只有在主轴电动机启动后才能接通。

- 工作台向上运动的控制。

主轴电动机启动后，将手柄扳向向上的位置时，其联动机构使垂直离合器挂上，为垂直传动做准备；同时压合行程开关 SQ4 使 SQ4-2 （10-11） 断开，SQ4-1 （12-16） 闭合，5→8→15→18→11→12→16→17→7，接触器 KM4 线圈得电，M2 反转，拖动工作台向上运动。当需要停止时，将手柄扳回中间位置，垂直进给离合器脱开，同时 SQ4 不再受压，SQ4-1 （12-16） 断开，电动机 M2 停转，工作台停止运动。

- 工作台向下运动的控制。

将手柄扳向向下的位置时，其联动机构使垂直离合器挂上，为垂直传动做准备；同时压合行程开关 SQ3 使 SQ3-2 （9-10） 断开，SQ3-1 （12-13） 闭合，5→8→15→18→11→12→13→14→7，接触器 KM3 线圈得电，M2 正转，拖动工作台向下运动。

- 工作台向前、向后横向运动的控制。

将手柄扳向向前或向后，垂直进给离合器脱开，而横向进给离合器接通传动机构，使工作台向前、向后横向运动。

工作台前后及升降进给行程开关说明，如表 12-3 所示。

表 12-3 工作台前后及升降进给行程开关说明

位　　置	触　　点	向前向下	停　　止	向后向上
SQ3-1	12-13	+	−	−
SQ3-2	9-10	−	+	+
SQ4-1	12-16	−	−	+
SQ4-2	10-11	+	+	−

② 工作台左右运动控制　工作台左右运动由工作台纵向控制手柄来控制，此手柄也是复式的，手柄有三个位置：向左、零位、向右。当手柄扳向向右或向左方向时，通过联动机构将纵向进给离合器挂上，纵向进给离合器接通工作台下面的丝杠，同时压下行程开关 SQ5 或 SQ6，使接触器 KM3 或 KM4 动作，控制进给电动机 M2 的正反转。工作台左右行程的长短可以调节安装在工作台两端的挡铁来控制，当工作台纵向运动到极限位置时，挡铁撞动纵向控制手柄，使它回到零位，工作台便停止运动，从而实现了终端保护。

工作台向左运动的控制：将操纵手柄扳向向左方向，其联动机构压下行程开关 SQ6，使 SQ6-2 （11-18） 断开，SQ6-1 （12-16） 闭合，5→8→9→10→11→12→16→17→7，接触器 KM4 得电，电动机 M2 反转，拖动工作台向左运动。

工作台向右运动的控制：将操纵手柄扳向向右方向，其联动机构压下行程开关 SQ5，使 SQ5-2 （15-18） 断开，SQ5-1 （12-13） 闭合，5→8→9→10→11→12→13→14→7，接触器 KM3 得电，电动机 M2 正转，拖动工作台向右运动。

工作台的左右进给行程开关说明，如表 12-4 所示。

表 12-4　工作台的左右进给行程开关说明

位　　置	触　　点	向　　左	停　个　止	向　右
SQ5-1	12-13	—	—	+
SQ5-2	15-18	+	+	—
SQ6-1	12-16	+	—	—
SQ6-2	11-18	—	+	+

③ 工作台快速移动控制　为了提高生产效率，减少生产辅助时间，当铣床不进行铣削加工时，要求工作台能够在纵向、横向、垂直六个方向都可以快速移动。当铣床进行铣削加工时，要求工作台以原进给速度移动。工作台快速移动是由进给电动机 M2 拖动工作台下面的光杠实现的，其动作过程如下。

当工作台上安装好工件后，由进给操作手柄选好方向，进给变速手柄调好速度，工作台按正常进给运动，再按下快速移动按钮 SB3 或 SB4（两地控制），使接触器 KM2 线圈得电，它的一个常开触点接通进给控制电路，另一个常开触点接通电磁离合器 YC3，常闭触点切断电磁离合器 YC2，电磁离合器 YC3 是快速进给移动用的，它的吸合使进给传动系统跳过齿轮变速链，电动机直接拖动光杠，减少了中间传动装置，使工作台按原方向快速移动。当松开快速移动按钮时，KM2 断电，电磁离合器 YC3 断开，YC2 接通，快速移动停止，工作台按原进给速度、原方向继续移动。

工作台也可以在主轴电动机不转情况下进行快速移动，此时应将主轴换向开关 SA3 扳在"停止"的位置，然后按下 SB1 或 SB2，使接触器 KM1 线圈得电并自锁，操纵工作台手柄选定方向，使进给电动机 M2 启动，再按下快速移动按钮 SB3 或 SB4，工作台便可以快速移动。

④ 工作台进给变速冲动联锁控制　与主轴变速冲动联锁控制类似，利用进给变速盘与冲动位置开关 SQ2 使 M2 产生瞬时点动，齿轮系统顺利啮合。

(4) 圆工作台运动控制

圆工作台工作时先将转换开关 SA2 扳到接通位置，这时 SA2-2（13-15）闭合，SA2-1（8-15）和 SA2-3（11-12）断开，然后将工作台的两个操纵手柄扳到零位，此时四个行程开关 SQ3～SQ6 的触点都处于复位状态。这时按下主轴启动按钮 SB1 或 SB2，主轴电动机 M1 启动，进给电动机 M2 也因接触器 KM3 线圈得电而正转启动，并经传动机构使圆工作台回转。其控制电路是：电源 FU4→SB6-1→SB5-1→SQ1→SQ2-2→SQ3-2→SQ4-2→SQ6-2→SQ5-2→SA2-2→KM4 常闭→KM3 线圈→FR3→FR2→FR1→SA1-2→电源。圆工作台只能沿一个方向（顺时针）作回转运动。另外，圆工作台控制电路是经过行程开关 SQ3～SQ6 的四对动断触点形成回路，若扳动任一进给手柄，都将使圆工作台停止工作，这就实现了工作台进给与圆工作台的运动联锁关系。圆工作台转换开关 SA2 说明如表 12-5 所示。

表 12-5　圆工作台转换开关说明

位　　置	触　　点	圆工作台	
		接　　通	断　　开
SA2-1	8-15	—	+
SA2-2	13-15	+	—
SA2-3	11-12	—	+

圆工作台要停止工作时，只要按下主轴停止按钮 SB5 或 SB6 即可。

(5) 冷却泵电动机与照明电路的控制

冷却泵电动机 M3 由转换开关 QS2 控制，当扳至"接通"位置时触点闭合，冷却泵电动机 M3 启动，送出冷却液。

机床局部照明由照明变压器 TC2 输出 24V 电压，由开关 SA4 控制照明灯 EL。

12.4　X62W 万能铣床电器安装位置示意图

为了便于维修与调试，X62W 万能铣床控制按钮、转换开关、行程开关等安装位置示意，如图 12-3 所示。图 12-3 上对应的电器元件如表 12-6 所示。

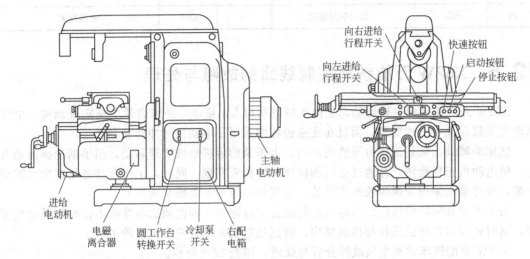

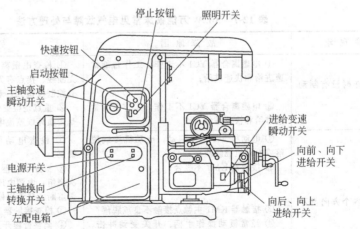

图 12-3　X62W 万能铣床电器安装位置示意图

表 12-6　X62W 万能铣床控制电器一览表

序　号	符　号	名称与用途	序　号	符　号	名称与用途
1	M2	进给电动机	4	QS2	冷却泵开关
2	YC1～YC3	电磁离合器	5		右配电箱
3	SA2	圆工作台转换开关	6	M1	主轴电动机

序　号	符　号	名称与用途	序　号	符　号	名称与用途
7	SQ6	工作台向左进给行程开关	15	SB6	主轴停止按钮
8	SQ5	工作台向右进给行程开关	16	SA4	照明开关
9	SB3	工作台快速按钮	17	SQ4	工作台向后、向上进给开关
10	SB1	主轴启动按钮	18	SQ3	工作台向前、向下进给开关
11	SB5	主轴停止按钮	19	SQ2	进给变速瞬动开关
12	SQ1	主轴变速瞬动开关	20		左配电箱
13	SB2	主轴启动按钮	21	SA3	主轴换向开关
14	SB4	工作台快速按钮	22	QS1	电源开关

12.5　X62W 万能铣床控制线路的故障与处理

　　X62W 万能铣床的主轴运动，是由主轴电动机 M1 拖动，采用齿轮变换实现调速。电气原理上不仅保证了上述要求，而且在变速过程中采用了电动机的冲动和制动。

　　铣床的辅助运动是工作台导轨的左右、上下及前后进给或快速移动，用手柄选择运动方向，使电动机正反旋转，并通过电气和机械的配合来实现。同样，工作台的进给速度也需要变速，变速也是采用变换齿轮来实现的，电气控制原理与主轴变速相似。

　　由于万能铣床的机械操纵与电气控制配合十分密切，因此调试与维修不仅要熟悉电气原理，同时还要对机床的操作与机械结构，特别是对机电配合应有足够的了解。

　　X62W 万能铣床常见电气故障分析与处理，如表 12-7 所示。

表 12-7　X62W 万能铣床常见电气故障与处理方法

故障现象	故障原因	处理方法
主轴停车时没有制动作用	① 电磁离合器 YC1 不工作，工作台能常速进给和快速进给； ② 电磁离合器 YC1 不工作，工作后无常速进给和快速进给	① 检查电磁离合器 YC1，如 YC1 线圈有无断线、接点有无接触不良等，此外还应检查控制按钮 SB5 和 SB6； ② 重点是检查整流器中的 4 个整流二极管是否损坏或整流电路有无断线
工作台各个方向都不能进给	① 电动机 M2 不能启动，电动机接线脱落或电动机绕组断； ② 接触器 KM1 不吸合； ③ 接触器 KM1 主触点接触不良或脱落； ④ 经常扳动操作手柄，开关受到冲击，行程开关 SQ3、SQ4、SQ5、SQ6 位置发生变化或损坏； ⑤ 变速冲动开关 SQ2-1 在复位时，不能接通或接触不良	① 检查电动机 M2 是否完好，并予以修复； ② 检查接触器 KM1、控制变压器一、二次绕组，电源电压是否正常，熔断器熔丝是否熔断，并予以修复； ③ 检查接触器 KM1 主触点，并予以修复； ④ 调整行程开关的位置或予以更换； ⑤ 调整变速冲动开关 SQ2-1 的位置，检查触点接触情况，并予以修复
主轴电动机不能启动	① 启动按钮损坏、接线松脱、接触不良或接触器线圈、导线断线； ② 变速冲动开关 SQ1 的触点（4-5）接触不良，开关位置移动或撞坏	① 更换按钮、紧固导线、检查与修复接触器线圈； ② 检查冲动开关 SQ1 的触点、调整开关位置、损坏予以修复

续表

故 障 现 象	故 障 原 因	处 理 方 法
主轴电动机不能冲动（瞬时转动）	行程开关 SQ1 经常受到频繁冲击，使开关位置改变、开关底座被撞碎或接触不良	修理或更换行程开关，调整行程开关动作行程
进给电动机不能冲动（瞬时转动）	行程开关 SQ2-1 经常受到频繁冲击，使开关位置改变、开关底座被撞碎或接触不良	修理或更换行程开关，调整行程开关动作行程
工作台能向左、右进给，但不能向前、向后、向上、向下进给	① 限位开关 SQ3、SQ4 经常被压合、螺钉松动、开关位移、触点接触不良、开关机构卡住及线路断开； ② 限位开关 SQ5-2 或 SQ6-2 被压开，使进给接触器 KM3、KM4 的通电回路均被断开	① 检查与调整 SQ3 或 SQ4，予以修复或更换； ② 检查 SQ5-2 或 SQ6-2 是否复位，并予以修复
工作台能向前、向后、向上、向下进给，但不能向左、向右进给	① 限位开关 SQ5、SQ6 经常被压合、螺钉松动、开关位移、触点接触不良、开关机构卡住及线路断开； ② 限位开关 SQ3-2 或 SQ4-2 被压开，使进给接触器 KM3、KM4 的通电回路均被断开	① 检查与调整 SQ5 或 SQ6，予以修复或更换； ② 检查 SQ3-2 或 SQ4-2 是否复位，并予以修复
工作台不能快速移动	① 电磁离合器 YC3 由于冲击力大，操作频繁，经常造成铜制衬垫磨损严重，产生毛刺划伤线圈绝缘层，引起匝间短路烧毁线圈； ② 线圈受振动，接线松脱； ③ 控制回路电源故障或 KM2 线圈断路； ④ 按钮 SB3 或 SB4 接线松动、脱落	① 如果铜制衬垫磨损严重，则更换电磁离合器 YC3，线圈烧毁重新绕制或更换； ② 紧固线圈接线； ③ 检查控制回路电源及 KM2 线圈情况，并予以修复或更换； ④ 检查 SB3 或 SB4 接线，并予以紧固

12.6　实训环节

实训二十　X62W 万能铣床电气控制系统的故障分析与处理

12.6.1　实训目的

① 会正确操作 X62W 万能铣床的电气控制系统。
② 掌握 X62W 万能铣床的电气控制系统故障分析的方法。
③ 掌握 X62W 万能铣床的电气控制系统故障检测的方法。
④ 掌握 X62W 万能铣床的电气控制系统故障处理的方法。

12.6.2　任务

现场处理屏柜式 X62W 万能铣床的继电器控制线路故障，故障现象如下。
现象 1：主轴不能工作。
现象 2：工作台不能左上后移动（一般要求学生操作观察出来）。

12.6.3　要求

① 根据故障现象，在继电器控制线路图上分析可能产生原因，确定故障发生的范围，并采用正确方法处理故障，排除故障写出故障点。实训时间 50min。

② 完成继电器控制线路故障处理报告（实表 20-1）。

实表 20-1　X62W 万能铣床的继电器控制线路故障处理报告

机床名称		
故障现象 1		
分析故障现象及处理方法		
故障处理		
故障现象 2		
分析故障现象及处理方法		
故障处理		

③ 严格遵守电工安全操作规程，必须带电检查时一定要注意人身和设备仪表的安全（通电检查最好是在实训老师监督下进行）。

④ 实训结束时，提交故障分析报告，并按 6S 管理清理现场，归位仪表和工具。

12.6.4　实训内容和步骤

第一步：正确操作观察故障现象并做好记录

（1）主轴电动机正常工作的操作及观察到的现象

① 主轴电动机的控制。主轴电动机 M1 启动前，应首先选择好主轴的速度→合上刀开关 QS1→把主轴换相开关 SA3 打在所需要的位置→按下启动按钮 SB1（或 SB2）→观察到接触器 KM1 得电吸合→主轴电动机 M1 正转（或反转），直接启动运行→按下停止按钮 SB5（或 SB6）→观察到接触器 KM1 失电复位→观察到电磁离合器 YC1 得电吸合机械抱闸动作→主轴电动机 M1 制动停车［此时，M1 电动机的旋转方向应为顺时针（或逆时针），方向即正转（或反转）］。

② 主轴换刀控制。合上刀开关 QS1→主轴换铣刀时将转换开关 SA1 扳向换刀位置→观察到电磁离合器 YC1 得电吸合机械抱闸动作→主轴处于制动状态以便换刀。

③ 主轴变速冲动联锁控制。主轴若在运行，应先停车→变速时，先拉出变速手柄，转动变速盘选择需要的转速→当把手柄向前推进时，观察到冲动行程开关 SQ1 动作→观察到接触器 KM1 得电吸合→主轴电动机 M1 启动→当手柄推回原位时，SQ1 复位→观察到接触器 KM1 失电复位→主轴电动机 M1 断电停转。

注意：与以上观察到的正确现象不同的就是故障现象，做好记录方便分析故障原因。

（2）工作台进给的操作及观察到的现象

① 工作台向上（或向后）运动的控制。主轴电动机启动→将工作台横向及升降进给操

作手柄扳向向上（或向后）的位置→行程开关 SQ4 动作→观察到接触器 KM4 线圈得电吸合→M2 反转，拖动工作台向上运动→当需要停止时，将手柄扳回中间位置→SQ4 复位→观察到接触器 KM4 失电复位→电动机 M2 停转，工作台停止运动。

②　工作台向下（或向前）运动的控制　主轴电动机启动后→将工作台横向及升降进给操作手柄扳向向下（或向前）的位置→行程开关 SQ3 动作→观察到接触器 KM3 线圈得电吸合→M2 正转，拖动工作台向下运动→当需要停止时，将手柄扳回中间位置→SQ3 复位→观察到接触器 KM3 失电复位→电动机 M2 停转，工作台停止运动。

③　工作台向左运动的控制　主轴电动机启动后→将工作台纵向控制操作手柄扳向向左的位置→行程开关 SQ6 动作→观察到接触器 KM4 线圈得电吸合→M2 反转，拖动工作台向左运动→当需要停止时，将手柄扳回中间位置→SQ6 复位→观察到接触器 KM4 失电复位→电动机 M2 停转，工作台停止运动。

④　工作台向右运动的控制　主轴电动机启动后→将工作台纵向控制操作手柄扳向向右的位置→行程开关 SQ5 动作→观察到接触器 KM3 线圈得电吸合→M2 正转，拖动工作台向右运动→当需要停止时，将手柄扳回中间位置→SQ5 复位→观察到接触器 KM3 失电复位→电动机 M2 停转，工作台停止运动。

⑤　工作台快速移动控制　当工作台上安装好工件后，由进给操作手柄选好方向，进给变速手柄调好速度，工作台按正常进给运动→按下快速移动按钮 SB3 或 SB4（两地控制）→观察到接触器 KM2 线圈得电吸合→观察到电磁离合器 YC3 得电动作，YC2 失电复位→工作台按原方向快速移动。松开快速移动按钮 SB3 或 SB4→观察到接触器 KM2 断电复位→观察到电磁离合器 YC3 断电复位，YC2 得电动作→观察到工作台快速移动停止，工作台按原进给速度、原方向继续移动。

⑥　工作台进给变速冲动联锁控制　工作台若在运行，应先停车→变速时，先拉出进给变速手柄，转动变速盘选择需要的转速→当把手柄向前推进时，观察到冲动行程开关 SQ2 动作→观察到接触器 KM3 得电吸合→进给电动机 M2 启动→当手柄推回原位时，SQ2 复位→观察到接触器 KM3 失电复位→进给电动机 M2 断电停转。

(3) 圆工作台运动控制

先将转换开关 SA2 扳到接通位置，然后将工作台的两个操纵手柄扳到零位→观察到 4 个行程开关 SQ3～SQ6 处于复位状态→按下主轴启动按钮 SB1 或 SB2→观察到接触器 KM1 得电吸合→主轴电动机 M1 启动→观察到接触器 KM3 线圈得电吸合→进给电动机 M2 正转启动→圆工作台沿顺时针方向作回转运动。

圆工作台要停止工作时，按下主轴停止按钮 SB5 或 SB6→观察到接触器 KM1 失电复位→主轴电动机 M1 停车→观察到接触器 KM3 失电复位→进给电动机 M2 停车→圆工作台停止运动。

注意：与以上观察到的正确现象不同的就是故障现象，做好记录方便分析故障原因。

第二步：分析故障现象及处理方法

(1) 主轴不能工作分析及处理方法

主轴不能工作的故障现象有两种可能（接好电源线通电后，合上刀开关 QS1）。

现象 1：按下主轴启动按钮 SB1 或 SB2，交流接触器 KM1 不动作。

现象 2：按下主轴启动按钮 SB1 或 SB2，交流接触器 KM1 动作，主轴电动机不动作。

根据以上故障现象依据电气原理图分析可能发生的故障部位或回路，缩小故障范围。

现象 1　可能发生的故障部位为三相电源、KM1 及其控制回路。

处理方法如下。

① 判断电源故障。在断电状况下通过测量能大致判断，用万用表的欧姆挡 R×100 或 R×1k 测量 QS1 在闭合时三对触点是否导通，导通则正常。测量熔断器 FU1、FU4 前后两个触点是否导通，导通则正常，否则要拆出熔体判断是否损坏，损坏了就要更换。在通电状况下通过测量能准确判断，用万用表的交流电压 500V 挡测量 QS1 在闭合时，FU1 后三相两两之间是否为交流 380V，FU4 后的控制电源是否为交流 110V，是则正常，否则要更换变压器 TC1。

② 判断交流接触器 KM1 故障。在断电状况下，用万用表的欧姆挡 R×100 或 R×1k 测量交流接触器 KM1 线圈电阻，若为几百欧姆则正常，否则损坏了。

③ 判断交流接触器 KM1 控制回路故障。在断电状况下，用万用表的欧姆挡 R×100 或 R×1k 测量端子编号 1→3→4→5→2→104→103→102→101 各个点之间的电阻（最好是断开熔断器 FU4 测量）。若 1 与 3 之间导通则正常，不通则有故障，可能是没接在停止按钮 SB6 的常闭触点上，或是停止按钮 SB6 常闭触点断开了，或是线路端子接触不良；若 3 与 4 之间导通则正常，不通则有故障，可能是没接在停止按钮 SB5 的常闭触点上，或是停止按钮 SB5 常闭触点断开了，或是线路端子接触不良；若 4 与 5 之间导通则正常，不通则有故障，可能是没接在冲动行程开关 SQ1 的常闭触点上，或是冲动行程开关 SQ1 常闭触点断开了，或是线路端子接触不良；若 5 与 2 之间在按下启动按钮 SB1（SB2）时导通则正常，不通则有故障，可能是没接在启动按钮 SB1（SB2）的常开触点上，或是启动按钮的常开触点出了问题，或是线路端子接触不良；若 2 和 104 之间为几百欧姆则正常，否则有故障，可能是没接在接触器 KM1 的线圈端子上，或是线路端子接触不良；若 104 与 103 之间导通则正常，不通则有故障，可能是没接在热继电器 FR2 的辅助常闭触点上，或是热继电器 FR2 过载动作了使辅助常闭触点断开了，或是线路端子接触不良；若 103 与 102 之间导通则正常，不通则有故障，可能是没接在热继电器 FR1 的辅助常闭触点，或是热继电器 FR1 过载动作了使辅助常闭触点断开了，或是线路端子接触不良；若 102 与 101 之间导通则正常，不通则有故障，可能是没接在换刀转换开关 SA1 的常闭触点上，或是换刀转换开关 SA1 常闭触点断开了，或是线路端子接触不良。

现象 2 可能发生的故障部位为三相电源、主回路、电动机 M1、电磁离合器 YC1 回路。处理方法如下。

① 判断电源故障。与现象 1 所述相同，重点判断缺相。

② 判断主回路故障。在断电状态下，用万用表的欧姆挡 R×100 或 R×1k 测量端子编号 U12-U13-U14-1U、V12-V13-V14-1V、W12-W13-W14-1W 之间的电阻（最好是断开电动机 M1 的接线测量），若在模拟动作交流接触器 KM1 时导通则正常，不通则有故障，可能是交流接触器 KM1 或 SA3 的主触点接触不良，或是线路端子接触不良。

③ 判断电动机 M1 损坏故障。用 500V 的兆欧表（俗称摇表）摇测电动机定子绕组的相间绝缘电阻和对地电阻。一般来说，相间绝缘电阻应大于 100MΩ，对地电阻应大于 50MΩ。

④ 判断电磁离合器 YC1 回路故障。在断电状态下，用万用表的欧姆挡 R×100 或 R×1k 测量端子编号 300 和 301 之间的电阻，若有电阻则正常，电阻为零则有故障，可能是主轴换铣刀转换开关 SA1 扳向了换刀位置。

(2) 工作台不能向左、上、后移动分析及处理方法

工作台不能向左、上、后移动的故障现象有六种可能。

现象 1：主轴电动机没启动。

主轴电动机启动后，若将工作台横向及升降进给操作手柄扳向向上（或向后）的位置。

现象 2：行程开关 SQ4 不动作。

现象 3：行程开关 SQ4 动作，交流接触器 KM4 不动作。

现象 4：交流接触器 KM4 动作，进给电动机 M2 不动作。

主轴电动机启动后，若将工作台纵向控制操作手柄扳向向左的位置。

现象 5：行程开关 SQ6 不动作。

现象 6：行程开关 SQ6 动作，交流接触器 KM4 不动作。

根据以上故障现象依据电气原理图分析可能发生的故障部位或回路，缩小故障范围。

现象 1　与主轴不能工作的分析及处理方法相同。

现象 2　可能发生的故障部位为机械故障。

处理方法如下。

判断机械故障。在断电状况下，将工作台横向及升降进给操作手柄扳向向上（或向后）的位置，用万用表的欧姆挡 R×100 或 R×1k 测量 SQ4 的常开触点 SQ4-1（12-16）是导通、常闭触点 SQ4-2（10-11）是断开的就正常，否则有机械故障需修理。

现象 3　可能发生的故障部位为 KM4 及其控制回路。

处理方法如下。

① 判断交流接触器 KM4 故障。在断电状况下，用万用表的欧姆挡 R×100 或 R×1k 测量交流接触器 KM4 线圈电阻，若为几百欧姆则正常，否则损坏了。

② 判断交流接触器 KM4 控制回路故障。在断电状况下，用万用表的欧姆挡 R×100 或 R×1k 测量端子编号 5→8→15→18→11→12→16→17→7 各个点之间的电阻（最好是断开熔断器 FU4 测量）。若 5 与 8 之间在模拟 KM1 动作时导通则正常，不通则有故障，可能是没接在 KM1 的辅助常开触点上，或是 KM1 的辅助常开触点断开了，或是线路端子接触不良；若 8 与 15 及 11 与 12 之间导通则正常，不通则有故障，可能是 SA2 没打在断开的位置，或是 SA2 的触点出了问题，或是线路端子接触不良；若 15 与 18 之间导通则正常，不通则有故障，可能是没接在行程开关 SQ5 的常闭触点上，或是行程开关 SQ5 常闭触点断开了，或是线路端子接触不良；若 18 与 11 之间导通则正常，不通则有故障，可能是没接在行程开关 SQ6 的常闭触点上，或是行程开关 SQ6 常闭触点断开了，或是线路端子接触不良；若 12 与 16 之间导通则正常，不通则有故障，可能是没接在行程开关 SQ4 的常开触点上，或是行程开关 SQ4 的常开触点断开了，或是线路端子接触不良；若 16 与 17 之间导通则正常，不通则有故障，可能是没接在 KM3 的辅助常闭触点上，或是 KM3 的辅助常闭触点断开了，或是线路端子接触不良；若 17 和 7 之间为几百欧姆则正常，否则有故障，可能是没接在交流接触器 KM4 的线圈端子上，或是线路端子接触不良。

现象 4　可能发生的故障部位为电动机 M2 及主回路。

处理方法如下。

① 判断主回路故障。用万用表的欧姆挡 R×100 或 R×1k 测量端子编号 U12-U16-2U、V12-V16-2V、W12-W16-2W 之间的电阻，若在模拟动作交流接触器 KM4 时导通则正常，不通则有故障，可能是交流接触器 KM4 的主触点接触不良，或是线路端子接触不良。

② 判断电动机 M2 损坏故障。用 500V 的兆欧表（俗称摇表）摇测电动机定子绕组的相间绝缘电阻和对地电阻。一般来说，相间绝缘电阻应大于 100MΩ，对地电阻应大于 50MΩ。

现象 5　可能发生的故障部位为机械故障。

处理方法如下。

判断机械故障。在断电状况下，将工作台纵向进给操作手柄扳向向左的位置，用万用表的欧姆挡 R×100 或 R×1k 测量 SQ6 的常开触点 SQ6-1（12-16）导通、常闭触点 SQ6-2

(11-18) 是断开的就正常，否则有机械故障需修理。

现象 6 可能发生的故障部位为 KM4 及其控制回路

处理方法与现象 3 相同。

第三步：故障处理

(1) 主轴不能工作故障处理

故障现象 1 处理

① 电源故障。熔体烧坏了，更换熔体；控制交流电压不对更换变压器 TC1；线路接触不良，紧固线路。

② 交流接触器 KM1 故障。更换 KM1。

③ 交流接触器 KM1 控制回路故障。没接在停止按钮 SB6 的常闭触点上，更正过来接好；停止按钮 SB6 常闭触点断开了，修复其触点或更换之；没接在停止按钮 SB5 的常闭触点上，更正过来接好；停止按钮 SB5 常闭触点断开了，修复其触点或更换之；没接在冲动行程开关 SQ1 的常闭触点上，更正过来接好；冲动行程开关 SQ1 常闭触点断开了，修复其触点或更换之；没接在启动按钮 SB1（SB2）的常开触点上，更正过来接好；启动按钮 SB1（SB2）的常开触点出了问题，修复其触点或更换之；没接在接触器 KM1 的线圈端子上，更正过来接好；没接在热继电器 FR2 的辅助常闭触点上，更正过来接好；热继电器 FR2 过载动作了使辅助常闭触点断开了，手动复位使其闭合；没接在热继电器 FR1 的辅助常闭触点上，更正过来接好；热继电器 FR1 过载动作了使辅助常闭触点断开了，手动复位使其闭合；没接在换刀转换开关 SA1 的常闭触点上，更正过来接好；换刀转换开关 SA1 常闭触点断开了，修复其触点或更换之；线路端子接触不良，紧固线路。

故障现象 2 处理

① 电源故障。与现象 1 所述相同。

② 主回路故障。交流接触器 KM1 或 SA3 的主触点接触不良，修复其触点或更换之；线路端子接触不良，紧固线路。

③ 电动机 M1 损坏故障。更换电动机。

④ 电磁离合器 YC1 回路故障。将主轴换铣刀转换开关 SA1 扳向非换刀位置。

(2) 工作台不能左上后移动故障处理

故障现象 1 处理

与主轴不能工作的故障现象 1 处理相同。

故障现象 2 处理

机械故障。检查与调整 SQ4，予以修复或更换。

故障现象 3 处理

① 交流接触器 KM4 故障。更换 KM4。

② 交流接触器 KM4 控制回路故障。没接在 KM1 的辅助常开触点上，更正过来接好；KM1 的辅助常开触点不正常，修复其触点或更换之；SA2 没打在断开的位置，更正过来打在断开的位置；SA2 的触点出了问题，修复其触点或更换之；没接在行程开关 SQ5 的常闭触点上，更正过来接好；行程开关 SQ5 常闭触点不正常，修复其触点或更换之；没接在行程开关 SQ6 的常闭触点上，更正过来接好；行程开关 SQ6 常闭触点不正常，修复其触点或更换之；没接在行程开关 SQ4 的常开触点上，更正过来接好；行程开关 SQ4 的常开触点不正常，修复其触点或更换之；没接在 KM3 的辅助常闭触点上，更正过来接好；KM3 的辅助常闭触点不正常，修复其触点或更换之；没接在交流接触器 KM4 的线圈端子上，更正过来接好；线路端子接触不良，紧固线路。

故障现象 4 处理

① 主回路故障。交流接触器 KM4 的主触点接触不良，修复其触点或更换之；线路端子接触不良，紧固线路。

② 电动机 M2 损坏故障。更换电动机。

故障现象 5 处理

机械故障。检查与调整 SQ6，予以修复或更换。

故障现象 6 处理

与故障现象 3 处理相同。

12.6.5　实训总结

记录本实训过程中的收获、发现的问题、心得体会等内容。

12.6.6　拓展训练题

① 故障现象如下：主轴不能正向运行；主轴不能高速运行。怎样分析与处理？

② 故障现象如下：主轴不能反向运行；无进给变速。怎样分析与处理？

③ 故障现象如下：主轴不能工作（也无高低速）；不能快速正向移动。怎样分析与处理？

省级技能抽查试题库
继电控制系统的分析与故障处理模块

继电器控制系统的分析与故障处理 13

现场处理 X62W 万能铣床的继电器控制线路故障（考场提供 X62W 万能铣床的工作原理图），故障现象如下：①主轴不能工作；②工作台不能向左、上、后移动（一般要求学生操作观察出来）。

继电器控制系统的分析与故障处理 14

现场处理 X62W 万能铣床的继电器控制线路故障（考场提供 X62W 万能铣床的工作原理图），故障现象如下：①主轴不能正向运行；②主轴不能高速运行（一般要求学生操作观察出来）。

继电器控制系统的分析与故障处理 15

现场处理 X62W 万能铣床的继电器控制线路故障（考场提供 X62W 万能铣床的工作原理图），故障现象如下：①主轴不能反向运行；②无进给变速（一般要求学生操作观察出来）。

继电器控制系统的分析与故障处理 16

现场处理 X62W 万能铣床的继电器控制线路故障（考场提供 X62W 万能铣床的工作原理图），故障现象如下：①主轴不能工作（也无高低速）；②不能快速正向移动（一般要求学生操作观察出来）。

要求

① 根据故障现象，在继电器控制线路图上分析可能产生原因，确定故障发生的范围，并采用正确方法处理故障，排除故障写出故障点。

② 完成继电器控制线路故障处理报告（实表 20-1）。

③ 严格遵守电工安全操作规程，必须带电检查时一定要注意人身和设备仪表的安全（通电检查最好是在实训老师监督下进行）。

④ 考试时间 60 分钟。考试结束时，提交故障分析报告，并按 6S 管理清理现场，归位仪表和工具。

继电器控制系统的分析与故障处理评分标准

评价内容		配分	考核点
职业素养与操作规范（20分）	工作准备	10	清点器件、仪表、电工工具、电动机，并摆放整齐，穿戴好劳动防护用品
	6S规范	10	①操作过程中及作业完成后，保持工具、仪表、元器件、设备等摆放整齐； ②操作过程中无不文明行为，具有良好的职业操守，独立完成考核内容，合理解决突发事件； ③具有安全用电意识，操作符合规范要求； ④作业完成后清理、清扫工作现场
继电器控制系统故障分析与处理（80分）	操作机床屏柜观察故障现象	10	操作机床屏柜观察故障现象并写出故障现象
	故障处理步骤及方法	10	采用正确合理的操作方法及步骤进行故障处理。熟练操作机床，掌握正确的工作原理，正确选择并使用工具、仪表，进行继电器控制系统故障分析与处理，操作规范，动作熟练
	写出故障原因及排除方法	20	写出故障原因及正确排除方法，故障现象分析正确，故障原因分析正确，处理方法正确
	排除故障点	40	故障点正确，采用正确方法排除故障，不超时，按定时处理问题
工时			60min

继电器控制系统的分析与故障处理评分细则

评价内容		配分	考核点
职业素养与操作规范（20分）	工作准备	10	清点器件、仪表、电工工具、电动机，并摆放整齐，穿戴好劳动防护用品。工具准备少一项扣2分，工具摆放不整齐扣5分，没有穿戴劳动防护用品扣10分
	6S规范	10	①操作过程中及作业完成后，工具、仪表、元器件、设备等摆放不整齐扣2分； ②考试迟到，考核过程中做与考试无关的事，不服从考场安排酌情扣10分以内；考核过程中舞弊取消考试资格，成绩计0分； ③作业过程出现违反安全用电规范的每处扣2分； ④作业完成后未清理、清扫工作现场扣5分
继电器控制系统故障分析与处理（80分）	操作机床屏柜观察故障现象	10	操作机床屏柜观察故障现象并写出故障现象，两个故障现象，不正确扣5分/个
	故障处理步骤及方法	10	采用正确合理的方法及步骤进行故障处理。方法步骤不合理扣2~5分；操作处理过程不正确规范扣1~5分；熟练操作机床，掌握正确的工作原理，操作不正确扣2分；不能正确识图扣1~5分；不能正确选择并使用工具、仪表扣5分；进行继电器控制系统故障分析与处理，操作不规范，动作不熟练扣2~5分；线路处理后的外观很乱按情况扣1~5分
	写出故障原因及排除方法	20	写出故障原因及正确排除方法，故障现象分析正确每个10分，故障现象分析不正确扣1~6分/个，处理方法不正确扣1~4分/个（根据分析内容环节准确率而定）
	排除故障点	40	采用正确方法排除故障18分/个，故障点正确2分/个
工时			60min

思考题与习题

12-1 CA6140 型普通车床电气控制具有哪些特点？

12-2 CA6140 型普通车床主轴电动机因过载而停车后，操作者按启动按钮，电动机不能启动，试分析可能的原因？

12-3 分析 Z3050 钻床电路中，时间继电器 KT 和电磁铁 YA 在什么时候动作？时间继电器 KT 各触头的作用是什么？

12-4 Z30540 钻床电路中有哪些联锁与保护？

12-5 Z3050 钻床电路中，行程开关 SQ1～SQ4 的作用是什么？

12-6 Z3050 钻床大修后，如果相序接反会出现什么现象？为什么？

12-7 M7120 平面磨床电气控制具有哪些特点？

12-8 M7120 平面磨床具有哪些保护环节？，各有什么电器元件来实现？

12-9 M7120 平面磨床的电磁吸盘线圈为何要用直流供电而不能用交流供电？

12-10 M7120 平面磨床的电磁吸盘退磁不好的原因有哪些？

12-11 T68 镗床的各进给部件具有哪几种进给方式？

12-12 T68 镗床电气控制具有哪些特点？

12-13 T68 镗床是如何实现主轴变速控制的？

12-14 试叙述 T68 镗床快速进给的控制过程。

12-15 T68 镗床电路中行程开关 SQ1～SQ9 各起什么作用？

12-16 X62W 万能铣床电气控制线路具有哪些电气联锁？

12-17 简述 X62W 万能铣床主轴变速控制的控制过程？

12-18 简述 X62W 万能铣床主轴制动过程？

12-19 简述 X62W 万能铣床工作台快速移动的控制过程？

12-20 如果 X62W 万能铣床工作台各个方向都不能进给，试分析故障原因？

12-21 X62W 万能铣床主轴变速冲动与 T68 镗床的各有何特点？

12-22 如果 X62W 万能铣床工作台能左右进给，但不能前后、上下进给，试分析故障原因？

项目 13

某冷库的继电-接触器控制系统设计

13.1 教学目标

① 熟悉电气原理图设计的基本步骤及一般规律。
② 掌握常用控制电器的选择。
③ 掌握电气控制原理图的设计方法。

13.2 相关知识

13.2.1 电气原理图设计的基本步骤及一般规律

13.2.1.1 电气控制系统设计的基本原则和内容

(1) 电气控制系统设计的基本原则

① 最大限度地满足生产机械和生产工艺对电气控制的要求。一个企业要生产出好的产品是由生产工艺决定的，电气和机械都是为工艺服务的，电气有些是直接为工艺服务，还有些是通过机械为工艺服务，满足这些生产工艺要求或机械要求是电气控制设计的依据。因此在设计前，应深入现场进行调查，搜集资料，并与生产过程有关工艺人员、机械部分设计人员、实际操作者密切配合，明确控制要求，共同拟定电气控制方案，协同解决设计中的各种问题，使设计成果满足生产工艺要求或机械要求。

② 在满足控制要求前提下，设计方案力求简单、经济、合理，才能达到高的性价比，而不要盲目追求自动化和高指标，力求控制系统操作简单、使用与维修方便。

③ 正确、合理地选用电器元件，确保控制系统安全可靠地工作，同时考虑技术进步、造型美观。

④ 为适应生产的发展和工艺的改进，在选择控制设备时，设备能力留有适当裕量。

(2) 电气控制系统设计的基本内容

电气控制系统的设计主要包括电气原理图设计和电气工艺设计两部分，是根据系统的控制要求，设计和编制出电气设备制造、使用和维修中必备的图样、清单、说明书等资料。设计的基本内容如下。

① 拟定电气设计任务书。电气设计任务书是电气设计的依据，是由电气设计人员、机械设计及企业管理决策人员共同分析设备的原理及动作要求、技术及经济指标后确定的。

② 选择拖动方案。设备的拖动方法主要有电力拖动、液压传动、气动等多种，选择拖动方案是根据拖动系统的控制要求，合理选择电动机类型和参数，在电力拖动系统中还要对电动机的启动及换向方法、调速及制动方法进行方案设计。

③ 选择控制方式。随着电力电子技术、计算机技术、自动控制理论的不断发展进步，

机械结构及工艺水平的不断提高，电气控制技术也由传统的继电-接触器控制向顺序控制、PLC控制、计算机网络控制等方面发展，出现了多种控制方式，根据拖动方式和设备自动化程度的要求合理地选择控制方式成为设计中的一部分。

对于一般机械设备，其工作程序是固定不变的，多选用继电-接触器控制。对经常变换加工工序的设备可采用PLC控制，对复杂控制系统（自动生产线、加工中心等）采用工业控制计算机和组态软件控制。

④ 设计电气控制原理图，合理选用元器件，编制元器件目录清单。电气原理图主要包括主电路、控制电路和辅助电路。根据电气原理合理选择元器件，并列写元器件清单。

⑤ 设计电气设备制造、安装、调试所必需的各种工艺性技术图纸（设备布置图、元器件安装底板图、控制面板图、电气安装接线图、电气互连图等），并以此依据编制各种材料定额清单。

⑥ 编写设计说明书和使用说明书。

13.2.1.2　电气原理图设计的基本步骤

① 根据选定的拖动方案和控制方式设计主电路和控制电路的电气原理框图，并拟订出主电路和控制电路的主要技术要求和主要技术参数。

② 根据各部分的要求，设计出电气原理框图中各个部分的具体电路。对于每一部分电路的设计都是按照主电路→控制电路→联锁与保护→总体检查顺序，反复修改与完善来进行。

③ 绘制系统总电气原理图。按系统框图结构将各部分电路连成一个整体，完善辅助电路，绘成系统电气原理图。

④ 合理选择电气原理图中每一电器元件，制订出元器件目录清单。

13.2.1.3　电气原理图设计中的一般规律

① 电气控制系统应满足生产机械的工艺要求。

在设计前，应对生产机械工作性能、结构特点、运动情况、加工工艺及加工情况有充分的了解，并在此基础上考虑控制方案，如控制方式、启动、制动、反向及调速要求，必要的联锁与保护环节，以保证生产机械工艺要求的实现。

② 尽量减少控制电路中电流、电压的种类，控制电压应选择标准电压等级（表13-1）。

表 13-1　常用控制电压等级

控制电路类型		常用的电压值/V	电源设备
交流电力传动的控制电路较简单	交流	380、220	不用控制电源变压器
交流电力传动的控制电路较复杂		110（127）、48	采用控制电源变压器
照明及信号指示电路		48、24、6	采用控制电源变压器
直流电力传动的控制电路	直流	220、110	整流器或直流发电机
直流电磁铁及电磁离合器的控制电路		48、24、12	整流器

③ 尽量选用典型环节或经过实际检验的控制线路。

④ 在控制原理正确的前提下，减少连接导线的根数与长度。

合理地安排各电器元件之间的连线，尤其注重电气柜与各操作面板、行程开关之间的连线，使电路结构更为合理。例如，图13-1（a）所示两地控制电路原理虽然正确，但因为电气柜及一组控制按钮安装在一起，距另一地的控制按钮有一定的距离，两地间的连线较多，而图13-1（b）所示两地间的连线较少，结构更合理。

⑤ 合理安排电器元件及触点的位置。如图13-2所示。

⑥ 减少线圈通电电流所经过的触点数，提高控制线路的可靠性；减少不必要的触点和电器通电时间，延长器件的使用寿命。图13-3（a）所示的顺序控制电路，KA3线圈通电电

流要经过 KA1、KA2、KA3 三对触点，若改为图 13-3（b）电路，则每个继电器的接通，只需经过一对触点，工作较为可靠。

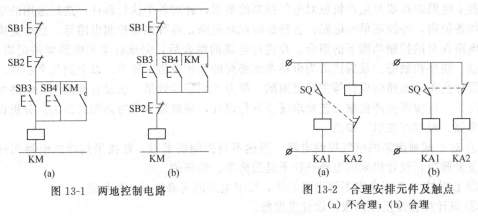

图 13-1　两地控制电路　　　　　图 13-2　合理安排元件及触点
（a）不合理；（b）合理

　　⑦ 保证电磁线圈的正确连接方法。电磁式电器的电磁线圈分为电压线圈和电流线圈两种类型。为保证电磁机构可靠工作，同时动作的电压线圈只能并联连接，不允许串联连接，否则，因衔铁气隙的不同，线圈交流阻抗不同，电压不会平均分配，导致电器不能可靠工作；反之，电流线圈同时工作时只能串联，不能并联。要避免电路出现寄生电路。图 13-4 所示为存在寄生电路的控制电路，所谓寄生电路是指控制电路在正常工作或事故情况下，发生意外接通的电路。若有寄生电路存在，将破坏电路的工作顺序，造成误动作。图 13-4 在正常情况下，电路能完成启动、正反转和停止的操作控制，信号灯也能指示电动机的状态，但当出现过热故障时，热继电器 FR 常闭触点断开时，出现如图中虚线所示的寄生电路，将使 KM1 不能断电释放，电动机失去过热保护。

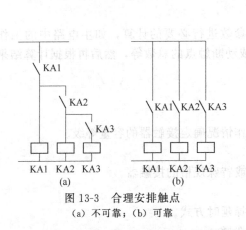

图 13-3　合理安排触点
（a）不可靠；（b）可靠

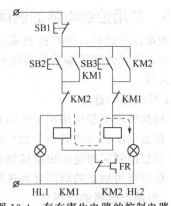

图 13-4　存在寄生电路的控制电路

　　⑧ 控制变压器容量的选择。控制变压器用来降低控制电路和辅助电路的电压，满足一些电器元件的电压要求。在保证控制电路工作安全可靠的前提下，控制变压器的容量应大于控制电路最大工作负载时所需要的功率即

$$S_T \geqslant K_T \sum S_{XC}$$

式中　$\sum S_{XC}$——控制电路在最大负载时电器所需要的功率（S_{XC} 为电器元件的吸持功率）；

　　　　K_T——变压器容量的储备系数，一般取 $1.1 \sim 1.25$。

13.2.2　电气控制原理图的设计方法

　　电气控制原理图的设计方法有分析设计法、逻辑设计法和参照设计法三种。

（1）分析设计法

分析设计法是以继电-接触器电路的基本规范及基本单元电路为基础的设计方法。设计时根据主电路的构成及生产机械对电气控制的要求，针对各个执行器件，选择通用的单元电路，如各种启、停控制单元电路，各种延时控制电路，各种调速控制电路等。然后完成这些单元电路在总的控制功能下的组合。在进行电路的组合后，完成各单元电路间的逻辑制约，如互锁、顺序控制等。最后还需为电路考虑必要的保护及指示环节。以上的几个步骤，主电路的设计及单元电路的设计等需反复斟酌，努力达到最佳效果。在没有现成单元电路可利用的情况下，可按照生产机械工艺要求逐步进行设计，采取边分析边画图的方法。分析设计法易于掌握。但也存在以下缺点。

① 对于试画出来的电气控制电路，当达不到控制要求时，往往采用增加电器元件或触点数量来解决，设计出来的电路往往不是最简单、经济的。

② 设计中可能因考虑不周出现差错，影响电路的可靠性及工作性能。

③ 设计过程需反复修改，设计进度慢。

④ 设计步骤不固定。

（2）逻辑设计法

逻辑设计法克服了分析设计法的缺点。它从机械设备的工艺资料（工作循环图，液压系统图）出发，根据控制电路中的逻辑关系，并经逻辑函数式的化简，再画出相应的电路图，这样设计出的控制电路既符合工艺要求，又能达到电路简单、可靠、经济合理的目的，但较复杂的电气控制系统，现已不使用继电-接触器控制系统来实现。

（3）参照设计法

根据已有的（负载容量不同）或类似的继电控制系统进行参考设计，把要求不同的地方进行改进设计。这种方法在企业进行技术改造时经常用，是一种比较实用的设计方法。

13.2.3　常用控制电器的选择

原理设计完成后，要对控制系统中的有关参数进行必要的计算，如主电路中的工作电流、各种电器元件额定参数及其在电路中动合或动断触点的总数等，然后再根据计算结果选择电器元件。

（1）接触器的选用

① 根据使用类型选用相应产品系列。

② 根据电动机（或其他负载）的功率和操作情况确定接触器的容量等级。

③ 根据控制回路电压决定接触线圈电压。

④ 根据使用地点的周围环境选择有关系列或特殊规格的接触器。

（2）时间继电器的选择

① 根据控制电路中对延时触点的要求来选择延时方式。

② 根据延时准确度要求和延时长短要求来选择。

③ 根据使用场合、工作环境选择。

（3）热继电器的选用

① 根据被保护电动机的实际启动时间，选取 6 倍额定电流下具有相应可返回时间的热继电器。一般热继电器的可返回时间，大约为 6 倍额定电流下动作时间的 $50\% \sim 70\%$。

② 热元件额定电流的选取。

一般可按下式选取。

$$I_{\mathrm{N}} = (0.95 \sim 1.05)I_{\mathrm{NM}}$$

对工作环境恶劣、启动频繁的电动机，则按下式选取。

$$I_N = (1.15 \sim 1.5)I_{NM}$$

热元件选好后，还需用电动机的额定电流来调整它的整定值。

(4) 熔断器的选择

① 熔断器类型选择。

② 熔体额定电流的确定。

- 对电炉、电灯照明等负载，熔体的额定电流应大于或等于实际负载电流。
- 对输配电线路，熔体的额定电流应小于线路的安全电流。
- 对电动机一般按下式计算。

对于单台电动机

$$I_{NF} = (1.5 \sim 2.5)I_{NM}$$

式中　I_{NF}——熔体额定电流，A；

　　　I_{NM}——电动机额定电流，A。

轻载启动或启动时间较短，上式的系数取 1.5，重载启动或启动次数较多、启动时间较长时，系数取 2.5。

对于多台电动机

$$I_{NF} = (1.5 \sim 2.5)I_{NM\,max} + \sum I_M$$

式中　$I_{NM\,max}$——容量最大一台电动机的额定电流，A；

　　　$\sum I_M$——其余各台电动机额定电流之和，A。

熔体额定电流确定以后，就可确定熔管额定电流，应使熔管额定电流大于或等于熔体额定电流。

13.3　继电-接触器控制系统设计实例

下面以某冷库为例，设计一个继电-接触器控制系统。

项目描述：某冷库要求对压缩机电动机、冷却塔电动机、蒸发器电动机、水泵电动机及电磁阀进行控制。需要开启制冷机组时，必须先打开水泵电动机、蒸发器电动机、冷却塔电动机，延时一段时间后再启动压缩机，再延时一段时间后再开启电磁阀；停机时，以上电器同时停止。

(1) 主电路框架设计

主电路一般包括刀开关、熔断器、交流接触器、热继电器、负载或电动机五个部分，若用断路器替代刀开关和熔断器，则为四个部分。容量较小的负载主电路则可更加简化，如与其他主电路共用交流接触器或者是去掉热继电器。此项目需要控制的对象有：水泵电动机、冷却塔电动机、蒸发器电动机、压缩机电动机和电磁阀 5 个对象。说明应有 5 个主电路，启动机组时，水泵电动机、冷却塔电动机、蒸发器电动机同时启动，鉴于它们的容量较小，可将其接于同一供电回路，而压缩机电动机及电磁阀因需依次延时一段时间，故需分开设计。此设计的主电路如图 13-5 所示。

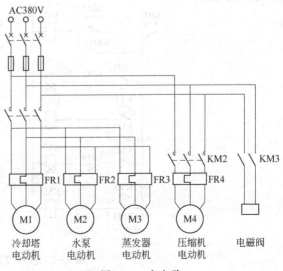

图 13-5　主电路

（2）主电路元器件选择

所有主电路元件都是根据负载电流来选择，例如压缩机电动机主电路，假设压缩机电动机为 15kW，功率因数为 0.9，额定效率为 0.85，则

$$I_N = \frac{P_N}{\sqrt{3}U_N \eta_N \cos\varphi} = \frac{15000}{1.732 \times 380 \times 0.85 \times 0.9} = 30A$$

刀开关的选择：HZ10-63A/380V。

熔断器的选择：$I_{NF} = (1.5 \sim 2.5)I_{NM} = 2 \times 30 = 60A$，选 RL6-63A/380V。

接触器的选择：CJ20-40A/380V，线圈电压为交流 380V。

热继电器的选择：$I_N = (0.95 \sim 1.05)I_{NM} = 1 \times 30 = 30A$，选用 JR36-36A/380V。

（3）列出主电路中电气元件动作的要求

根据控制对象要求和主电路的布局，列出电气元件动作的要求如下。

① 按下启动按钮后，KM1 首先吸合。

② 延时一段时间后，KM2 吸合。

③ 再延时一段时间后，KM3 吸合。

④ 按下停止按钮后，所有电动机立即停止。

⑤ 电路工作时应具有一定的指示及保护功能。

（4）控制电路选择基本控制环节，并进行初步的组合

根据上述要求，至少应选择一个自保持环节及两个延时环节，如图 13-6 所示。基本电路组合时，应理清动作顺序关系。首先是自保持电路动作，带动延时电路 KT1 动作，然后是延时电路 KT1 带动延时电路 KT2 动作，也可以自保持电路动作后，同时带动延时电路 KT1 和延时电路 KT2 动作，不过延时电路 KT2 的延时时间长一些。

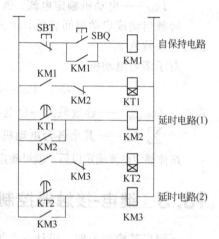

图 13-6　基本控制环节电路

选用各环节中的接触器直接控制主回路和各电动机，并选自保持电路的停止按钮 SBT 控制整个电路，作为总停开关。如图 13-7 所示，为基本控制环节的组合电路，图 13-7（a）为延时环节依次触发电路，图 13-7（b）为延时环节同时触发电路。

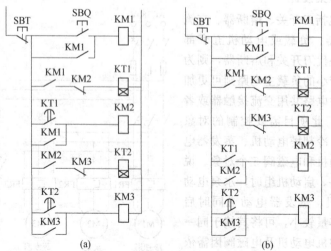

图 13-7　基本控制环节的组合
（a）延时环节依次触发；（b）延时环节同时触发

（5）控制电路简化线路

对图 13-7 的电路，可以将一些功能上相同、接法上相似的触点合二为一，时间继电器 KT1 线圈回路中的 KM1 的动合触点与 KM1 线圈回路中的 KM1 的动合触点的一端均接于一点，将 KM1 线圈回路中的 KM1 动合触点省去，直接借用 KT1 线圈回路中的 KM1 的动合触点。与此类似，时间继电器线圈回路中还有与 KM2 线圈回路中相同的 KM2 的动合触点，可以省去一个。简化后电路如图 13-8 所示。

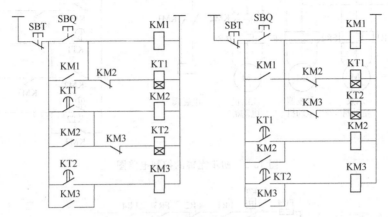

图 13-8　控制电路的简化

（6）对照要求，完善电路

对照本例主电路电气元件动作的要求，①、②、③、④四条均已满足要求，下面完善第⑤条功能。

① 具有保护功能。为实现短路保护，可在主电路中串接熔断器 FU1、FU2、FU3，在控制线路中串接熔断器 FU4、FU5，为防止电动机过载，可在每组电动机主电路中加装热继电器 FR1～FR4。利用热继电器的触头电路，使电路在电动机过载时采取一定的防范措施。考虑到该系统只要有一台电动机过载，整个系统便不能正常工作，因此只要有电动机过载，就应使系统总停，故热继电器 FR1～FR4 的动断触点应全部与总停按钮串接于一起。

由于两时间继电器同时触发电路，在时间继电器 KT1 损坏时，KT2 同样能被触发延时，有可能造成误动作。为了避免这处情况，故选择了两时间继电器依次触发电路，这样在时间继电器 KT1 损坏时，时间继电器 KT2 不能被触发，提高了系统的安全性。

此时，控制电路如图 13-9 所示。

② 具有机组运转状态指示。机组运转状态有三种：风机、水泵、冷却塔电动机启动，压缩机启动和电磁阀打开进入制冷状态。外加电源指示灯，共设 4 个指示灯。指示灯可与相应接触器动合触点串接后，并联于电源之间即可，这样在接触器动作后，相对应的指示灯亮。

③ 该冷库控制电路应具有自动停机功能。在冷库温度低于规定值后，制冷机组应停止转动。为了实现这一功能，可在冷库内安装温度控制器，在达到设定温度后，温度控制器自动动作，触点断开。此时可将其动断触点串接在控制电路总支路中，与停止按钮功能相同。完善后的控制电路如图 13-10 所示。

4 个灯依次表示：电源、机组启动、压缩机启动、制冷。

（7）统计继电-接触器及触点数，并进行合理安排

本电路中，使用的接触器及继电器 KM1、KM2、KM3、KT1、KT2、热继电器 FR1～FR4 所用的触点数见表 13-2。

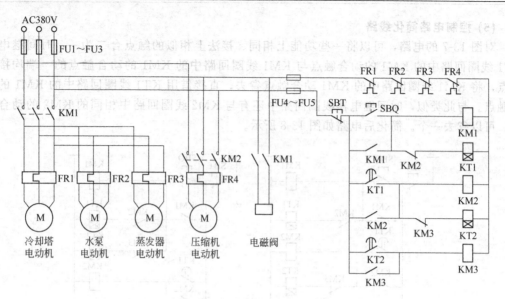

图 13-9　初步完善的控制电路图

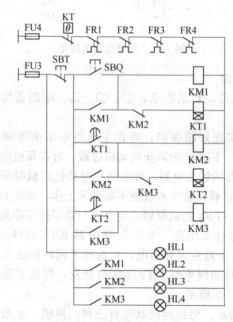

图 13-10　指示及温度控制

表 13-2　接触器、继电器所用的触点数统计

名　称	控制回路所用触点数		主回路所用触点数		合　计	
	动　合	动　断	动　合	动　断	动　合	动　断
KM1	2		3		5	
KM2	2	1	3		5	1
KM3	2	1	3		5	1
KT1	1				1	
KT2	1				1	
FR1～FR4	各 1					各 1

从表中可以看出，无论接触器还是继电器，其触点数量都不是太多，对于一般既具有动合触点又具有动断触点的接触器和继电器来说是足够用的，因此该电路不用改动。

如果触点的数量不够使用，可另加一中间继电器扩展触点，但该方法增加了元件的数量。如能简化线路，减少触点的使用数量，则尽量简化线路，使所用的元件数尽可能地少。例如本例中，将指示灯并接于相应接触器的线圈两端，可省去一对触点。

(8) 线路的分析与完善

线路设计完毕后，往往还有一些不合理的情况，需要对其分析并进行完善。

① 是否已完全简化。对电路的简化应再进行一次，看触点的数量是否使用过多，是否连线最方便、最短等。

② 回路内是否存在寄生回路。在某些较复杂的情况下，有些回路并不是所希望的，这就是寄生回路。寄生回路的产生，可使电路在某些情况下误动作，而有些情况下则振动，造成能源无谓地消耗。

③ 防止误操作。每个电路都应分析按钮在各种情况按下时的动作情况。例如在电动机正反转电路中，当正转时按下反转按钮，电路如何反应，正反转按钮同时按下时，是正转还是反转等都应仔细分析，以防止操作失误对设备造成损坏。

(9) 实践验证

设计后的电路，应进行一次可行性的验证。试验时可采取一定的保护措施，以验证各种特殊情况下的反应，确无问题后，方可认为设计方案可投入运行。

项目 14

一台小型电动机电气控制系统工艺设计

 14.1　教学目标 ==============

① 熟悉电气控制系统工艺设计的内容。
② 掌握电气接线图和互连图的绘制。
③ 掌握电气控制系统工艺设计的过程。

 14.2　相关知识 ==============

14.2.1　电气控制系统工艺设计的内容

(1) 电气设备安装分布总体方案的拟定

按照国家有关标准规定，生产设备中的电气设备应尽可能地组装在一起，使其成为一台或几台控制装置。只有那些必须安装在特定位置的器件，如按钮、手动控制开关、行程开关、电动机等才允许分散安装在设备的各处。所有电气设备应安装在方便接近的位置，以便于维护、更换、识别与检测。根据上述规定，首先应根据设备电气原理图和操作要求，决定电气设备的总体分布及布置哪些电气控制装置，如控制柜、操纵台或悬挂操纵箱等，然后确定各电器元件的安装方式等。在安排电气控制箱时，需经常操作和查看的箱体应放在操作方便、统观全局的地方；悬挂操纵箱应置于操作者附近；发热或噪声大的电气设备要置于远离操作者的地方。

(2) 电气控制装置的结构设计

根据所选用的电器的分布、尺寸，所选控制装置（控制柜、操纵台或悬挂操纵箱等）的外形，设计出电气控制装置的结构。设计时一定要考虑电器元件的安装空间。结构设计完成后，结合电器安装板图设计，最终应绘出电气控制装置的施工图纸。

(3) 设计及绘制电气控制装置的电气布置图

电气控制装置的电气布置图是往电气控制装置内安装电气元件时，必需的技术资料，它表明各电器元件在电气控制装置面板或内部的具体安装部位。因此，绘制电器布置图时，应按电器元件的实际尺寸及位置来画，元件的外形尺寸按同一比例画出，并在图上标注出电器元件的型号。

控制柜内电器元件布置时，必须隔开规定的间隔和爬电距离，并考虑维修条件；接线端子、线槽及电器元件必须离开柜壁一定的距离。按照用户技术要求制作的电气装置，最少要留出 10% 的面积作备用，以供控制装置改进或局部修改用。

除了人工控制开关、信号和测量指示器件外，门上不得安装任何器件。由同一电源直接供电的电器最好安装在一起，与不同控制电压供电的电器分开。电源开关最好装在控制柜内右上方，其上方最好不再安装其他电器。作为电源隔离开关的胶壳开关一般不安装在控制柜内。体积大或较重的电器置于控制柜的下方。发热元件安装在控制柜上方，并将发热元件与感温元件隔开。弱电部分应加屏蔽和隔离，以防强电及外界干扰。应尽量将外形与结构尺寸相同的电器元件安装在一起，这样既便于安装又整齐美观。

为利于电器维修工作，经常需要更换或维修的器件，要安装在便于更换和维修的高度。电器布置还要尽可能对称，以使整个柜子的重心与几何中心尽量重合。和电气布置图类似的还有电气控制板图。电气控制板是安装电器的底板，电气控制板图上标绘的是各电器安装脚孔的位置及尺寸。

(4) 绘制电气控制装置的接线图

电气控制装置的接线图，标绘某安装板上各电器间线路的连接，是提供给接线工人的技术资料。不懂电气原理图的接线工人也可根据电气控制装置的接线图完成接线工作。绘制电气控制装置接线图，应遵循以下原则：图中各电器元件应按实际位置绘制，但外形尺寸的要求不像电器布置图那么严格；图中各电器元件应标注与电气控制电路图相一致的文字符号、支路标号、接线端子；图一律用细线绘制，应清楚地表明各电器元件的接线关系和接线去向；当电气系统较简单时，可采用直接接线法，直接画出元件之间的接线关系；当电气系统比较复杂时，采用符号标注接线法，即仅在电器元件端处标注符号以表明相互连接关系；板后配线的接线图，应按控制板翻转后方位绘制电器元件，以便施工配线，但触点方向不能倒置；应标注出配线导线的型号、规格、截面积和颜色；除接线板或控制柜的进、出线截面较大以外，其余都必须经接线端子连接；接线端子上各接点按接线号顺序排列，并将动力线、交流控制线、直流控制线等分类排开。

(5) 绘制总电路接线图

总电气接线图，标绘系统各电气单元间线路的连接。绘制总的电气接线图时可参照电气原理图及上面提到的各电气控制部件的接线图。

14.2.2 电气接线图和互连图的绘制

电气接线图绘制的前提条件是在电气原理线路图的基础上，根据元器件的物理结构及安装尺寸，在电气安装底板上排出器件具体安装位置，绘制出元器件布置图及安装底板图，根据元器件布置图中各个元器件的相对位置绘制电气接线图。

(1) 电气接线图绘制原则

绘制原则一：在接线图中，各电器元件的相对位置应与实际安装位置一致。在各电器元件的位置图上，以细实线画出外形方框图（元件框），并在其内画出与原理图一致的图形符号，一个元件所有电器部件的电气符号均集中在本元件框内，不得分散画出。

绘制原则二：在原理图标注接线标号，简称线号，主回路线号的标注通常采用字母加数字的方法标注，控制回路线号采用数字标注。控制电路线号标注的方法可以在继电-接触器线圈上方或左方的导线标注奇数线号，线圈下方或右方的导线标注偶数线号；也可以由上到下、由左到右地顺序标注线号。线号标注的原则是每经过一个电器元件，变换一次线号（不含接线端子）。

绘制原则三：给各个器件编号，器件编号用多位数字。通常，器件编号连同电器符号标注在器件方框的斜上方（左上角或右上角）。

绘制原则四：接线关系的表示方法有两种。一是连续线表示法，用数字标注线号，器件间用细实线连接表示接线关系，由于器件间连接线条多，使得电气接线图面显得较为杂乱，多用于接线关系简单的电路。二是导线二维标注法。二维标注法采用线号和器件编号的二维空间标注来表示导线的连接关系，即器件间不用线条连接，只简单地用数字标注线号，用电气符号或数字标注器件编号，分别写在电器元件的连接线上（含线侧）和出线端，指示导线编号及去向。导线二维标注法具有结构简单，易于读图的优点，广泛适用于简单和复杂电气控制系统的接线图设计。

绘制原则五：配电盘底板与控制面板及外设（如电源引线、电动机接线等）间一般用接线端子连接，接线端子也应按照元器件类别进行编号，并在上面注明线号和去向（器件编号），但导线经过接线端子时，导线编号不变。

（2）电气安装互连图的绘制

电气安装互连图用来表示电气设备各单元间的接线关系。互连图可以清楚地表示电气设备外部元件的相对位置及它们之间的电气连接，是实际安装接线的依据，在生产现场中得到广泛的应用。

不同单元线路板上电器元件的连接必须经接线端子板连接，系统设计时应根据负载电流的大小计算并选择连接导线，原理图中注明导线的标称截面积和种类。主要绘制规则如下。

① 互连图中导线的连接关系用导线束表示，连接导线应注明导线规范（颜色、数量、长度和截面积等）。

② 穿管或成束导线还应注明所有穿线管的种类、内径、长度及考虑备用导线后导线根数。

③ 注明有关接线安装的技术条件。

14.3 电气控制系统工艺设计实例

除电气原理设计以外，完整的工程设计还包括配电柜外形结构、安装底板图、操作（控制）面板图、电气接线图的绘制，以及编写使用、维护说明书等工艺设计内容。

结合电气控制设备制造的工程实际，以一台小型电动机控制线路设计为例，结合电气接线图和电气互连图的绘制原则，进一步说明电气控制系统工艺设计的过程。

（1）电动机启停控制电气原理图

电动机启停控制电路如图14-1所示。为便于施工，设计电气接线图，电气原理图中依据线号标注原则标出了各导线标号，大电流导线标出了载流面积（根据电动机工作电流计算出导线的截面积）。

图中接触器线圈符号的下方数字分别说明其动合主触点，动合、动断辅助触点所在的列号，用于分析工作原理时查找该接触器控制的器件。元器件清单见表14-1和表14-2。

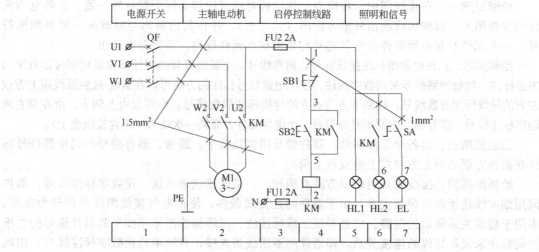

图 14-1 电动机启停控制电路

表 14-1　电器元件表

序　号	符　号	名　称	型　号	规　格	数　量
1	M	异步电动机	Y80	1.5kW，380V，1440r/min	1
2	QF	低压断路器	C45N	3 级，500V，32A	1
3	KM	交流接触器	CJ21-10	380V，10A，线圈电压 220V	1
4	SB1	控制按钮	LAY3	红	1
5	SB2	控制按钮	LAY3	绿	1
6	SA	旋转开关	NP2	220V	1
7	HL	指示信号灯	ND16	380V，5A	2
8	EL	照明灯		220V，40W	1
9	FU	熔断器	KT18	250V，4A	2

表 14-2　管内敷线明细表

序　号	穿线用管类型	电　线		接线端子号
		截面积/mm²	根　数	
1	φ10mm 包塑金属软管	1	2	9、10
2	φ20mm 金属软管	0.75	6	1～6
3	φ20mm 金属软管	1.5	5	L1、L2、L3、N、PE
4	YHZ 橡套电缆	1.5	4	U2、V2、W2、PE

（2）电气安装位置图

电气安装位置图又称布置图，主要用来表示原理图所有电器元件在设备上的实际位置，为电气设备的制造、安装提供必要的资料。图中各电器符号与电气原理图和元器件清单中的器件代号一致。根据此图可以设计相应器件安装打孔位置图，用于器件的安装固定。电气安装位置图同时也是电气接线图设计的依据。

电动机启停控制电路的电气安装分为操作（控制）面板和电器安装底板（主配电盘）两部分。操作（控制）面板设计在操作平台或操作柜柜门上，用于安装各种主令电器和状态指示灯等器件，控制面板与主配电盘间的连接导线采用接线端子连接，接线端子安装在靠近主配电盘接线端子的位置。电器安装底板用来安装固定除操作按钮和指示灯以外的其他电器元件，电器安装底板安装的元器件布置位置一般自上而下，自左而右依次排列；底板与控制操作面板相连接的接线端子，一般布置在靠近控制面板的上方或柜门轴侧；底板与电源或电动机等外围设备相连的接线端子，一般布置在配电盘的下方靠近过线孔的位置。电气安装位置如图 14-2 和图 14-3 所示。

（3）电气接线图

根据电气安装位置图绘制电气接线图的具体原则，分别绘制操作面板和电器安装底板的电气接线图。

如图 14-4 所示为电器安装底板（配电盘）的电气接线图。图中，元件所有电气符号均集中在本元件框的方框内；各个器件编号，连同电器符号标注在器件方框的右上方；电气接线图采用二维标注法表示导线的连接关系，线侧数字表示线号，线端数字 20～25 表示器件编号，用于指示导线去向，布线路径可由电气安装人员自行确定。

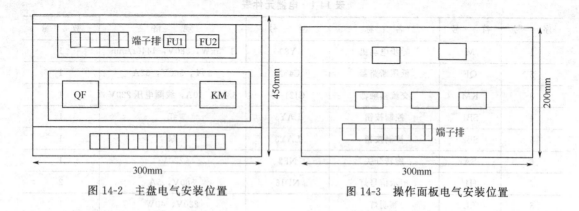

图 14-2　主盘电气安装位置　　　　　图 14-3　操作面板电气安装位置

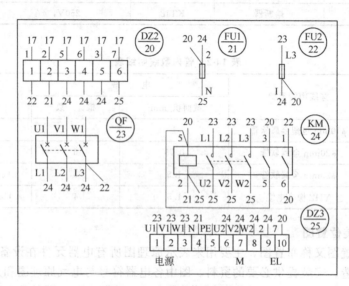

图 14-4　电器安装底板接线

(4) 操作（控制）面板的电气接线图

如图 14-5 所示为操作面板的电气接线图。图中，线侧和线上数字 1～7 表示线号；线端数字 10～25 表示所去器件编号。控制面板接线用于指示导线去向。控制面板与主配电盘间的连接导线通过接线端子连接，并采用塑料蛇形套管防护。

(5) 电气安装互连图

电气安装互连图表示电动机启停控制电路的电气控制柜和外部设备及操作面板间的接线关系，如图 14-6 所示。图中，导线的连接关系用导线束表示，并注明了导线规范（颜色、数量、长度和截面积等）和穿线管的种类、内径、长度及考虑备用导线后的导线根数。连接电器安装底板和控制面板的导线，采用蛇形塑料软管或包塑金属软管保护；控制柜与电源、电动机间采用电缆线连接（为了作图方便，接线端子与实际位置不一致）。

(6) 安装调试

设计工作完毕后，要进行样机的电气控制柜安装施工，按照电气接线图和电气安装互连图完成安装及接线，经检查无误且连接可靠，进行通电试验。首先在空载状态下（不接电动机等负荷）通过操作相应开关，给出开关信号，试验控制回路各电器元件动作以及指示的正确性。经过调试，各电器元件均按照原理要求动作准确无误后，方可进行负载试验。第二步

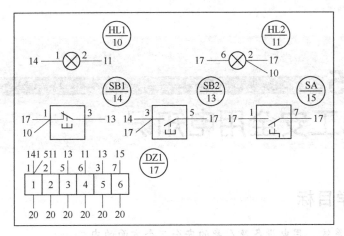

图 14-5　操作面板电气接线

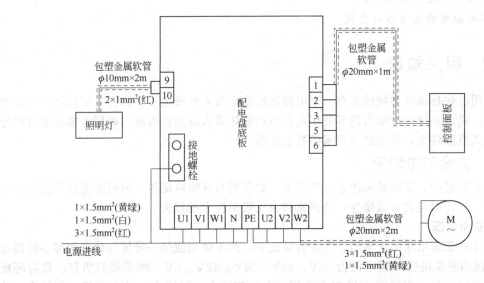

图 14-6　电气安装互连图

的负载试验通过后，编号相应的报告、原理、使用操作说明文件。

思考题与习题

14-1　简述电气原理图的设计原则。

14-2　简述电气安装位置图的用途，以及与电气接线图的关系。

14-3　简述应用导线二维标注法绘制电气接线图的基本思想。

14-4　简述电气接线图的绘制步骤。

14-5　简述电气接线图和电气互连图有什么不同之处。

14-6　绘制配电盘的打孔位置图时，应综合考虑哪些因素？

14-7　为了确保电动机正常安全运行，电动机应具有哪些保护措施？

14-8　为什么电器元件的电流线圈要串接于负载电路中，电压线圈要并接于被测电路的
　　　两端？

项目 15
电工安全用电知识

15.1 教学目标

① 熟悉供电系统、用电设备及人身的安全三个方面的内容。
② 掌握电气火灾消防知识。
③ 掌握触电的危害性与急救。

15.2 相关知识

安全用电包括供电系统的安全、用电设备的安全及人身安全三个方面，它们之间又是紧密联系的。供电系统的故障可能导致用电设备的损坏或人身伤亡事故，而用电事故也可能导致局部或大范围停电，甚至造成严重的社会灾难。

15.2.1 安全用电知识

在用电过程中，必须特别注意电气安全，如果稍有麻痹或疏忽，就可能造成严重的人身触电事故，或者引起火灾或爆炸，给国家和人民带来极大的损失。

（1）安全电压

交流工频安全电压的上限值，在任何情况下，两导体间或任一导体与地之间都不得超过50V。我国的安全电压的额定值为42V、36V、24V、12V、6V。如手提照明灯、危险环境的携带式电动工具，应采用36V安全电压；金属容器内、隧道内、矿井内等工作场合，狭窄、行动不便及周围有大面积接地导体的环境，应采用24V或12V安全电压，以防止因触电而造成的人身伤害。

（2）安全距离

为了保证电气工作人员在电气设备运行操作、维护检修时不致误碰带电体，规定了工作人员离带电体的安全距离；为了保证电气设备在正常运行时不会出现击穿短路事故，规定了带电体离附近接地物体和不同相带电体之间的最小距离。安全距离主要有以下几方面。

① 设备带电部分到接地部分和设备不同相带电部分之间的安全距离，如表15-1所示。

表 15-1　设备带电部分到接地部分和设备不同相带电部分之间的安全距离

设备额定电压/kV		1～3	6	10	35	60	110①	220①	330①	500①
带电部分到接地部分/mm	屋内	75	100	125	300	550	850	1800	2600	3800
	屋外	200	200	200	400	650	900	1800	2600	3800
不同相带电部分之间	屋内	75	100	125	300	550	900	—	—	—
	屋外	200	200	200	400	650	1000	2000	2800	4200

① 中性点直接接地系统。

② 设备带电部分到各种遮栏间的安全距离，如表 15-2 所示。

表 15-2　设备带电部分到各种遮栏间的安全距离

设备额定电压/kV		1～3	6	10	35	60	110①	220①	330①	500①
带电部分到遮栏/mm	屋内	825	850	875	1050	1300	1600	—	—	—
	屋外	950	950	950	1150	1350	1650	2550	3350	4500
带电部分到网状遮栏/mm	屋内	175	200	225	400	650	950	—	—	—
	屋外	300	300	300	500	700	1000	1900	2700	5000
带电部分到板状遮栏/mm	屋内	105	130	155	330	580	880	—	—	—

① 中性点直接接地系统。

③ 无遮拦裸导体到地面间的安全距离，如表 15-3 所示。

表 15-3　无遮拦裸导体到地面间的安全距离

设备额定电压/kV		1～3	6	10	35	60	110①	220①	330①	500①
无遮拦裸导体到地面间 的安全距离/mm	屋内	2375	2400	2425	2600	2850	3150	—	—	—
	屋外	2700	2700	2700	2900	3100	3400	4300	5100	7500

① 中性点直接接地系统。

④ 电气工作人员在设备维修时与设备带电部分间的安全距离，如表 15-4 所示。

表 15-4　工作人员与带电设备间的安全距离

设备额定电压/kV	10 及以下	20～35	44	60	110	220	330
设备不停电时的安全距离/mm	700	1000	1200	1500	1500	3000	4000
工作人员工作时正常活动范围与 带电设备的安全距离/mm	350	600	900	1500	1500	3000	4000
带电作业时人体与带电体之间的 安全距离/mm	400	600	600	700	1000	1800	2600

(3) 绝缘安全用具

绝缘安全用具是保证作业人员安全操作带电体及人体与带电体安全距离不够所采取的绝缘防护工具。绝缘安全用具按使用功能可分为以下两类。

① 绝缘操作用具　绝缘操作用具主要用来进行带电操作、测量和其他需要直接接触电气设备的特定工作。常用的绝缘操作用具，一般有绝缘操作杆、绝缘夹钳等，如图 15-1、图 15-2 所示。这些操作用具均由绝缘材料制成。正确使用绝缘操作用具应注意以下两点。

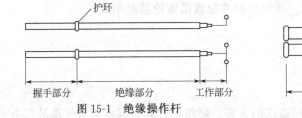

图 15-1　绝缘操作杆

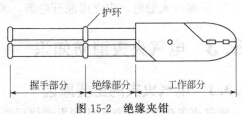

图 15-2　绝缘夹钳

- 绝缘操作用具本身必须具备合格的绝缘性能和机械强度。
- 只能在和其绝缘性能相适应的电气设备上使用。

② 绝缘防护用具　绝缘防护用具则对可能发生的有关电气伤害起到防护作用。主要用于对泄漏电流、接触电压、跨步电压和其他接近电气设备存在的危险等进行防护。常用的绝缘防护用

具有绝缘手套、绝缘靴、绝缘隔板、绝缘垫、绝缘站台等，如图 15-3 所示。当绝缘防护用具的绝缘强度足以承受设备的运行电压时，才可以用来直接接触运行的电气设备，一般不直接触及带电设备。使用绝缘防护用具时，必须做到使用合格的绝缘用具，并掌握正确的使用方法。

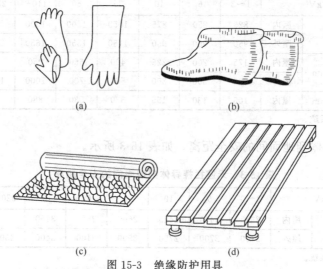

图 15-3　绝缘防护用具
（a）绝缘手套；（b）绝缘靴；（c）绝缘垫；（d）绝缘站台

15.2.2　电工安全操作知识

① 在进行电工安装与维修操作时，必须严格遵守各种安全操作规程，不得玩忽职守。

② 进行电工操作时，要严格遵守停、送电操作规定，确实做好突然送电的各项安全措施，不准进行约时送电。

③ 在邻近带电部分进行电工操作时，一定要保持可靠的安全距离。

④ 严禁采用一线一地、两线一地、三线一地（指大地）安装用电设备和器具。

⑤ 在一个插座或灯座上不可引接功率过大的用电器具。

⑥ 不可用潮湿的手去触及开关、插座和灯座等用电装置，更不可用湿抹布去擦抹电气装置和用电器具。

⑦ 操作工具的绝缘手柄、绝缘鞋和绝缘手套的绝缘性能必须良好，并作定期检查。登高工具必须牢固可靠，也应作定期检查。

⑧ 在潮湿环境中使用移动电器时，一定要采用 36V 安全低压电源。在金属容器内（如锅炉、蒸发器或管道等）使用移动电器时，必须采用 12V 安全电源，并应有人在容器外监护。

⑨ 发现有人触电，应立即断开电源，采取正确的抢救措施抢救触电者。

15.3　电气火灾消防知识

15.3.1　电气火灾的主要原因

电气火灾是指由电气原因引发燃烧而造成的灾害。短路、过载、漏电等电气事故都有可能导致火灾。设备自身缺陷、施工安装不当、电气接触不良、雷击静电引起的高温、电弧和电火花是导致电气火灾的直接原因。周围存放易燃易爆物是电气火灾的环境条件。电气火灾产生的直接原因如下。

① 设备或线路发生短路故障：电气设备由于绝缘损坏、电路年久失修、疏忽大意、操作失

误及设备安装不合格等将造成短路故障，其短路电流可达正常电流的几十倍甚至上百倍，产生的热量（正比于电流的平方）使温度上升超过自身和周围可燃物的燃点引起燃烧，从而导致火灾。

② 过载引起电气设备过热：选用线路或设备不合理，线路的负载电流量超过了导线额定的安全载流量，电气设备长期超载（超过额定负载能力），引起线路或设备过热而导致火灾。

③ 接触不良引起过热：如接头连接不牢或不紧密、动触点压力过小等使接触电阻过大，在接触部位发生过热而引起火灾。

④ 通风散热不良：大功率设备缺少通风散热设施或通风散热设施损坏造成过热引发火灾。

⑤ 电器使用不当：如电炉、电熨斗、电烙铁等未按要求使用，或用后忘记断开电源，引起过热而导致火灾。

⑥ 电火花和电弧：有些电气设备正常运行时就能产生电火花、电弧，如大容量开关、接触器触点的分、合操作，都会产生电弧和电火花，电火花温度可达数千度，遇可燃物便可点燃，遇可燃气体便会发生爆炸。

15.3.2　易燃易爆环境

日常生活和生产的各个场所中，广泛存在着易燃易爆物质，如石油液化气、煤气、天然气、汽油、柴油、酒精、棉、麻、化纤织物、木材、塑料等。另外，一些设备本身可能会产生易燃易爆物质。如设备的绝缘油在电弧作用下分解和汽化，喷出大量油雾和可燃气体；酸性电池排出氢气并形成爆炸性混合物等。一旦这些易燃易爆环境遇到电气设备和线路故障导致的火源，便会立刻着火燃烧。

15.3.3　电气火灾的防护措施

电气火灾的防护措施主要致力于消除隐患、提高用电安全，具体措施如下。

(1) 正确选用保护装置，防止电气火灾发生

① 对正常运行条件下可能产生电热效应的设备采用隔热、散热、强迫冷却等结构，并注重耐热、防火材料的使用。

② 按规定要求设置包括短路、过载、漏电保护设备的自动断电保护。对电气设备和线路正确设置接地、接零保护，为防雷电安装避雷器及接地装置。

③ 根据使用环境和条件正确设计选择电气设备。恶劣的自然环境和有导电尘埃的地方应选择有抗绝缘老化功能的产品，或增加相应的措施；对易燃易爆场所则必须使用防爆电气产品。

(2) 正确安装电气设备，防止电气火灾发生

① 合理选择安装位置。对于爆炸危险场所，应该考虑把电气设备安装在爆炸危险场所以外或爆炸危险性较小的部位。开关、插座、熔断器、电热器具、电焊设备和电动机等应根据需要，尽量避开易燃物或易燃建筑构件。起重机滑触线下方，不应堆放易燃品。露天变、配电装置，不应设置在易于沉积可燃性粉尘或纤维的地方等。

② 保持必要的防火距离。对于在正常工作时能够产生电弧或电火花的电气设备，应使用灭弧材料将其全部隔围起来，或将其与可能被引燃的物料用耐弧材料隔开或与可能引起火灾的物料之间保持足够的距离，以便安全灭弧。

安装和使用有局部热聚焦或热集中的电气设备时，在局部热聚焦或热集中的方向与易燃物料必须保持足够的距离，以防引燃。

电气设备周围的防护屏障材料必须能承受电气设备产生的高温（包括故障情况下）。应根据具体情况选择不燃、阻燃材料或在可燃性材料表面喷涂防火涂料。

(3) 保持电气设备的正常运行，防止电气火灾发生

① 正确使用电气设备，是保证电气设备正常运行的前提。因此应按设备使用说明书的

规定操作电气设备，严格执行操作规程。

② 保持电气设备的电压、电流、温升等不超过允许值。保持各导电部分连接可靠，接地良好。

③ 保持电气设备的绝缘良好，保持电气设备的清洁，保持良好通风。

15.3.4 电气火灾的扑救

发生火灾时，应立即拨打 119 火警电话报警，向公安消防部门求助。扑救电气火灾时，注意触电危险，为此要及时切断电源，通知电力部门派人到现场指导和监护扑救工作。

(1) 正确选择使用灭火器

在扑救尚未确定断电的电气火灾时，应选择适当的灭火器和灭火装置，否则有可能造成触电事故和更大危害，如使用普通水枪射出的直流水柱和泡沫灭火器射出的导电泡沫会破坏绝缘。常用灭火剂的种类、用途及使用方法如表 15-5 所示。使用四氯化碳灭火器灭火时，灭火人员应站在上风侧，以防中毒；灭火后空间要注意通风。使用二氧化碳灭火时，当其浓度达 85% 时，人就会感到呼吸困难，要注意防止窒息。

(2) 正确使用喷雾水枪

带电灭火时使用喷雾水枪比较安全。原因是这种水枪通过水柱的泄漏电流较小。用喷雾水枪灭电气火灾时水枪喷嘴与带电体的距离可参考以下数据：10kV 及以下者不小于 0.7m；35kV 及以下者不小于 1m；110kV 及以下者不小于 3m；220kV 不应小于 5m。带电灭火必须有人监护。

(3) 灭火器的保管

灭火器在不使用时，应注意对它的保管与检查，保证随时可正常使用。其具体保养和检查如表 15-5 所示。

表 15-5 常用灭火器的主要性能

种类	二氧化碳	四氯化碳	干粉	1211	泡沫
规格	<2kg 2～3kg 5～7kg	<2kg 2～3kg 5～8kg	8kg 50kg	1kg 2kg 3kg	10L 65～130L
药剂	液态 二氧化碳	液态 四氧化碳	钾盐、钠盐	二氟一氯，一溴甲烷	碳酸氢钠，硫酸铝
导电性	无	无	无	无	有
灭火范围	电气、仪器、油类、酸类	电气设备	电气设备、石油、油漆、天然气	油类、电气设备、化工、化纤原料	油类及可燃物体
不能扑救的物质	钾、钠、镁、铝等	钾、钠、镁、乙炔、二氧化碳	旋转电机火灾		忌水和带电物体
效果	距着火点 3m 距离	3kg 喷 30s，7m 内	8kg 喷 14～18s，4.5m 内；50kg 喷 50～55s，6～8m	1kg 喷 6～8s，2～3m 内	10L 喷 60s，8m 内；65L 喷 170s，13.5m 内
使用	一只手将喇叭口对准火源；另一只手打开开关	扭动开关，喷出液体	提起圈环，喷出干粉	拔去铅封或横锁，用力压把即可	倒置摇动，拧开开关，喷药剂
保养	置于方便处，注意防冻、防晒和使用期	置于方便处	置于干燥通风处、防潮、防晒	置于干燥处，勿摔碰	置于方便处
检查	每月测量一次，低于原重量 1/10 时应充气	检查压力，注意充气	每年检查一次干粉是否结块，每半年检查一次压力	每年检查一次重量	每年检查一次，泡沫发生倍数低于 4 倍，应换药剂

15.4 触电的危害性与急救 ·············

人体是导电体，一旦有电流通过时，将会受到不同程度的伤害。由于触电的种类、方式及条件的不同，受伤害的后果也不一样。

15.4.1 触电的种类

人体触电有电击和电伤两类。

① 电击是指电流通过人体时所造成的内伤。它可以使肌肉抽搐，内部组织损伤，造成发热发麻、神经麻痹等，严重时将引起昏迷、窒息，甚至心脏停止跳动而死亡。通常说的触电就是电击。触电死亡大部分由电击造成。

② 电伤是指电流的热效应、化学效应、机械效应以及电流本身作用下造成的人体外伤。常见的有灼伤、烙伤和皮肤金属化等现象。

15.4.2 触电方式

(1) 单相触电

这是常见的触电方式。人体的某一部分接触带电体的同时，另一部分又与大地或中性线相接，电流从带电体流经人体到大地（或中性线）形成回路，如图 15-4 所示。

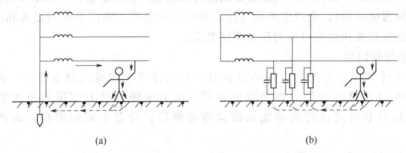

(a)   (b)

图 15-4 单相触电
(a) 中性点直接接地；(b) 中性点不直接接地

(2) 两相触电

两相触电指人体的不同部分同时接触两相电源时造成的触电。对于这种情况，无论电网中性点是否接地，人体所承受的线电压将比单相触电时高，危险更大。

(3) 跨步电压触电

雷电流入地或电力线（特别是高压线）断落到地时，会在导线接地点及周围形成强电场。当人畜跨进这个区域，两脚之间出现的电位差称为跨步电压 U_{st}。在这种电压作用下，电流从接触高电位的脚流进，从接触低电位的脚流出，从而形成触电，如图 15-5 (a) 所示。跨步电压的大小取决于人体站立点与接地点的距离，距离越小，其跨步电压越大。当距离超过 20m（理论上为无穷远处），可认为跨步电压为零，不会发生触电危险。

(4) 接触电压触电

电气设备由于绝缘损坏或其他原因造成接地故障时，如人体两个部分（手和脚）同时接触设备外壳和地面时，人体两部分会处于不同的电位，其电位差即为接触电压。由接触电压造成触电事故称为接触电压触电。在电气安全技术中，接触电压是以站立在距漏电设备接地点水平距离为 0.8m 处的人、手触及的漏电设备外壳距地 1.8m 高时，手脚间的电位差 U_T 作为衡量基准，如图 15-5（b）所示。接触电压值的大小取决于人体站立点与接地点的距离，距离越远，则接触电压值越大；当距离超过 20m 时，接触电压值最大，即等于漏电设备上的电压 U_{Tm}；当人体站在接地点与漏电设备接触时，接触电压为零。

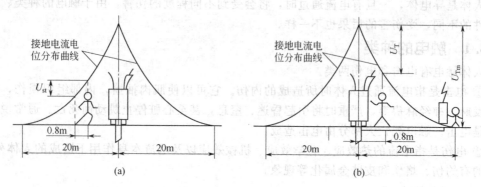

图 15-5　跨步电压触电和接触电压触电
(a) 跨步电压触电；(b) 接触电压触电

(5) 感应电压触电

是指当人触及带有感应电压的设备和线路时所造成的触电事故。一些不带电的线路由于大气变化（如雷电活动），会产生感应电荷，停电后一些可能感应电压的设备和线路如果未及时接地，这些设备和线路对地均存在感应电压。

(6) 剩余电荷触电

是指当人体触及带有剩余电荷的设备时，对人体放电造成的触电事故。带有剩余电荷的设备通常含有储能元件，如并联电容器、电力电缆、电力变压器及大容量电动机等，在退出运行和对其进行类似摇表测量等检修后，会带上剩余电荷，因此要及时对其放电。

15.4.3　影响电流对人体危害程度的主要因素

电流对人体伤害的严重程度与通过人体电流的大小、频率、持续时间、通过人体的路径及人体电阻的大小等多种因素有关。

(1) 电流大小

通过人体的电流越大，人体的生理反应就越明显，感应越强烈，引起心室颤动所需的时间越短，致命的危险越大。对于工频交流电，按照通过人体电流的大小和人体所呈现的不同状态，电流大致分为下列三种。

① 感觉电流。是指引起人体感觉的最小电流。实验表明，成年男性的平均感觉电流约为 1.1mA，成年女性为 0.7mA。感觉电流不会对人体造成伤害，但电流增大时，人体反应变得强烈，可能造成坠落等间接事故。

② 摆脱电流。是指人体触电后能自主摆脱电源的最大电流。实验表明，成年男性的平均摆脱电流约为 16 mA，成年女性的约为 10mA。

③ 致命电流。是指在较短的时间内危及生命的最小电流。实验表明，当通过人体的电流达到 50 mA 以上时，心脏会停止跳动，可能导致死亡。

(2) 电流频率

一般认为 40～60Hz 的交流电对人体最危险。随着频率的增高，危险性将降低。高频电流不仅不伤害人体，还能治病。

（3）通电时间

通电时间越长，电流使人体发热和人体组织的电解液成分增加，导致人体电阻降低，反过来又使通过人体的电流增加，触电的危险亦随之增加。

（4）电流路径

电流通过头部可使人昏迷；通过脊髓可能导致瘫痪；通过心脏会造成心跳停止，血液循环中断；通过呼吸系统会造成窒息。因此，从左手到胸部是最危险的电流路径，从手到手、从手到脚也是很危险的电流路径，从脚到脚是危险性较小的电流路径。

15.4.4　触电急救

触电急救的要点是要动作迅速，救护得法，切不可惊慌失措、手足无措。

人触电以后，可能由于痉挛或失去知觉等原因而紧抓带电体，不能自行摆脱电源。这时，使触电者尽快脱离电源是救活触电者的首要因素。

（1）低压触电事故

对于低压触电事故，可采用下列方法使触电者脱离电源。

① 触电地点附近有电源开关或插头，可立即断开开关或拔掉电源插头，切断电源。

② 电源开关远离触电地点，可用有绝缘柄的电工钳或干燥木柄的斧头分相切断电线，断开电源；或用干木板等绝缘物插入触电者身下，以隔断电流。

③ 电线搭落在触电者身上或被压在身下时，可用干燥的衣服、手套、绳索、木板、木棒等绝缘物作为工具，拉开触电者或挑开电线，使触电者脱离电源。

（2）高压触电事故

对于高压触电事故，可以采用下列方法使触电者脱电源。

① 立即通知有关部门停电。

② 戴上绝缘手套，穿上绝缘靴，用相应电压等级的绝缘工具断开开关。

③ 抛掷裸金属线使线路短路接地，迫使保护装置动作，断开电源。注意在抛掷金属线前，应将金属线的一端可靠地接地，然后抛掷另一端。

（3）脱离电源的注意事项

① 救护人员不可以直接用手或其他金属及潮湿的物件作为救护工具，而必须采用适当的绝缘工具且单手操作，以防止自身触电。

② 防止触电者脱离电源后可能造成的摔伤。

③ 如果触电事故发生在夜间，应当迅速解决临时照明问题，以利于抢救，避免扩大事故。

（4）现场急救方法

当触电者脱离电源后，应当根据触电者的具体情况，迅速地对症进行救护。现场应用的主要救护方法是人工呼吸法和胸外心脏挤压法。

① 对症进行救护　触电者需要救治时，大体上按照以下三种情况分别处理。

• 如果触电者伤势不重，神志清醒，但是有些心慌、四肢发麻、全身无力，或者触电者在触电的过程中曾经一度昏迷，但已经恢复清醒，在这种情况下，应当使触电者安静休息，不要走动，严密观察，并请医生前来诊治或送往医院。

• 如果触电者伤势比较严重，已经失去知觉，但仍有心跳和呼吸，这时应当使触电者舒适、安静地平卧，保持空气流通，同时揭开他的衣服，以利于呼吸，如果天气寒冷，要注意保温，并要立即请医生诊治或送医院。

• 如果触电者伤势严重，呼吸停止，或心脏停止跳动，或两者都已停止时，则应立即实行人工呼吸和胸外心脏挤压，并迅速请医生诊治或送往医院。应当注意，急救要尽快地进行，不能等候医生的到来，在送往医院的途中，也不能中止急救。

② 口对口人工呼吸法　是在触电者呼吸停止后应用的急救方法。具体步骤如下。

• 触电者仰卧，迅速解开其衣领和腰带。

• 触电者头偏向一侧，清除口腔中的异物，使其呼吸畅通，必要时可用金属匙柄由口角伸入，使口张开。

• 救护者站在触电者的一边，一只手捏紧触电者的鼻子，一只手托在触电者颈后，使触电者颈部上抬，头部后仰，然后深吸一口气，用嘴紧贴触电者嘴，大口吹气，接着放松触电者的鼻子，让气体从触电者肺部排出。每5s吹气一次，不断重复地进行，直到触电者苏醒为止，如图15-6所示。

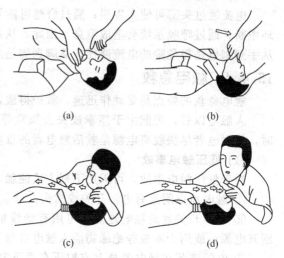

图 15-6　口对口人工呼吸法
（a）清理口腔异物；（b）让头后仰；
（c）贴嘴吹气；（d）放开嘴鼻换气

对儿童施行此法时，不必捏鼻。开口困难时，可以使其嘴唇紧闭，对准鼻孔吹气（即口对鼻人工呼吸），效果相似。

③ 胸外心脏挤压法　是触电者心脏跳动停止后采用的急救方法。具体操作步骤如图15-7所示。

• 触电者仰卧在结实的平地或木板上，松开衣领和腰带，使其头部稍后仰（颈部可枕垫软物），抢救者跪跨在触电者腰部两侧。

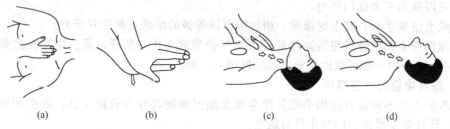

图 15-7　胸外心脏挤压法
（a）手掌位置；（b）左手掌压在右手背上；（c）掌根用力下压；（d）突然松开

• 抢救者将右手掌放在触电者胸骨处，中指指尖对准其颈部凹陷的下端，左手掌复压在右手背上（对儿童可用一只手），如图15-7（b）所示。

• 抢救者借身体重量向下用力挤压，压下3～4cm，突然松开，如图15-7（d）所示。挤压和放松动作要有节奏，每秒钟进行一次，每分钟宜挤压60次左右，不可中断，直至触电者苏醒为止。要求挤压定位要准确，用力要适当，防止用力过猛给触电者造成内伤和用力过小挤压无效。对儿童用力要适当小些。

④ 触电者呼吸和心跳都停止时，允许同时采用"口对口人工呼吸法"和"胸外心脏挤压法"。单人救护时，可先吹气2～3次，再挤压10～15次，交替进行。双人救护时，每5s吹气一次，每秒钟挤压一次，两人同时进行操作，如图15-8所示。抢救既要迅速又要有耐心，即使在送往医院途中也不能停止急救。此外不能给触电者打强心针、泼冷水或压木板等。

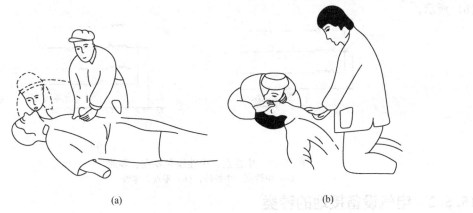

图 15-8 无心跳无呼吸触电者急救
(a) 单人操作；(b) 双人操作

15.5 电气设备安全运行知识

15.5.1 接地

(1) 接地的基本概念

接地是将电气设备或装置的某一点（接地端）与大地之间做符合技术要求的电气连接。目的是利用大地为正常运行、绝缘损坏或遭受雷击等情况下的电气设备等提供对地电流流通回路，保证电气设备和人身的安全。

(2) 接地装置

接地装置由接地体和接地线两部分组成，如图 15-9 所示。接地体是埋入大地中并和大地直接接触的导体组，它分为自然接地体和人工接地体。自然接地体是利用与大地有可靠连接的金属构件、金属管道、钢筋混凝土建筑物的基础等作为接地体。人工接地体是用型钢如角钢、钢管、扁钢、圆钢制成的。人工接地体一般有水平敷设和垂直敷设两种。电气设备或装置的接地端与接地体相连的金属导线称为接地线。

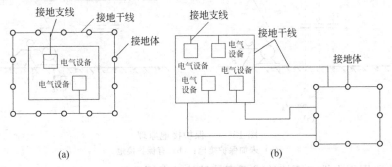

图 15-9 接地装置示意图
(a) 回路式；(b) 外引式

(3) 中性点与中性线

星形连接的三相电路中，三相电源或负载连在一起的点称为三相电路的中性点。由中性点引出的线称为中性线，用 N 表示，如图 15-10 (a) 所示。

(4) 零点与零线

当三相电路中性点接地时，该中性点称为零点。由零点引出的线称为零线，如图 15-10

(b) 所示。

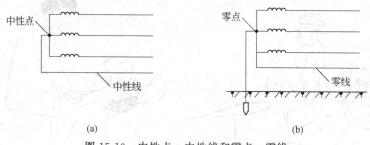

图 15-10　中性点、中性线和零点、零线
(a) 中性点、中性线；(b) 零点、零线

15.5.2　电气设备接地的种类

(1) 工作接地

为了保证电气设备的正常工作，将电路中的某一点通过接地装置与大地可靠地连接，称为工作接地。如变压器低压侧的中性点、电压互感器和电流互感器的二次侧某一点接地等，其作用是为了降低人体的接触电阻。

供电系统中电源变压器中性点的接地称中性点直接接地系统；中性点不接地的称中性点不接地系统。中性点接地系统中，一相短路，其他两相的对地电压为相电压。中性点不接地系统中，一相短路，其他两相的对地电压接近线电压。

(2) 保护接地

保护接地是将电气设备正常情况下不带电的金属外壳通过接地装置与大地可靠连接。其原理如图 15-11 所示。当电气设备不接地时，如图 15-11 (a) 所示，若绝缘损坏，一相电源碰壳，电流经人体电阻 R_r、大地和线路对地绝缘电阻 R_j 构成回路，若线路绝缘电阻损坏，电阻 R_j 变小，流过人体的电流增大，便会触电；当电气设备接地时，如图 15-11 (b) 所示，虽有一相电源碰壳，但由于人体电阻 R_r 远大于接地电阻 R_b（一般为几欧），所以通过人体的电流 I_r 极小，流过接地装置的电流 I_b 则很大，从而保证了人体安全。

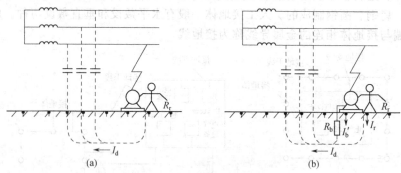

图 15-11　保护接地原理
(a) 未加保护接地；(b) 有保护接地

保护接地适用于中性点不接地或不直接接地的电网系统。

(3) 保护接零

在中性点直接接地系统中，把电气设备金属外壳等与电网中的零线作可靠的电气连接，称保护接零。保护接零可以起到保护人身和设备安全的作用，其原理如图 15-12 (b) 所示。当一相绝缘损坏碰壳时，由于外壳与零线连通，形成该相对零线的单相短路，短路电流使线路上的保护装置（如熔断器、低压断路器等）迅速动作，切断电源，消除触电危险。对未接零设备，对地短路电流不一定能使线路保护装置迅速可靠动作，如图 15-12 (a) 所示。

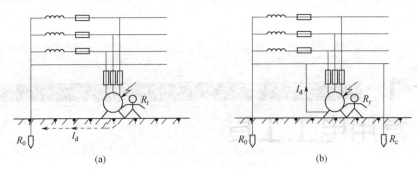

图 15-12　保护接零原理
(a) 未接零；(b) 接零后

15.5.3　电气设备安全运行措施

① 必须严格遵守操作规程。合上电流时，先合隔离开关，再合负荷开关；分断电流时，先断负荷开关，再断隔离开关。

② 电气设备一般不能受潮，在潮湿场合使用时，要有防雨水和防潮措施。电气设备工作时会发热，应有良好的通风散热条件和防火措施。

③ 所有电气设备的金属外壳应有可靠的保护接地。电气设备运行时可能会出现故障，所以应有短路保护、过载保护、欠压和失压保护等保护措施。

④ 凡有可能被雷击的电气设备，都要安装防雷措施。

⑤ 对电气设备要做好安全运行检查工作，对出现故障的电气设备和线路应及时检修。

国标规定：L——相线。

N——中性线。

PE——保护接地线。

PEN——保护中性线，兼有保护线和中性线的作用。

15.5.4　重复接地

三相四线制的零线在多于一处经接地装置与大地再次连接的情况称为重复接地。对 1kV 以下的接零系统中，重复接地的接地电阻不应大于 10Ω。重复接地的作用：降低三相不平衡电路中零线上可能出现的危险电压，减轻单相接地或高压串入低压危险。

15.5.5　其他保护接地

① 过电压保护接地：为了消除雷击或过电压的危险影响而设置的接地。

② 防静电接地：为了消除生产过程中产生的静电而设置的接地。

③ 屏蔽接地：为了防止电磁感应而对电力设备的金属外壳、屏蔽罩、屏蔽线的外皮或建筑物金属屏蔽体等进行的接地。

思考题与习题

15-1　什么叫安全电压？为什么安全电压常用 12V、24V、36V 三个等级？

15-2　发生电气火灾应如何扑救？

15-3　人体触电有哪几种类型？哪几种方式？

15-4　发现有人触电，用哪些方法使触电人尽快脱离电源？

15-5　常用的人工呼吸法有哪几种？采用人工呼吸时应注意什么？

15-6　什么叫保护接地？什么叫保护接零？保护接地如何起到保护人身安全的作用？

15-7　胸外心脏挤压法在什么情况下使用？试简述其动作要领？

附录 1

常用电工工具

§1.1 电工通用工具

电工通用工具是指一般维修电工和变配电电工经常使用的工具。对电气操作人员而言，能否熟悉和掌握电工工具的结构、性能、使用方法和规范操作，将直接影响工作效率和工作质量以及人身安全。

(1) 低压验电器

① 作用 低压验电器又称试电笔，是检验金属母排及电缆、导线、电器等是否带电的一种常用工具，检测范围为 50～500V。

② 种类 有钢笔式、旋具式和组合式多种。

③ 结构 低压验电器由笔尖、降压电阻、氖管、弹簧、笔尾金属体等部分组成，如附图 1-1 所示。

附图 1-1 低压验电器
(a) 钢笔式低压验电器；(b) 螺钉旋具（俗称螺丝刀）式低压验电器

④ 使用方法 使用低压验电器时，必须按照附图 1-2 所示的握法操作。注意手指必须接触笔尾的金属体（钢笔式）或测电笔顶部的金属螺钉（螺丝刀式）。这样，只要带电体与大地之间的电位差超过 50V 时，电笔中的氖管就会发光。

⑤ 使用时注意事项

• 使用前，先要在有电的导体上检查电笔是否正常发光，检验其可靠性。

• 在明亮的光线下往往不容易看清氖管的辉光，应注意避光。

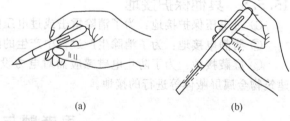

附图 1-2 低压验电器的握法
(a) 钢笔式握法；(b) 螺钉旋具式握法

• 电笔的笔尖虽与螺丝刀形状相同，它只能承受很小的扭矩，不能像螺丝刀那样使用，否则会损坏。

• 低压验电器可用来区分相线和零线，氖管发亮的是相线，不亮的是零线。低压验电器也可用来判别接地故障。如果在三相四线制电路中发生单相接地故障，用试电笔测试中性线时，氖管会发亮；在三相三线制线路中，用试电笔测试三根相线，如果两相很亮，另一相不亮，则这相可能有接地故障。

• 低压验电器可用来判断电压的高低。氖管越暗,则表明电压越低;氖管越亮,则表明电压越高。

(2) 高压验电器

① 作用 高压验电器又称为高压测电器,是检验金属母排及电缆、电器等是否带高压电的一种常用工具,检测范围为6kV以上。

② 种类 主要类型有发光型高压验电器、声光型高压验电器。

③ 结构 发光型高压验电器由握柄、护环、紧固螺钉、氖管窗、氖管和金属探针(钩)等部分组成。附图1-3所示为发光型10kV高压验电器。

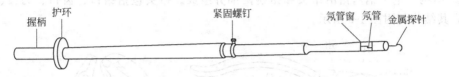

附图1-3 10kV高压验电器

④ 使用方法 使用高压验电器时,必须按照附图1-4所示的握法操作。注意手指必须握住高压验电器的握柄,不能超过护环。逐渐靠近或接触被测线路,只要带电体有高压时,验电器中的氖管就会发光。

⑤ 使用时注意事项

• 使用高压验电器时,必须在气候良好的情况下进行,以确保操作人员的安全。

• 验电时,操作人员必须戴符合耐压等级的绝缘手套,身旁要有人监护,不可一人单独操作,人体与带电体应保持足够的安全距离,10kV的电压安全距离应为0.7m以上。

• 验电器应每半年进行一次预防性试验。

• 验电器在使用时,一定要进行测试,证明验电器确实良好,方可使用。

(3) 电工刀

① 作用 电工刀是用来剖削和切割电工器材的常用工具。

② 结构 电工刀外形如附图1-5所示,电工刀的刀口磨制成单面呈圆弧状的刃口,刀刃部分锋利一些。

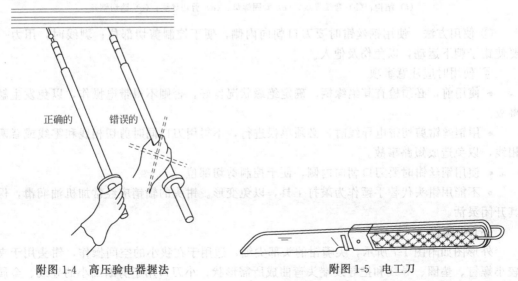

正确的　错误的

附图1-4 高压验电器握法　　　附图1-5 电工刀

③ 使用方法 在剖削电线绝缘层时,可把刀略微向内倾斜,用刀刃的圆角抵住线芯,

刀口向外推出。这样既不易削伤线芯，又防止操作者受伤。

④ 使用时注意事项

- 切忌把刀刃垂直对着导线切割绝缘，以免削伤线芯。
- 严禁在带电体上使用没有绝缘柄的电工刀进行操作。

（4）钢丝钳

① 作用 钢丝钳又称克丝钳、老虎钳，是一种钳夹和剪切工具。其中钳口可用来钳夹和弯绞导线；齿口可代替扳手来拧小型螺母；刀口可用来剪切电线、掀拔铁钉；铡口可用来铡切钢丝等硬金属丝。它是电工应用最频繁的工具。

② 结构 电工钢丝钳由钳头和钳柄两部分组成。钳头包括钳口、齿口、刀口、铡口四部分，其结构如附图 1-6 所示。

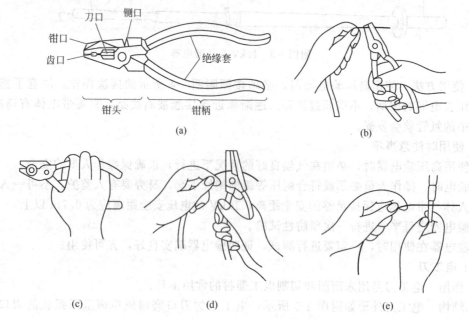

附图 1-6 钢丝钳的结构用途
(a) 结构；(b) 弯绞导线；(c) 紧固螺母；(d) 剪切导线；(e) 铡切钢丝

③ 使用方法 使用钢丝钳时要刀口朝向内侧，便于控制剪切部位；剥线时，用力一定要使钳子朝下运动，以免伤及他人。

④ 使用时应注意事项

- 使用前，必须检查其绝缘柄，确定绝缘状况良好，否则不得带电操作，以免发生触电事故。
- 用钢丝钳剪切带电导线时，必须单根进行，不得用刀口同时剪切相线和零线或者两根相线，以免造成短路事故。
- 使用钢丝钳时要刀口朝向内侧，便于控制剪切部位。
- 不能用钳头代替手锤作为敲打工具，以免变形。钳头的轴销应经常加机油润滑，保证其开闭灵活。

（5）尖嘴钳

外形图如附图 1-7 所示，尖嘴钳的头部尖细，适用于在狭小的空间操作，钳头用于夹持较小螺钉、垫圈、导线和把导线端头弯曲成所需形状；小刀口用于剪断细小的导线、金属丝等。电工用尖嘴钳采用绝缘手柄，其耐压等级为 500V。

（6）斜口钳

斜口钳又称断线钳，其头部扁斜，电工用斜口钳的钳柄采用绝缘柄，外型如附图1-8所示，其耐压等级为1000V。

附图1-7 尖嘴钳 附图1-8 斜口钳

斜口钳专门用来剪断较粗的金属丝、线材及电线电缆等。

（7）剥线钳

剥线钳用来剥削直径3mm及以下绝缘导线的塑料或橡胶绝缘层，其外形如附图1-9所示。它由钳口和手柄两部分组成。剥线钳钳口分有0.5～3mm的多个直径切口，用于不同规格线芯的剥削。使用时应使切口与被剥削导线芯线直径相匹配，切口过大难以剥离绝缘层，切口过小会切断芯线。剥线钳手柄也装有绝缘套。

（8）扳手

扳手是用于螺纹连接的一种手动工具，种类和规格很多。有活络扳手和其他常用扳手。

附图1-9 剥线钳

① 活络扳手的构造和规格 活络扳手又称活络扳头，是用来紧固和松动螺母的一种专用工具。活络扳手由头部和柄部组成，头部由活络扳唇、呆扳唇、扳口、蜗轮和轴销等组成，如附图1-10（a）所示，旋动蜗轮可调节扳口的大小。规格用长度×最大开口宽度（单位：mm）来表示，电工常用的活络扳手有150mm×19mm（6英寸）、200mm×24mm（8英寸）、250mm×30mm（10英寸）和300mm×36mm（12英寸）等四种。

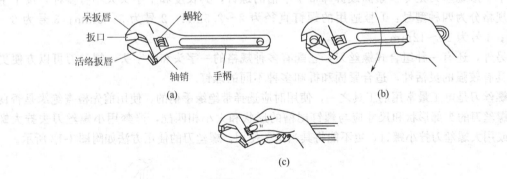

附图1-10 活络扳手
(a) 活络扳手的构造；(b) 扳较大螺母时的握法；(c) 扳小螺母时的握法

② 其他常用扳手 其他常用扳手有呆扳手、梅花扳手、两用扳手、套筒扳手和内六角扳手等。

呆扳手：又称死板手，其开口宽度不能调节，有单端开口和两端开口两种形式，分别称为单头扳手和双头扳手。单头扳手的规格是以开口宽度表示，双头扳手的规格是以两端开口宽度（单位：mm）表示，如8mm×10mm、32mm×36mm等。

梅花扳手：都是双头形式，它的工作部分为封闭圆，封闭圆内分布了12个可与六角头螺钉或螺母相配的牙形，适应于工作空间狭小、不便使用活扳手和呆扳手的场合，其规格表示方法与双头扳手相同。

两用扳手：两用扳手的一端与单头扳手相同，另一端与梅花扳手相同，两端适用同一规格的六角头螺钉或螺母。

套筒扳手：套筒扳手是由一套尺寸不同的梅花套筒头和一些附件组成，可用在一般扳手难以接近螺钉和螺母的场合。

内六角扳手：用于旋动内六角螺钉，其规格以六角形对边的尺寸来表示，最小的规格为3mm，最大的为27mm。

③ 活络扳手的使用方法　扳动大螺母时，需用较大力矩，手应握在靠近柄尾处，如附图1-10（b）所示。扳动小螺母时，需用力矩不大，但螺母过小，易打滑，因此手应握在接近头部的地方，如附图1-10（c）所示，并且可随时调节蜗轮，收紧活络唇，防止打滑。

活络扳手不可反用，也不可用钢管接长手柄来施加较大的扳拧力矩。活络扳手不得当作撬棒或手锤使用。

(9) 螺丝刀

螺丝刀又称起子或旋具，是用来紧固或拆卸带槽螺钉的常用工具。螺丝刀按头部形状的不同，有一字形和十字形两种，如附图1-11所示。

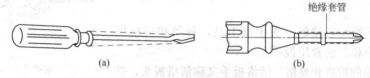

附图1-11　螺钉旋具
(a) 一字形；(b) 十字形

一字形螺丝刀用来紧固或拆卸带一字槽的螺钉，其规格用柄部以外的体部长度表示，电工常用的有50mm、150mm两种。

十字形螺丝刀是专供紧固或拆卸带十字槽的螺钉，其长度和十字头大小有多种，按十字头的规格分为四种型号：1号适用的螺钉直径为2～2.5mm；2号为3～5mm；3号为6～8mm；4号为10～12mm。

另外，还有一种组合式螺丝刀，它配有多种规格的一字头和十字头，螺丝刀可以方便更换，具有较强的灵活性，适合紧固和拆卸多种不同的螺钉。

螺丝刀是电工最常用的工具之一，使用时应选择带绝缘手柄的，使用前先检查绝缘是否良好。螺丝刀的头部形状和尺寸应与螺钉尾槽的形状和大小相匹配，严禁用小螺丝刀去拧大螺钉，或用大螺丝刀拧小螺钉，更不能将其当凿子使用。螺丝刀的使用方法如附图1-12所示。

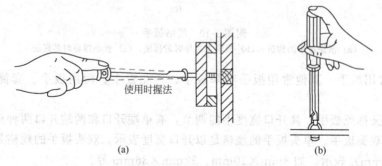

附图1-12　螺钉旋具的使用
(a) 大螺钉旋具的用法；(b) 小螺钉旋具的用法

§1.2　电动工具和电烙铁

(1) 手电钻

手电钻是一种头部有钻头、内部装有单相整流子电动机，靠旋转来钻孔的手持电动工具。它有普通电钻和冲击电钻两种。普通电钻装上通用麻花钻仅靠旋转能在金属上钻孔。冲击电钻采用旋转带冲击的工作方式，一般带有调节开关。当调节开关在旋转无冲击即"钻"的位置时，其功能如同普通电钻；当调节开关在旋转带冲击即"锤"的位置时，装有镶有硬质合金的钻头便能在混凝土和砖墙等建筑构件上钻孔，通常可冲直径为 6～16mm 的圆孔。冲击钻的外形如附图 1-13 所示。

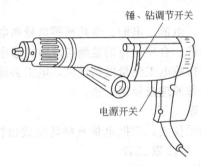

锤、钻调节开关

电源开关

附图 1-13　冲击钻

冲击钻使用时的注意事项如下。

① 长期搁置不用的冲击钻，使用前必须用 500V 兆欧表测定对地绝缘电阻，其值应不小于 0.5MΩ。

② 使用金属外壳冲击钻时，必须戴绝缘手套、穿绝缘鞋或站在绝缘板上，以确保操作人员的人身安全。

③ 在钻孔时遇到坚硬物体不能加过大压力，以防钻头退火或冲击钻因过载而损坏。冲击钻因故突然堵转时，应立即切断电源。

④ 在钻孔过程中应经常把钻头从钻孔中抽出以便排除钻屑。

(2) 电烙铁

电烙铁是手工焊接的基本工具，其作用是加热焊接部位，熔化焊料，使焊料和被焊金属连接起来。

电烙铁的内部结构由发热部分、储热部分和手柄部分组成。发热部分又称发热器，由在云母或陶瓷绝缘体上缠绕高电阻系数的金属材料构成，其作用是将电能转换成热能；电烙铁的储热部分是烙铁头，通常采用密度较大和比热容较大的铜或铜合金做成；手柄一般采用木材、胶木或耐高温塑料加工而成。

附录2

电工常用仪表的使用

§2.1 电工仪表概述

电工仪表是用于测量电压、电流、电能、电功率等电量和电阻、电感、电容等电路参数的仪表，在电气设备安全、经济、合理运行的监测与故障检修中起着十分重要的作用。电工仪表的结构性能及使用方法会影响电工测量的精确度，电工必须能合理选用电工仪表，而且要了解常用电工仪表的基本工作原理及使用方法。

(1) 电工仪表的分类及符号

常用电工仪表有：直读指示仪表，它把电量直接转换成指针偏转角，如指针式万用表；比较仪表，它与标准器比较，并读取二者比值，如直流电桥；图示仪表，它显示两个相关量的变化关系，如示波器；数字仪表，它把模拟量转换成数字量直接显示，如数字万用表。常用电工仪表按其结构特点及工作原理分类有磁电式、电磁式、电动式、感应式、整流式、静电式和数字式等。

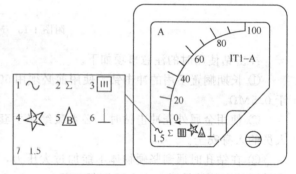

附图 2-1 1T1-A 型交流电流表

为了表示常用电工仪表的技术性能，在电工仪表的表盘上有许多符号，如被测量单位的符号、工作原理符号、电流种类符号、准确度等级符号、工作位置符号和绝缘强度符号等。

如附图 2-1 所示为 1T1-A 型交流电流表，其表盘左下角符号：1 为电流种类符号，∼为交流；2 是仪表工作原理符号，图示符号为电磁式；3 为防外磁场等级符号，为Ⅲ级；4 是绝缘强度等级符号，仪表绝缘可经受 2kV、1min 耐压试验；5 表示 B 组仪表；6 为工作位置符号，⊥表示盘面应位于垂直方向；7 是仪表准确度等级为 1.5 级。

(2) 仪表准确度等级

① 仪表的误差　仪表的误差是指仪表的指示值与被测量的真实值之间的差异，它有三种表示形式。

- 绝对误差，是仪表指示值与被测量的真实值之差，即

$$\Delta_x = X - X_0$$

式中　X——被测物理量的指示值；

　　　X_0——真实值；

　　　Δ_x——绝对误差。

- 相对误差，是绝对误差 Δ_x 对被测量的真实值 X_0 的百分比，用 δ 表示。

$$\delta = \frac{\Delta_X}{X_0} \times 100\%$$

- 引用误差，是绝对误差 Δ_X 对仪表量程 A_m 的百分比。

仪表的误差分为基本误差和附加误差两部分。基本误差是由于仪表本身特性及制造、装配缺陷所引起的，基本误差的大小是用仪表的引用误差表示的。附加误差是由仪表使用时的外界因素影响所引起的，如外界温度、外来电磁场、仪表工作位置等。

② 仪表准确度等级　仪表准确度等级共分七级，如附表 2-1 所示。

附表 2-1　准确度等级

准确度等级	0.1	0.2	0.5	1.0	1.5	2.5	5.0
基本误差/%	±0.1	±0.2	±0.5	±1.0	±1.5	±2.5	±5.0

通常 0.1 级和 0.2 级仪表为标准表，0.5～1.5 级仪表用于实验室，1.5～5.0 级则用于电气工程测量。仪表的最大绝对误差 Δ_{Xm} 与仪表量程 A_m 之比称为仪表的准确度 $\pm K\%$。

$$\pm K\% = \frac{\Delta_{Xm}}{A_m} \times 100\%$$

表示准确度等级的数字越小仪表准确度越高。选择仪表的准确度必须从测量的实际出发，不要盲目提高准确度，在选用仪表时还要选择合适的量程，准确度高的仪表在使用不合理时产生的相对误差可能会大于准确度低的仪表。

如测量 25V 电压，选用准确度 0.5 级、量程 150V 的电压表，测量结果中可能出现的最大绝对误差，由公式得

$$\pm K\% = \frac{\Delta U_m}{A_m}$$

$$\Delta U_{m1} = \pm 0.5\% \times 150 = \pm 0.75V$$

测量 25V 时的最大相对误差为

$$\delta_{m1} = \Delta U_{m1}/U \times 100\%$$
$$= \pm 0.75/25 \times 100\% = \pm 3\%$$

如果选用准确度 1.5 级、量程 30V 的电压表，则测量结果中可能出现的最大绝对误差为

$$\Delta U_{m2} = \pm 1.5\% \times 30 = \pm 0.45V$$

测量 25V 时的最大相对误差为

$$\delta_{m2} = \Delta U_{m2}/U \times 100\%$$
$$= \pm 0.45/25 \times 100\% = \pm 1.8\%$$

所以测量结果的精确度不仅与仪表的准确度等级有关，而且与它的量程也有关。因此，通常选择量程时应尽可能使读数占满刻度三分之二以上。

§2.2　万用表

万用表是一种多功能、多量程的便携式电工仪表，一般的万用表可以测量直流电流、直流电压、交流电压和电阻等。有些万用表还可测量电容、功率、晶体管共射极直流放大系数 h_{FE} 等。所以万用表是电工必备的仪表之一。

万用表可分为指针式万用表和数字式万用表。本节着重介绍指针式万用表的结构、工作原理及使用方法。

(1) 指针式万用表的结构和工作原理

① 指针式万用表的结构　指针式万用表的形式很多，但基本结构是类似的。指针式万用表的结构主要由表头、转换开关、测量线路、面板等组成。表头采用高灵敏度的磁电式机构，是测量的显示装置；转换开关用来选择被测电量的种类和量程；测量线路将不同性质和大小的被测电量转换为表头所能接受的直流电流。附图 2-2 所示为 MF-30 型万用表外形图，该万用表可以测量直流电流、直流电压、交流电压和电阻等多种电量。当转换开关拨到直流电流挡，可分别与 5 个接触点接通，用于测量 500mA、50mA、5mA 和 $500\mu A$、$50\mu A$ 量程的直流电流；同样，当转换开关拨到欧姆挡，可分别测量 R×1、R×10、R×100、R×1k、R×10k 量程的电阻；当转换开关拨到直流电压挡，可分别测量 1V、5V、25V、100V、500V 量程的直流电压；当转换开关拨到交流电压挡，可分别测量 500V、100V、10V 量程的交流电压。

② 指针式万用表的工作原理　指针式万用表最简单的测量原理如附图 2-3 所示。测电阻时把转换开关 SA 拨到"Ω"挡，使用内部电池做电源，由外接的被测电阻、E、RP、R_1 和表头部分组成闭合电路，形成的电流使表头的指针偏转。设被测电阻为 R_x，表内的总电阻为 R，形成的电流为 I，则

$$I = \frac{E}{R_x + R}$$

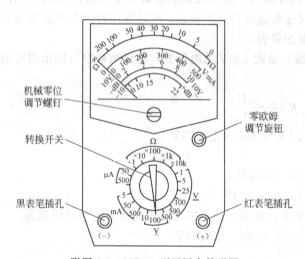

机械零位
调节螺钉

零欧姆
调节旋钮

转换开关

黑表笔插孔

红表笔插孔

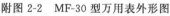

附图 2-2　MF-30 型万用表外形图

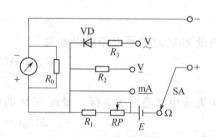

附图 2-3　指针式万用表最简单的测量原理

从上式可知：I 与 R_x 不成线性关系，所以表盘上电阻标度尺的刻度是不均匀的。电阻挡的标度尺刻度是反向分度，即 $R_x=0$，指针指向满刻度处；$R_x \rightarrow \infty$，指针指在表头机械零点上。电阻标度尺的刻度从右向左表示被测电阻逐渐增加，这与其他仪表指示正好相反，这在读数时应注意。

测量直流电流时把转换开关 SA 拨到"mA"挡，此时从"+"端到"-"端所形成的测量线路实际上是一个直流电流表的测量电路。

测量直流电压时将转换开关 SA 拨到"$\underline{V}$"挡，采用串联电阻分压的方法来扩大电压表量程。测量交流电压时，转换开关 SA 拨到"$\underset{\sim}{V}$"挡，用二极管 VD 整流，使交流电压变为直流电压，再进行测量。

MF-30 型万用表的实际测量线路较复杂，下面以测量直流电流和直流电压为例作简单介绍。如附图 2-4 所示为 MF-30 型万用表测量直流电流的原理图。图中转换开关 SA 拨在

50mA 挡，被测电流从"＋"端口流入，经过熔断器 FU 和转换开关 SA 的触点后分成两路，一路经 R_3、R_4、$R_{5\sim9}$、RP 及表头回到"－"端口；另一路经分流电阻 R_2、R_1 回到"－"端口。当转换开关 SA 选择不同的直流电流挡时，与表头串联的电阻值和并联的分流电阻值也随之改变，从而可以测量不同量程的直流电流。

　　如附图 2-5 所示为 MF-30 型万用表测量直流电压 1V、5V、25V 挡的原理图，当转换开关 SA 置于直流电压 1V 挡时，与表头线路串联的电阻为 R_{11}，当转换开关 SA 置于直流电压 5V 挡时，与表头线路串联的电阻为 $R_{11}+R_{12}$，串联电阻的增大使测量直流电压的量程扩大。选择不同的直流电压挡可改变电压表的量程。

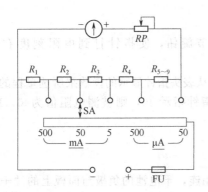 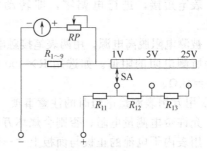

附图 2-4　MF-30 型万用表测量直流电流的原理图　　附图 2-5　MF-30 型万用表测量直流电压的原理图

(2) 指针式万用表的使用

① 准备工作　由于万用表种类形式很多，在使用前要做好测量的准备工作。

● 熟悉转换开关、旋钮、插孔等的作用，检查表盘符号，"⊓"表示水平放置，"⊥"表示垂直使用。

● 了解刻度盘上每条刻度线所对应的被测电量。

● 检查红色和黑色两根表笔所接的位置是否正确，红表笔插入"＋"插孔，黑表笔插入"－"插孔，有些万用表另有交直流 2500V 高压测量端，在测高压时黑表笔不动，将红表笔插入高压插口。

● 机械调零。旋动万用表面板上的机械零位调整螺丝，使指针对准刻度盘左端的"0"位置。

② 测量直流电压

● 把转换开关拨到直流电压挡，并选择合适的量程。当被测电压数值范围不清楚时，可先选用较高的测量范围挡，再逐步选用低挡，测量的读数最好选在满刻度的 2/3 处附近。

● 把万用表并接到被测电路上，红表笔接到被测电压的正极，黑表笔接到被测电压的负极，不能接反。

● 据指针稳定时的位置及所选量程，正确读数。

③ 测量交流电压

● 转换开关拨到交流电压挡，选择合适的量程。

● 万用表两根表笔并接在被测电路的两端，不分正负极。

● 据指针稳定时的位置及所选量程，正确读数。其读数为交流电压的有效值。

④ 测量直流电流

● 转换开关拨到直流电流挡，选择合适的量程。

● 被测电路断开，万用表串接于被测电路中。注意正、负极性：电流从红表笔流入，从黑表笔流出，不可接反。

- 据指针稳定时的位置及所选量程，正确读数。

⑤ 用万用表测量电压或电流时的注意事项

- 测量时，不能用手触摸表笔的金属部分，以保证安全和测量的准确性。
- 直流量时要注意被测电量的极性，避免指针反打而损坏表头。
- 测量较高电压或大电流时，不能带电转动转换开关，避免转换开关的触点产生电弧而被损坏。
- 测量完毕后，将转换开关置于交流电压最高挡或空挡。

⑥ 测量电阻

- 转换开关拨到欧姆挡，合理选择量程。
- 表笔短接，进行电调零，即转动零欧姆调节旋钮，使指针打到电阻刻度右边的"0"处。
- 被测电阻脱离电源，用两表笔接触电阻两端，从表头指针显示的读数乘所选量程的倍率数即为所测电阻的阻值。如选用 R×100 挡测量，指针指示 40，则被测电阻值为 $40×100=4000\Omega=4k\Omega$。

⑦ 用万用表测量电阻时的注意事项

- 允许带电测量电阻，否则会烧坏万用表。
- 用表内干电池的正极与面板上"－"号插孔相连，干电池的负极与面板上的"＋"号插孔相连。在测量电解电容和晶体管等器件的电阻时要注意极性。
- 换一次倍率挡，要重新进行电调零。
- 允许用万用表电阻挡直接测量高灵敏度表头内阻，以免烧坏表头。
- 不准用两只手捏住表笔的金属部分测电阻，否则会将人体电阻并接于被测电阻而引起测量误差。
- 测量完毕后，将转换开关置于交流电压最高挡或空挡。

§2.3 兆欧表

兆欧表又称摇表，是专门用于测量绝缘电阻的仪表，它的计量单位是兆欧（MΩ）。

(1) 欧表的结构和工作原理

① 兆欧表的结构　常用的手摇式兆欧表，主要由磁电式流比计和手摇直流发电机组成，输出电压有 500V、1000V、2500V、5000V 几种。随着电子技术的发展，现在也出现用干电池及晶体管直流变换器把电池低压直流转换为高压直流，来代替手摇发电机的兆欧表。

磁电式流比计是测量机构。如附图 2-6 所示，可动线圈 1 与 2 互成一定角度，放置在一个有缺口的圆柱形铁芯的外面，并与指针固定在同一转轴上；极掌为不对称形状，以使空气隙不均匀。

② 兆欧表的工作原理　兆欧表的工作原理如附图 2-7 所示。被测电阻 R_x 接于兆欧表测量端子"线端"L 与"地端"E 之间。摇动手柄，直流发电机输出直流电流。线圈 1、电阻 R_1 和被测电阻 R_x 串联，线圈 2 和电阻 R_2 串联，然后两条电路并联后接于发电机电压 U 上。设线圈 1 电阻为 r_1，线圈 2 电阻为 r_2，则两个线圈上电流分别是

$$I_1 = \frac{U}{r_1 + R_1 + R_x}$$

$$I_2 = \frac{U}{r_2 + R_2}$$

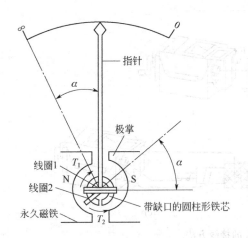

附图 2-6 兆欧表的结构示意图

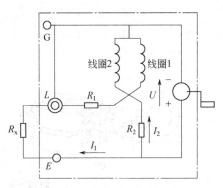

附图 2-7 兆欧表的工作原理

两式相除得

$$\frac{I_1}{I_2}=\frac{r_2+R_2}{r_1+R_1+R_x}$$

式中，r_1、r_2、R_1 和 R_2 为定值，R_x 为变量，所以改变 R_x 会引起比值 I_1/I_2 的变化。

由于线圈 1 与线圈 2 绕向相反，流入电流 I_1 和 I_2 后在永久磁场作用下，在两个线圈上分别产生两个方向相反的转矩 T_1 和 T_2，由于气隙磁场不均匀，因此 T_1 和 T_2 既与对应的电流成正比又与其线圈所处的角度有关。当 $T_1 \neq T_2$ 时，指针发生偏转，直到 $T_1 = T_2$ 时，指针停止。指针偏转的角度只决定于 I_1 和 I_2 的比值，此时指针所指的是刻度盘上显示的被测设备的绝缘电阻值。

当 E 端与 L 端短接时，I_1 为最大，指针顺时针方向偏转到最大位置，即"0"位置；当 E、L 端未接被测电阻时，R_x 趋于无限大，$I_1 = 0$，指针逆时针方向转到"∞"位置。该仪表结构中没有产生反作用力距的游丝，在使用之前，指针可以停留在刻度盘的任意位置。

（2）欧表的使用

① 正确选用兆欧表　兆欧表的额定电压应根据被测电气设备的额定电压来选择。测量 500V 以下的设备，选用 500V 或 1000V 的兆欧表；额定电压在 500V 以上的设备，应选用 1000V 或 2500V 的兆欧表；对于绝缘子、母线等要选用 2500V 或 3000V 兆欧表。

② 使用前检查兆欧表是否完好　将兆欧表水平且平稳放置，检查指针偏转情况：将 E、L 两端开路，以约 120r/min 的转速摇动手柄，观测指针是否指到"∞"处；然后将 E、L 两端短接，缓慢摇动手柄，观测指针是否指到"0"处。经检查完好才能使用。

③ 兆欧表的使用

• 欧表放置平稳牢固，被测物表面擦干净，以保证测量正确。

• 确接线　兆欧表有三个接线柱：线路（L）、接地（E）、屏蔽（G）。不同测量对象，作相应接线，如附图 2-8 所示。测量线路对地绝缘电阻时，E 端接地，L 端接于被测线路上；测量电机或设备绝缘电阻时，E 端接电机或设备外壳，L 端接被测绕组的一端；测量电机或变压器绕组间绝缘电阻时，先拆除绕组间的连接线，将 E、L 端分别接于被测的两相绕组上；测量电缆绝缘电阻时，E 端接电缆外表皮（铅套）上，L 端接线芯，G 端接芯线最外层绝缘层上。

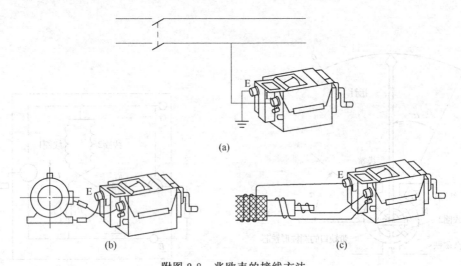

附图 2-8　兆欧表的接线方法

(a) 测量线路的绝缘电阻；(b) 测量电动机的绝缘电阻；(c) 测量电缆的绝缘电阻

- 由慢到快摇动手柄，直到转速达 120r/min 左右，保持手柄的转速均匀、稳定，一般转动 1min，待指针稳定后读数。
- 测量完毕，待兆欧表停止转动和被测物接地放电后方能拆除连接导线。

(3) 注意事项

因兆欧表本身工作时产生高压电，为避免人身及设备事故必须重视以下几点。

① 不能在设备带电的情况下测量其绝缘电阻。测量前被测设备必须切断电源和负载，并进行放电；已用兆欧表测量过的设备如要再次测量，也必须先接地放电。

② 兆欧表测量时要远离大电流导体和外磁场。

③ 与被测设备的连接导线应用兆欧表专用测量线或选用绝缘强度高的两根单芯多股软线，两根导线切忌绞在一起，以免影响测量准确度。

④ 测量过程中，如果指针指向"0"位，表示被测设备短路，应立即停止转动手柄。

⑤ 被测设备中如有半导体器件，应先将其插件板拆去。

⑥ 测量过程中不得触及设备的测量部分，以防触电。

⑦ 测量电容性设备的绝缘电阻时，测量完毕，应对设备充分放电。

§2.4　钳形电流表

钳形电流表是一种不需要断开电路就可以直接测量交流电路的便携式仪表，这种仪表测量精度不高，可对设备或电路的运行情况作粗略的了解，由于使用方便，应用很广泛。

(1) 钳形电流表的结构和工作原理

钳形电流表由电流互感器和电流表组成。如附图 2-9 所示，互感器的铁芯制成活动开口，且成钳形，活动部分与手柄相连。当紧握手柄时，电流互感器的铁芯张开（图中点划线所示），可将被测载流导线置于钳口中，该载流导线成为电流互感器的初级线圈。关闭钳口，在电流互感器的铁芯中就有交变磁通通过，互感器的次级线圈中产生感应电流。电流表接于次级线圈两端，它的指针所指示的电流与钳入的载流导线的工作电流成正比，可直接从刻度盘上读出被测电流值。

（2）钳形电流表的使用

① 测量前的准备

• 检查仪表的钳口上是否有杂物或油污，待清理干净后再测量。

• 进行仪表的机械调零。

② 用钳形电流表测量

• 估计被测电流的大小，将转换开关调至需要的测量挡。如无法估计被测电流大小，先用最高量程挡测量，然后根据测量情况调到合适的量程。

• 握紧钳柄，使钳口张开，放置被测导线。为减少误差，被测导线应置于钳形口的中央。

• 钳口要紧密接触，如遇有杂音时可检查钳口清洁，或重新开口一次，再闭合。

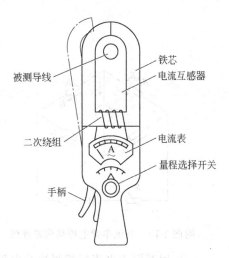

附图 2-9　钳形电流表结构

• 测量 5A 以下的小电流时，为提高测量精度，在条件允许的情况下，可将被测导线多绕几圈，再放入钳口进行测量。此时，实际电流应是仪表读数除以放入钳口中的导线圈数。

• 测量完毕，将选择量程开关拨到最大量程挡位上。

（3）注意事项

① 被测电路的电压不可超过钳形电流表的额定电压。钳形电流表不能测量高压电气设备。

② 不能在测量过程中转动转换开关换挡。在换挡前，应先将载流导线退出钳口。

§2.5　直流单臂电桥

一般用万用表测中值电阻，但测量值不够精确。在工程上要较准确测量中值电阻，常用直流单臂电桥（也称惠斯登电桥）。该仪表适用于测量 $1 \sim 10^6 \, \Omega$ 的电阻，其主要特点是灵敏度和测试精度都很高，而且使用方便。

（1）直流单臂电桥的结构和工作原理

直流单臂电桥结构原理如附图 2-10 所示。它由四个桥臂 R_1、R_2、R_3、R_4，直流电源 E，可调电阻 R_0 及检流计 G 组成，其中 R_1 为被测电阻 R_x，R_2、R_3、R_4，均为可调的已知电阻。调整这些可调的桥臂电阻使电桥平衡，此时 $I_g = 0$。则 R_x 可由下式求得

$$R_x = \frac{R_2}{R_3} R_4$$

式中，R_2、R_3 称为电桥的比例臂电阻。在电桥结构中，R_2 和 R_3 之间的比例关系的改变是通过同轴波段开关来实现的。R_4 称为电桥的比较臂电阻，因为当比例臂被确定后，被测电阻 R_x 是与已知的可调标准电阻 R_4 进行比较而确定阻值的。仪表的测试精度较高，主要是由已知的比例臂电阻和比较臂电阻的准确度所决定，其次是采用高灵敏度检流计作指零仪。

（2）直流单臂电桥的使用

以 QJ23 型直流单臂电桥为例来说明它的使用。如附图 2-11 所示为 QJ23 型直流单臂电桥的面板图。

① 把电桥放平稳，断开电源和检流计按钮，进行机械调零，使检流计指针和零线重合。

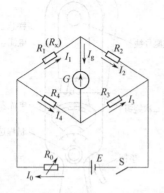

附图 2-10　直流单臂电桥结构原理图

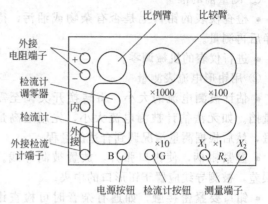

附图 2-11　QJ23 型直流单臂电桥面板图

② 用万用表电流挡粗测被测电阻值，选取合理的比例臂。使电桥比较臂的四个读数盘都利用起来，以得到 4 个有效数值，保证测量精度。

③ 按选取的比例臂调好比较臂电阻。

④ 将被测电阻 R_x 接入 X_1、X_2 接线柱，先按下电源按钮 B，再按检流计按钮 G，若检流计指针摆向"＋"端，需增大比较臂电阻，若指针摆向"－"端，需减小比较臂电阻。反复调节，直到指针指到零位为止。

⑤ 读出比较臂的电阻值再乘以倍率，即为被测电阻值。

⑥ 测量完毕后，先断开 G 钮，再断开 B 钮，拆除测量接线。

(3) 注意事项

① 正确选择比例臂，使比较臂的第一盘（×1000）上的读数不为 0，才能保证测量的准确度。

② 为减少引线电阻带来的误差，被测电阻与测量端的连接导线要短而粗。还应注意各端钮是否拧紧，以避免接触不良引起电桥的不稳定。

③ 当电池电压不足时应立即更换，采用外接电源时应注意极性与电压额定值。

④ 被测物不能带电。对含有电容的元件应先放电 1min 后再测量。

附录 3
导线的连接与绝缘的恢复

§3.1 常用导线的分类与应用

(1) 导线的种类

常用导线有铜芯线和铝芯线。铜导线电阻率小，导电性能较好；铝导线电阻率比铜导线稍大些，但价格低，也广泛应用。

导线有单股和多股两种，一般截面积在 6mm² 及以下为单股线；截面积在 10mm² 及以上为多股线。多股线是由几股或几十股线芯绞合在一起形成一根的，有 7 股、19 股、37 股等。

导线又分软线和硬线。

导线还分裸导线和绝缘导线，绝缘导线有电磁线、绝缘电线、电缆等多种。常用绝缘导线在导线线芯外面包有绝缘材料，如橡胶、塑料、棉纱、玻璃丝等。

(2) 常用导线的型号及应用

① B 系列橡皮塑料电线　这种系列的电线结构简单，电气和机械性能好，广泛用作动力、照明及大中型电气设备的安装线，交流工作电压为 500V 以下。

② R 系列橡皮塑料软线　这种系列软线的线芯由多根细铜丝绞合而成，除具有 B 系列电线的特点外，还比较柔软，广泛用于家用电器、小型电气设备、仪器仪表及照明灯线等。

此外还有 Y 系列通用橡套电缆，该系列电缆常用于一般场合下的电气设备、电动工具等的移动电源线。

几种常用导线的名称、结构、型号和应用，如附表 3-1 所示。

附表 3-1　几种常用导线的名称、结构、型号和应用

名　称	型　号		允许长期工作温度	主要用途
	铜芯	铝芯		
聚氯乙烯绝缘电线	BV	BLV		用于 500V 以下动力和照明线路的固定敷设
聚氯乙烯绝缘护套线	BVV	BLVV		用于 500V 以下照明和小容量动力线路固定敷设
聚氯乙烯绝缘绞合软线	RVS		65℃	用于 250V 及以下移动电器和仪表及吊灯的电源连接导线
聚氯乙烯绝缘平行软线	RVB			
氯丁橡套软线橡套软线	RXF	RX		用于安装时要求柔软的场合及移动电器电源线

§3.2 导线线头绝缘层的剖削

导线线头绝缘层的剖削是导线加工的第一步，是为以后导线的连接作准备。电工必须学

会用电工刀、钢丝钳或剥线钳来剖削绝缘层。

(1) 塑料硬线绝缘层的剖削

① 用钢丝钳剖削塑料硬线绝缘层　线芯截面为 4mm² 及以下的塑料硬线，一般用钢丝钳进行剖削。剖削方法如下。

- 用左手捏住导线，在需剖削线头处，用钢丝钳刀口轻轻切破绝缘层，但不可切伤线芯。
- 用左手拉紧导线，右手握住钢丝钳头部用力向外勒去塑料层，如附图 3-1 所示。

在勒去塑料层时，不可在钢丝钳刀口处加剪切力，否则会切伤线芯。剖削出的线芯应保持完整无损，如有损伤，应重新剖削。

② 用电工刀剖削塑料硬线绝缘层　线芯面积大于 4mm² 的塑料硬线，可用电工刀来剖削绝缘层，方法如下。

- 在需剖削线头处，用电工刀以 45°角倾斜切入塑料绝缘层，注意刀口不能伤着线芯，如附图 3-2 （a）所示。

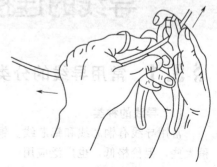

附图 3-1　钢丝钳剖削塑料硬线绝缘层

- 刀面与导线保持 25°角左右，用刀向线端推削，只削去上面一层塑料绝缘，不可切入线芯，如附图 3-2 （b）所示。
- 将余下的线头绝缘层向后扳翻，把该绝缘层剥离线芯，如附图 3-2 （c）所示，再用电工刀切齐。

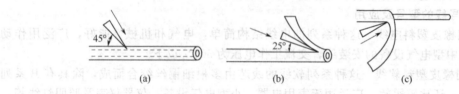

附图 3-2　电工刀剖削塑料硬线绝缘层

(a) 刀以 45°角倾斜切入；(b) 刀以 25°角倾斜推削；(c) 剥卜余卜塑料层

(2) 塑料软线绝缘层的剖削

塑料软线绝缘层用剥线钳或钢丝钳剖削。剖削方法与用钢丝钳剖削塑料硬线绝缘层方法相同。不可用电工刀剖削，因为塑料软线由多股铜丝组成，用电工刀容易损伤线芯。

(3) 塑料护套线绝缘层的剖削

塑料护套线具有两层绝缘：护套层和每根线芯的绝缘层。塑料护套线绝缘层用电工刀剖削，方法如下。

① 护套层的剖削

- 在线头所需长度处，用电工刀刀尖对准护套线中间线芯缝隙处划开护套线，如附图 3-3 （a）所示。如偏离线芯缝隙处，电工刀可能会划伤线芯。
- 向后扳翻护套层，用电工刀把它齐根切去，如附图 3-3 （b）所示。

② 内部绝缘层的剖削　在距离护套层 5～10mm 处，用电工刀以 45°角倾斜切入绝缘层，其剖削方法与塑料硬线剖削方法相同。

(4) 橡皮线绝缘层的剖削

在橡皮线绝缘层外还有一层纤维编织保护层，其剖削方法如下。

① 把橡皮线纤维编织保护层用电工刀尖划开，将其扳翻后齐根切去，剖削方法与剖削护套线的保护层方法类同。

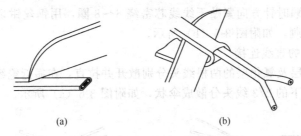

(a)　　　　　　　　(b)

附图 3-3　塑料护套线绝缘层的剖削
（a）用刀尖在线芯缝处划开护套层；（b）扳翻护套层并齐根切去

② 用剖削塑料线绝缘层相同的方法削去橡胶层。

③ 最后松散棉纱层到根部，用电工刀切去。

（5）花线绝缘层的剖削

① 用电工刀在线头所需长度处将棉纱织物保护层四周割切一圈后将其拉去。

② 在距离棉纱织物保护层 10mm 处，用钢丝钳按照剖削塑料软线相同的方法勒去橡胶层。

§3.3　导线的连接

　　当导线长度不够或需要分接支路时，需要将导线与导线连接。在去除了线头的绝缘层后，就可进行导线的连接。

　　导线的接头是线路的薄弱环节，导线的连接质量关系线路和电气设备运行的可靠性和安全程度。导线线头的连接处要有良好的电接触、足够的机械强度、耐腐蚀及接头美观。

（1）铜芯导线的连接

① 单股铜芯导线的直线连接

· 把去除绝缘层及氧化层的两根导线的线头成 X 形相交，互相绞绕 2～3 圈，如附图 3-4（a）所示。

· 扳直两线头，如附图 3-4（b）所示。

· 将每根线头在芯线上紧贴并绕 6 圈，多余的线头用钢丝钳剪去，并钳平芯线的末端及切口毛刺，如附图 3-4（c）所示。

② 单股铜芯导线的 T 形分支连接

· 把去除绝缘层及氧化层的支路线芯的线头与干线线芯十字相交，使支路线芯根部留出 3～5mm 裸线，如附图 3-5（a）所示。

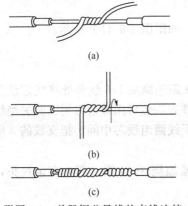

(a)
(b)
(c)
附图 3-4　单股铜芯导线的直线连接

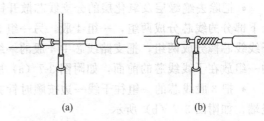

(a)　　　　　　　(b)
附图 3-5　单股铜芯导线的 T 形分支连接

● 将支路线芯按顺时针方向紧贴干线线芯密绕 6～8 圈，用钢丝钳切去余下线芯，并钳平线芯末端及切口毛刺，如附图 3-5（b）所示。

③ 7 股铜芯导线的直线连接

● 先将除去绝缘层及氧化层的两根线头分别散开并拉直，在靠近绝缘层的 1/3 线芯处将该段线芯绞紧，把余下的 2/3 线头分散成伞状，如附图 3-6（a）所示。

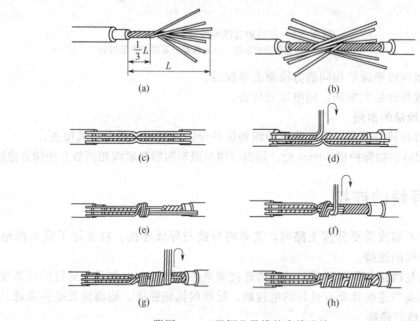

附图 3-6　7 股铜芯导线的直线连接

● 把两个分散成伞状的线头隔根对叉，如附图 3-6（b）所示，然后放平两端对叉的线头，如附图 3-6（c）所示。

● 把一端的 7 股线芯按 2、2、3 股分成三组，把第一组的 2 股线芯扳起，垂直于线头，如附图 3-6（d）所示，然后按顺时针方向紧密缠绕 2 圈，将余下的线芯向右与线芯平行方向扳平。如附图 3-6（e）所示。

● 将第二组 2 股线芯扳成与线芯垂直方向，如附图 3-6（f）所示，然后按顺时针方向紧压着前两股扳平的线芯缠绕 2 圈，也将余下的线芯向右与线芯平行方向扳平。

● 将第三组的 3 股线芯扳于线头垂直方向，如附图 3-6（g）所示，然后按顺时针方向紧压线芯向右缠绕。

● 缠绕 3 圈后，切去每组多余的线芯，钳平线端，如附图 3-6（h）所示。

● 用同样方法再缠绕另一边线芯。

④ 7 股铜芯线的 T 形分支连接

● 把除去绝缘层及氧化层的分支线芯散开钳直，在距绝缘层 1/8 线头处将线芯绞紧，把余下部分的线芯分成两组，一组 4 股，另一组 3 股，排齐，然后用螺丝刀把已除去绝缘层的干线线芯撬分成两组，把支路线芯中 4 股的一组插入干线两组线芯中间，把支线的 3 股线芯的一组放在干线线芯的前面，如附图 3-7（a）所示。

● 把 3 股线芯的一组往干线一边按顺时针方向紧紧缠绕 3～4 圈，剪去多余线头，钳平线端，如附图 3-7（b）所示。

● 把 4 股线芯的一组按逆时针方向往干线的另一边缠绕 4～5 圈，剪去多余线头，钳平线端，如附图 3-7（c）所示。

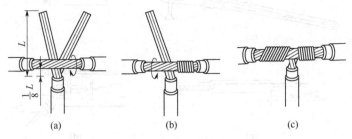

附图 3-7　7 股铜芯导线的 T 形分支连接

（2）铝芯导线的连接

由于铝极易氧化，而且铝氧化膜的电阻率很高，所以铝芯线不宜采用铜芯导线的连接方法，而常采用螺钉压接法和压接管压接法。

① 螺钉压接法　螺钉压接法适用于负荷较小的单股铝芯导线的连接。

• 除去铝芯线的绝缘层，用钢丝刷刷去铝芯线头的铝氧化膜，并涂上中性凡士林，如附图 3-8（a）所示。

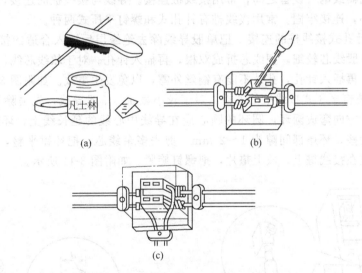

附图 3-8　单股铝芯导线的螺钉压接法连接
（a）去除铝氧化膜涂上凡士林；（b）在瓷接头上作直线连接；（c）在瓷接头上作分路连接

• 将线头插入瓷接头或熔断器、插座、开关等的接线桩上，然后旋紧压接螺钉。如附图 3-8（b）所示为直线连接，附图 3-8（c）所示为分路连接。

② 压接管压接法　压接管压接法适用于较大负荷的多股铝芯导线的直线连接，需要用压接钳和压接管，如附图 3-9（a）、（b）所示。

• 根据多股铝芯线规格选择合适的压接管，除去需连接的两根多股铝芯导线的绝缘层，用钢丝刷清除铝芯线头和压接管内壁的铝氧化层，涂上中性凡士林。

• 将两根铝芯线头向对穿入压接管，并使线端穿出压接管 25～30 mm，如附图 3-9（c）所示。

• 然后进行压接，压接时第一道压坑应在铝芯线头一侧，不可压反，如附图 3-9（d）所示。压接完成后的铝芯线如附图 3-9（e）所示。

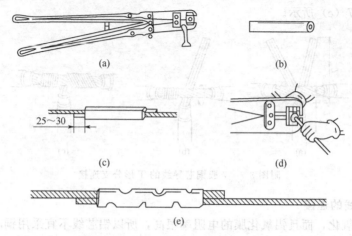

附图 3-9　多股铝芯线压接管压接法

（a）压接钳；（b）压接管；（c）钱头穿进压接管；（d）压接；（e）完成后的铝芯线

（3）导线与接线桩的连接

导线与用电器或电气设备之间，常用接线桩连接。导线与接线桩的连接，要求接触面紧密，接触电阻小，连接牢固。常用接线桩有针孔式和螺钉平压式两种。

① 线头与针孔式接线桩的连接　把单股导线除去绝缘层后插入合适的接线桩针孔，旋紧螺钉。如果单股线芯较细，把线芯折成双根，再插入针孔。对于软线芯线，须先把软线的细铜丝都绞紧，再插入针孔，孔外不能有铜丝外露，以免发生事故。如附图 3-10 所示。

② 线头与螺钉平压式接线桩的连接　对于较小截面的单股导线，先去除导线的绝缘层，把线头按顺时针方向弯成圆环，圆环的圆心应在导线中心线的延长线上，环的内径 d 比压接螺钉外径稍大些，环尾部间隙为 $1\sim2$ mm，剪去多余线芯，把环钳平整，不扭曲。然后把制成的圆环放在接线桩上，放上垫片，把螺钉旋紧。如附图 3-11 所示。

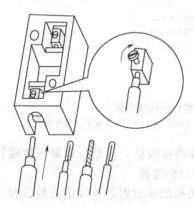

附图 3-10　针孔式接线桩接法

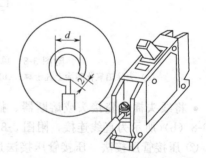

附图 3-11　螺钉平压式接线桩接法

对于较大截面的导线，须在线头装上接线端子，由接线端子与接线桩连接。

§3.4　导线绝缘的恢复

导线绝缘层破损或导线连接后都要恢复绝缘，恢复后的绝缘强度不应低于原有的绝缘层。恢复绝缘层的材料一般用黄蜡带、涤纶薄膜带、塑料带和黑胶带等。黄蜡带和黑胶带通常选用的带宽为 20mm，这样包缠较方便。

(1) 绝缘带的包缠

① 先用黄蜡带（或涤纶带）从离切口两根带宽（约 40mm）处的绝缘层上开始包缠，如附图 3-12（a）所示。缠绕时采用斜叠法，黄蜡带与导线保持约 55°的倾斜角，每圈压叠带宽的 1/2，如附图 3-12（b）所示。

②包缠一层黄蜡带后，将黑胶带接于黄蜡带的尾端，以同样的斜叠法按另一方向包缠一层黑胶带，如附图 3-12（c）、（d）所示。

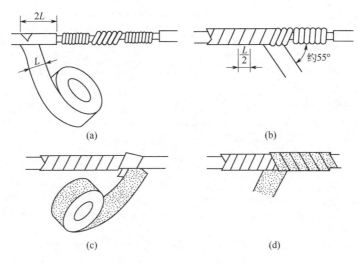

附图 3-12　绝缘带的包缠

(a) 黄蜡带包缠始端；(b) 用斜叠法包缠；(c) 黑胶带接于黄蜡带尾端；(d) 用斜叠法包缠黑胶带

(2) 注意事项

① 电压为 380V 的线路恢复绝缘时，可先用黄蜡带用斜叠法紧缠 2 层，再用黑胶带缠绕 1～2 层。

② 包缠绝缘带时，不能过疏，更不允许露出线芯，以免造成事故。

③ 包缠时绝缘带要拉紧，要包缠紧密、坚实，并黏结在一起，以免潮气侵入。

参 考 文 献

[1] 方承远主编. 工厂电气控制技术. 北京：机械工业出版社，2000年
[2] 熊幸明主编. 工厂电气控制技术. 北京：清华大学出版社，2005年
[3] 张运波主编. 工厂电气控制技术. 北京：高等教育出版社，2001年
[4] 刘光源主编. 实用维修电工手册. 第2版. 上海：上海科学技术出版社，2001年.
[5] 张小慧主编. 电工实训. 北京：机械工业出版社，2000年.
[6] 杨庆堂主编. 维修电工技能鉴定. 哈尔滨：哈尔滨工程大学出版社，2009年.